普通高等教育"十一五"国家级规划教材

数据仓库与数据挖掘

Data Warehouse and Data Mining

（第二版）

主　编　周根贵

副主编　黄　洪　陈朵玲

李崇岩　顾忠伟

ZHEJIANG UNIVERSITY PRESS
浙江大学出版社

图书在版编目（CIP）数据

数据仓库与数据挖掘/周根贵主编. —2 版. —杭州:浙江大学
出版社，2004.8(2011.3 重印)
ISBN 978-7-308-03831-7

Ⅰ.数…　Ⅱ.周…　Ⅲ.①数据库系统－高等学校
－教材②数据采集－高等学校－教材
Ⅳ.①TP311.13②TP274

中国版本图书馆 CIP 数据核字（2004）第 081182 号

数据仓库与数据挖掘（第二版）

周根贵　主编

丛书策划	樊晓燕
封面设计	俞亚彤
责任编辑	杜玲玲
文字编辑	李峰伟
出版发行	浙江大学出版社
	（杭州市天目山路 148 号　邮政编码 310007）
	（网址：http://www.zjupress.com）
排　　版	杭州中大图文设计有限公司
印　　刷	富阳市育才印刷有限公司
开　　本	787mm×960mm　1/16
印　　张	21.5
字　　数	374 千
版 印 次	2011 年 3 月第 2 版　2011 年 3 月第 4 次印刷
印　　数	5501－8500
书　　号	ISBN 978-7-308-03831-7
定　　价	38.00 元

信息管理与信息系统专业核心课程精品教材系列

编 委 会

序

　　关于信息化与后工业社会的话题已经被世人热烈地讨论了二十余年,正式的"信息管理与信息系统"专业在我国大学中的设立亦已是最近十来年的事。而近三年来,该专业却是我国大学本科乃至专科专业中发展和普及最快的专业之一。它表明了一个重要的事实:信息化在我国的新型工业化进程中正在扮演一个极其重要的角色。我国社会、经济的迅速发展对于既掌握信息技术,同时又拥有管理知识,能够运用信息技术于管理实践的复合型人才的需求正日益高涨。

　　信息管理与信息系统是一门具有交叉性的复合型学科,它融合了计算机科学、信息技术、管理学、经济学、系统科学、运筹学、组织行为学等学科的知识,它强调运用定性与定量相结合的方法及相关学科的研究手段,深入研究并解决各类社会系统中的信息管理问题。该专业直接以满足信息化建设人才与新型复合型管理人才的需求为目标,培养具有现代管理科学理论知识,具备较强的计算机及网络技术运用能力的,适合在经济管理部门、各类企事业单位从事信息系统建设和管理以及从事相应科学研究等工作的综合型高级专门人才。1998年教育部调整学科专业目录,把原有的管理信息系统、经济信息管理、科技信息、图书情报检索、信息学及林业信息管理等专业改为"信息管理与信息系统"专业,作为管理学门类中"管理科学与工程"一级学科之下的一个二级学科,使之在培养目标、内容和方向上均得到了进一步的凝练和提升。此后,由于社会、经济信息化进程的加速,该专业得到了快速的催生和发展。

众所周知,信息技术是当代发展最快的技术之一,相应的管理应用及经济、法律体系亦正面临着深刻的变化,因此,相关的教材亦面临技术基础多变和快速更新的挑战。为促进和支持该专业的发展,浙江大学出版社及时组织了有关专家在充分讨论和酝酿的基础上,精心组织出版了这套"信息管理与信息系统专业核心课程精品教材"。本人作为教育部高校管理科学与工程类教学指导委员会成员,参与了全国高校"信息管理与信息系统专业核心课程及其教学大纲"的修订工作。在组织本系列教材的编写时,亦强调了与教育部教学指导委员会规范化要求的一致与契合。本系列教材的编著者均有长期从事该专业教学和科研的经验,他们的前期工作经验使本系列教材的质量有了可靠的保证。相信这套教材的出版能为高校信息管理与信息系统专业教学水平的提高和规范化发展起到积极的推进作用。

吴晓波

前　言

　　计算机网络与数据库技术的迅速发展和广泛应用,使得各行各业的管理工作进入了一个崭新的时代。广大基层管理人员摆脱了繁重的制表业务和数据处理工作,管理工作进一步规范化。各种在线事务处理信息系统的建立,对各种日常业务处理提供了有效的支持。然而,面对当今竞争日趋激烈与瞬息万变的市场,各级管理人员迫切需要根据组织的现状和历史数据作出判断和决策。因此,他们希望能够从组织的信息系统中获取有效的、一致的决策支持信息,及时准确地把握市场变化的脉搏,做出正确有效的判断和抉择。概括地说,数据处理的重点应该从传统的业务处理扩展到在线分析处理,并从中得到面向各种主题的统计信息和决策支持信息。

　　数据仓库和数据挖掘技术就是针对上述问题而产生的一种技术解决方案,它是基于大规模数据库的决策支持系统环境的核心。数据仓库是面向主题的、集成的、不可更新的、随时间不断变化的数据集合,用以支持经营管理中的决策制订过程。而数据挖掘是从大量的数据中提取出隐含的、以前不为人所知的、可信而有效的知识。它能够对数据进行再分析,以期获得更加深入的了解;它还具有预测功能,可通过已有数据预测未来。数据仓库与数据挖掘技术相结合,与现代的管理决策方法相结合,就能使数据仓库在组织的经营管理决策中发挥巨大的作用。

　　本书的编写旨在提供数据仓库与数据挖掘领域的一个广博的且也是深入的概览。全书共分 12 章:第 1 章主要介绍数据仓库和数据挖掘的产生背景、应用和发展;第 2 章介绍数据仓库的组成和结构等技术与开发的基本概念;第 3 章介绍数据仓库的技术管理;第 4 章详细介绍数据仓库的查询工具 OLAP;第 5 章介绍数据仓库的应用与开发工具 SQL Server;第 6 章介绍数据挖掘和知识发现的基本概念,以及数据挖掘的方法与技术;第 7 章详细介绍统计类的数据挖掘技术;第 8 章介绍知识类的数据挖掘技术;第 9 章进一步介绍非结构化数据挖掘技术;第 10 章介绍近几年发展起来的空间数据挖掘理论与应用;第 11 章介绍数据挖掘的语言与工具;第 12 章代表性地介绍一些数据仓库与数据挖掘的综合应用场合和实例。

　　本书第一版出版于 2004 年 8 月,在第二版中,根据这一学科的最新发展进行了增删和修改。从整体结构上讲,本书仍然按照数据仓库与数据挖掘两大内容展开,但对第 3 章的部分内容作了适当的补充,对第 5 章的内容进行了重新编排,在第 9 章突出了非结构化数据挖掘的技术,而且增加了第 10 章的空间数据挖掘和第 11 章的数据挖掘的语言与工具。另外,第二版还在各章增加了部分习题。

　　本书第 1 章由浙江工业大学周根贵编写;第 2,4,5 章由浙江工业大学黄洪编写;第 3,6,7,8 章由杭州电子科技大学陈朵玲编写,黄洪对第 3 章作了适当的补充;第 9,10 章由浙江科技学院李崇岩编写;第 11,12 章由浙江科技学院顾忠伟编写。全书最后由周根贵教授修改、统稿。

　　在本书的编写过程中,得到杭州电子科技大学陈畴镛教授,浙江工业大学孟志青教授和朱艺华教授的大力支持与帮助,在此表示衷心的感谢。

　　感谢樊晓燕博士和杜玲玲编辑在本书出版及再版工作中所给予的大力支持和帮助。

　　我们在编写本书的过程中,尽可能做到深入浅出,力求概念正确,理论联系实际,但由于数据仓库与数据挖掘作为一个新的领域,发展非常迅速,加之我们水平有限,书中难免存在不足之处,恳切希望各位读者批评指正。

作　者

2011 年 1 月

目 录

第 1 章

概　论

学习目标

· 了解数据库与数据库技术的发展
· 了解决策支持技术的发展
· 了解数据仓库的应用和发展
· 了解数据挖掘的应用和发展

本章关键词

数据处理(Data Process)

数据库(Database)

事物处理系统(Transaction Process System)

管理信息系统(Management Information System)

决策支持系统(Decision Support System)

数据仓库(Data Warehouse)

数据挖掘(Data Mining)

信息技术的快速发展将人类社会带入了以信息的存储、交换、处理、使用为特征的信息时代。以事务处理系统(TPS)、管理信息系统(MIS)为代表的事务型信息处理主要是对管理信息进行日常的收集、传递、存储、加工、维护、使用等操作处理；而以决策支持系统(DSS)、高级经理支持系统(ESS)为代表的信息型处理主要是通过访问大量的历史数据，做出相应的逻辑分析，为管理者的决策服务。正是由于这种信息型分析处理的快速发展，使得管理信息的处理从原来的以单一数据库为中心的数据环境发展为需要一种新的数据环境。数据仓库与数据挖掘正是为了构建这种新的分析处理环境而出现的一种数据存储和组织技术。

1.1　决策支持技术与数据库的发展

在各行各业，每日、每时、每刻都有大量的管理信息等待我们去处理、去使用。这些管理信息的处理主要有操作型(事务型)处理和分析型(信息型)处理两种。人们为了在复杂的经营环境中，做出快速响应的有效决策，以应对各种由于市场变化所带来的挑战，一方面不断地加强事务型处理的功能，开发出更加完善的事务处理的信息系统；另一方面不断探讨和开发具有分析处理功能的信息系统。这种新型的信息系统不仅是信息系统对决策支持技术发展的结果，也是信息处理所基于的数据库技术发展的结果。

1.1.1　决策支持技术的发展

数据处理(DP)是电子计算机应用中最广泛的领域，约占70%。一个国家的现代化水平越高，数据处理的面越宽、量越大，数据处理所占的比例就越高。随着20世纪50年代到60年代数据处理领域应用的成功和20世纪60年代到70年代西方国家兴起了管理信息系统(MIS)的热潮，我国在20世纪70年代末到80年代初也兴起了管理信息系统的应用。管理信息系统是在管理科学利用计算机后发展起来的，它使计算机的应用由数值计算领域拓宽到数据处理(非数值计算)领域，使计算机走向社会和家庭。具体地说，管理信息系统是一个由人、计算机等组成的能进行数据的收集、传递、存储、加工、维护和使用的系统，它主要支持事务型的数据处理和信息管理。

20世纪70年代初，运筹学和系统工程工作者利用计算机形成了模型辅助决策系统。由于采用的模型主要是数学模型，所以其辅助决策的能力主要表现在定量分析上,从而发展起把管理信息系统和模型辅助决策系统结合起来的决策支持系统(DSS)。DSS 主要是进行分析处理,使得数值计算和数据处理融为一体,提高了辅助决策的能力。它将数据、复杂的分析模型和用户友好的软件集成在一起,形成能够很好地支持各种复杂决策问题的信息系统,其目的是辅助管理决策。

另一方面,随着计算机技术的迅猛发展,20 世纪 60 年代末兴起了一个新研究领域——专家系统(Expert System,ES),它是对 20 世纪 50 年代人工智能的进一步发展。专家系统是利用专家的知识在计算机上进行推理,达到专家解决问题的能力。1968 年 E. A. Feigenhanm 等人研制了 DEN-DRAL 专家系统,用来帮助化学家推断分子结构。1974 年 E. H. Shortliffe 等人研制的 MYCIN 专家系统,用来诊断和治疗感染性疾病。同一时期,人们还研制出不少其他专家系统。专家系统的出现使人工智能走上了实用化阶段。

专家的知识表现为产生式规则和语义网络等形式。知识的推理是采用符号逻辑中的假言推理。在搜索知识的时候,采用了深度优先或启发式搜索方法。专家系统也是一种很有效的辅助决策系统,它是利用专家的知识,特别是经验知识,经过推理得出辅助决策信息。对于专家知识,不规定它是数值的,更多的是不精确的定性知识。因此,专家系统辅助决策的方式属于定性分析。

专家系统和决策支持系统几乎是同时兴起,并沿着各自的道路发展起来的,它们都能起到辅助决策的作用,但辅助决策的方式完全不同。专家系统辅助决策的方式是属于定性分析,决策支持系统辅助决策的方式属于定量分析。如果把这两者结合起来,辅助决策的效果将会大大改善,即达到定性辅助决策和定量辅助决策相结合。这种专家系统和决策支持系统结合形成的系统称为智能决策支持系统(IDSS),它是决策支持系统的发展方向。

决策支持系统和专家系统的结合,并不容易实现,因为它们自成体系,两者的结合需要解决一些技术难题。专家系统结构中的核心部分由推理机、知识库和动态数据库三部分组成。知识库存放大量的专家知识;推理机完成对知识的搜索和推理;动态数据库存放已知的事实和推出的结果。专家系统中的动态数据库不同于决策支持系统中的数据库,相对来说,决策支持系统中的数据库是静态数据库。两系统中各部件之间的接口以及两系统的集成是形成智能决策支持系统的关键。

因此,不仅决策支持技术本身的发展对数据环境提出了更高的要求,而且决策支持技术与专家系统、人工智能的结合更要求能提供一种新的数据环境,为决策分析提供必要的数据源。只有当模型技术、专家系统以及这种新的数据环境的全方位的有机集成,才使得决策支持技术无论是在体系结构还是在信息处理能力上都产生了较大的变化,形成了人们熟悉而期望的智能决策支持系统。

1.1.2　数据库技术的发展

数据库(Database)一词起源于 20 世纪 50 年代。当时美国因战争需要,把各种情报集中在一起,存放在计算机中,称为 Information Base 或 Database。数据库技术是研究数据库结构、存储、设计和使用的一门软件科学,于 20 世纪 60 年代中期产生,经过短短 30 年它已从第一代的网状、层状数据库,第二代的关系数据库系统,发展到第三代以面向对象模型为主要特征的数据库(尽管其在学术上和技术上都尚不够成熟,但 1990 年 DBMS 功能委员会发表的"第三代数据库宣言"已标志着第三代数据库的出现),再到目前的数据仓库和数据集市等几个阶段。

数据模型是数据库系统的核心和基础。因此,数据库发展阶段划分应以数据模型的进展为主要的依据和标志。数据模型根据其应用不同,可分为两大类或两个层次:①概念数据模型;②结构数据模型。其中概念数据模型只强调信息特征和语义,是现实世界到信息世界的第一层抽象,而用于划分数据库发展阶段的是用于机器世界的第二层抽象,即结构数据模型。层次数据库系统和网状数据库系统的结构数据模型(以下均简称为数据模型或模型)都是在 20 世纪 60 年代后期研究和开发的。它们从体系结构、数据库语言到数据存储管理均具有共同特征,可称为第一代数据库系统(见图1.1,图 1.2)。

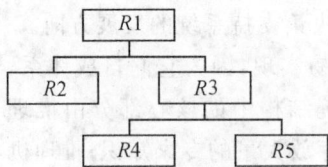

图 1.1　层次模型

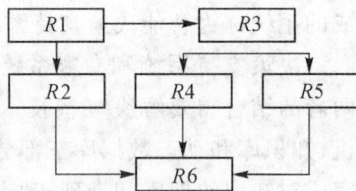

图 1.2　网状模型

关系数据库系统支持关系模型,具有形式基础好、数据独立性强、数据库语言非过程化等特色,标志着数据库技术发展到了第二代,其数据模型属于语法模型。

第三代数据库系统是以更加丰富的数据模型和更加强大的数据管理功能为特征,以满足传统数据库系统难以支持的新的应用要求。但对于第三代数据库的划分在学术上尚有争议,因此这里不作过多的讨论。目前发展最快且应用最广的是关系型数据库和面向对象技术,甚至也有人认为面向对象的数据库是第三代数据库的核心概念和技术基础。

用表格形式表示实体类型以及实体间联系的模型称为关系模型(见表1.1)。20 世纪 70 年代是关系数据库理论研究和原型开发的时代,其出现是以 1970 年 IBM 公司 San Jose 研究室的研究员 E. F. Codd 发表的题为"大型共享数据库数据的关系模型"一文为标志的。关系模型的典型代表是 IBM San Jose 研究室开发的 System R 和 Berkeley 大学研制的 INGRES。

表 1.1 关系数据模型数据表

订单编号	订货日期	发货日期	零件号	零件数量	金额
1634	02/02/93	02/22/93	152	2	144.50
1635	02/12/93	02/29/93	137	3	79.70
⋮	⋮	⋮	⋮	⋮	⋮
1676	02/13/93	03/01/93	145	1	24.30

关系模型和网状、层次结构的最大区别是关系模型用表格的数据而不是用指针链来表示和实现实体间的联系。其数据结构简单、易懂,只需用简单的查询语句就可对数据库进行操作。其操作方式是一次一集合(set-at-a-time)方式,而非关系型的数据模型则采用一次一记录(record-at-a-time)的方式。此外关系数据库的插入、删除和修改操作必须遵循下述三类完整性规则:①实体完整性规则;②引用完整性规则;③用户定义的完整性规则。前两类是关系模型必须满足的完整性规则,应由关系数据库系统自动支持,后者是针对某一具体数据的约束条件,由应用环境决定,但关系模型应提供定义和检查这类完整性的机制。

目前应用较为广泛的新型数据库技术是面向对象的关系型数据库,它属于第四代程序开发语言(4GL)。在面向对象的程序设计中,数据和程序(代码)都封装在一个对象中,数据称为对象的状态,程序称为对象的行为,按照人们习惯的思维方式建立问题模型和构造系统,使软件系统更易于开发、理解和维护,更适合于解决较复杂的问题。它的应用包括可以处理空间数据(如地图)、工程设计数据(如建筑设计、系统部件、集成电路)、超文本和多媒体数据(包括文本、影像、图像和声音数据)、时间相关的数据(如历史数据或股票交易数据)和 WWW(通过 Internet 可以使巨大的、广泛分布的信息存储)数据。

数据库技术一直力图使自己能胜任从事务处理、批处理到分析处理的各种类型的信息处理任务。尽管数据库在事务处理方面的应用获得了巨大的成功,但它对分析处理的支持一直不能令人满意,尤其是当以业务处理为主的联机事务处理(OLTP,On-Line Transaction Processing)应用与以分析处理为主的 DSS(Decision Support System)应用共享于同一个数据库系统中时,这两种类型的处理将发生明显的冲突。这些冲突具体地说有以下几个方面:

(1) 性能特性问题

在事务处理环境中,用户的行为特点是数据的存取操作频率高而每次操作处理的时间短。因此,系统可以允许多个用户按分时方式使用系统资源,同时保持较短的响应时间。在分析处理环境中,用户的行为模式与此完全不同,某个 DSS 应用程序可能需要连续运行几小时,从而消耗大量的系统资源。将具有如此不同处理性能的两种应用放在同一个环境中运行显然是不适当的。

(2) 数据集成问题

事务处理的目的在于业务处理自动化,一般只需要与本部门业务有关的当前数据,而对整个企业范围内的集成应用考虑得很少。当前绝大部分企业内数据的真正状况是分散的而非集成的,而 DSS 则需要集成的数据。因为全面而正确的数据是有效的分析和决策的首要前提,相关数据收集得越完整,得到的结果就越可靠。因此,DSS 不仅需要整个企业内部各部门的相关数据,还需要企业外部、竞争对手等的相关数据。

(3) 数据动态集成问题

数据集成的目的是为了分析处理,但有些应用仅在开始时对所需数据进行集成,以后就一直以这部分集成的数据作为分析的基础,不再与数据源发生联系,这种方式的集成可以称为静态集成。静态集成的最大缺点在于,如果在数据集成后数据源中数据发生了改变,这些变化将不能反映给决策者,导致决策者使用的是过时的数据。对于决策者来说,虽然并不要求随时准确地探知系统内任何数据的变化,但也不希望他所分析的是几个月以前的情况。因此,集成数据必须以一定的周期(如 24 小时)进行刷新,我们称之为动态集成。显然,事务处理系统不具备动态集成的能力。

（4）历史数据问题

事务处理一般只需要当前数据,在数据库中一般也只存储短期数据,且不同数据的保存期限也不一样,即使有一些历史数据保存下来了,也总是被束之高阁,未得到充分利用。但对于决策分析而言,历史数据是相当重要的,许多分析方法必须以大量的历史数据为依托,没有历史数据的详细分析是难以把握企业的发展趋势的。

（5）数据的综合问题

在事务处理系统中积累了大量的细节数据,一般而言,DSS 并不对这些细节数据进行分析。一是细节数据数量太大,会严重影响分析的效率;二是太多的细节数据不利于分析人员将注意力集中于有用的信息上。因此,在分析前,往往需要对细节数据进行不同程度的综合。而事务处理系统不具备这种综合能力,根据规范化理论,这种综合还往往因为是一种数据冗余而被加以限制。

综上所述,人们逐步认识到,事务处理与分析处理具有极不相同的性质,直接使用事务处理环境来支持 DSS 是行不通的。DSS 对数据在空间和时间的广度上都有了更高的要求,而以传统数据库技术为基础的事务处理环境则难以满足这些要求,这就提出需要开发不同于单一的数据资源的数据库系统和技术。数据仓库与数据挖掘正是为了构建这种新的分析处理环境而出现的一种数据存储和组织技术。

1.2　数据仓库概述

信息技术的不断推广应用,将企业带入了一个信息爆炸的时代。每时每刻都有潮水般的信息出现在管理者的面前,等待着管理者去处理、去使用。这些管理信息的处理类型主要分事务型（操作型）处理和信息型（分析型）处理两大类。事务型处理也就是通常所说的业务操作处理。这种操作处理主要是对管理信息进行日常的操作,对信息进行查询和修改,目的是满足组织特定的日常管理需要。在这类处理中,管理者关心的是信息能否得到快速的处理,信息的安全性能否得到保证,信息的完整性是否遭到破坏。信息型处理,则是指对信息作进一步的分析,为管理人员的决策提供支持。例如,为决策支持系统（DSS）提供信息分析的支持。这类处理必须访问大量的历史数据才能完成,而不像事务型处理那样,只对当前的信息感兴趣。

由于传统的数据库技术是以单一的数据资源,即数据库为中心,进行事务处理、批处理等各种数据处理工作,而且传统数据库中只保留当前的管理信息,缺乏决策分析所需要的大量历史信息,所以传统数据库虽然在联机事务处理(OLTP)中获得了较大的成功,但却无法满足管理人员的决策分析要求。为了满足管理人员的决策分析需要,在数据库基础上产生了能够满足决策分析所需要的数据环境——数据仓库(Data Warehouse,DW)。

1.2.1　数据仓库概念的提出

计算机系统的功能从数值计算扩展到数据管理距今已有 30 多年了。数据管理形式从最初的文件系统到层次型或网状数据库,再到关系数据库。大量新技术、新思路不断涌现,并被用于关系型数据库系统的开发和实现。客户/服务器系统结构、存储过程、多线索并发内核、异步 I/O、代价优化等,这一切足以使得关系数据库系统的处理能力毫不逊色于传统封闭的数据库系统。而关系数据库在访问逻辑和应用上所带来的好处则远远不止这些,SQL 的使用已成为一个不可阻挡的潮流,再加上近些年来计算机硬件的处理能力呈数量级的递增,关系数据库最终将成为联机事务处理系统的主宰。

由于数据库技术的深入广泛应用,对数据的基本处理功能,如数据的增删改、数据查询和统计等处理功能已经成为任何一个管理系统必备的功能。从 20 世纪 80 年代直到 90 年代初,联机事务处理一直是数据库应用的主流。随着数据在日常决策中的重要性越来越显著,人们对数据处理技术的要求也不断提高,需要能够对数据进行更深层次的处理,以得到关于数据总体特征的认识,以便于事物发展趋势的预测,而这些功能要求对传统的数据库管理系统来说是不能做到的。同时,数据量爆炸性的增长也使得传统的手工处理方法变得不切合实际,如天体数据如果用手工处理则需要几十个人年,因此迫切需要采用一种自动化程度更高、效率更好的数据处理方法来帮助人们更高效地进行数据分析。而且由于数据的繁杂,在由人工对数据进行处理过程中,很难找出关于数据的较为全面的信息,这样也会导致许多有用的信息仍然隐含在数据中而不能被及时发现和充分利用,造成不必要的资源浪费。

用户逐渐地发现单靠拥有联机事务处理已经不足以获得市场竞争的优势,他们需要对其自身业务的运作以及整个市场相关行业的情况进行分析,从而做出有利的决策。这种决策需要对大量的业务数据,包括历史业务数据进行分析才能得到。在如今这样激烈的市场竞争环境下,这种基于业务数据的决策分析——我们把它称为联机分析处理(OLAP,On-Line Analytical

Processing)——比以往任何时候都显得更为重要。如果说传统联机事务处理强调的是更新数据库——向数据库中添加信息,那么联机分析处理就是从数据库中获取信息、利用信息。因此,著名的数据仓库专家 Ralph Kimball 写道:"我们花了二十多年的时间将数据放入数据库,如今是该将它们拿出来的时候了。"

事实上,将大量的业务数据应用于分析和统计原本是一个非常简单和自然的想法,但在实际的操作中,人们却发现要获得有用的信息并非如想象的那么容易。这主要表现在以下几点:

(1) 所有联机事务处理强调的是密集的数据更新处理性能和系统的可靠性,并不关心数据查询的方便与快捷。联机分析和事务处理对系统的要求不同,同一个数据库在理论上都难以做到两全。

(2) 业务数据往往存放于分散的异构环境中,不易统一查询访问,而且还有大量的历史数据处于脱机状态,形同虚设。

(3) 业务数据的模式针对事务处理系统而设计,数据的格式和描述方式并不适合非计算机专业人员进行业务上的分析和查询。

因此,有人感叹:20 年前查询不到数据是因为数据太少了,而今天查询不到数据是因为数据太多了。针对这一问题,人们设想专门为业务的统计分析建立一个数据中心,它的数据从联机的事务处理系统中来、从异构的外部数据源来、从脱机的历史业务数据中来……这个数据中心是一个联机的系统,它是专门为分析统计和决策支持应用服务的,通过它可以满足决策支持和联机分析应用所要求的一切。这个数据中心就叫做数据仓库。这个概念在 20 世纪 90 年代初被提出来。

那么数据仓库与数据库(主要指关系数据库)又是什么关系呢?回想当初,人们固守封闭式系统是出于对事务处理的偏爱,人们选择关系数据库是为了方便地获得信息。我们只要翻开 C. J. Date 博士的经典之作 *An Introduction to Database Systems* 便会发现:今天数据仓库所要提供的正是当年关系数据库所要倡导的。然而,由于关系数据库系统在联机事务处理应用中获得的巨大成功,使得人们已不知不觉将它划归为事务处理的范畴;过多地关注于事务处理能力的提高,使得关系数据库在面对联机分析应用时又遇到了新的问题——今天的数据仓库对关系数据库的联机分析能力提出了更高的要求,以普通关系型数据库作为数据仓库在功能和性能上都是不够的,它们必须有专门的改进。因此,数据仓库与数据库的区别不仅仅表现在应用的方法和目的方面,同时也涉及产品和配置上的不同。

以辩证的眼光看,数据仓库的兴起实际是数据管理的一种回归,是螺旋式的上升。今天的数据库就好比当年的层次数据库和网状数据库,它们面向事务处理;今天的数据仓库就好比是当年的关系数据库,它针对联机分析。所不同的是,今天的数据仓库不必再为联机事务处理的特性而无谓奔忙,由于技术的专业化,它可更专心于联机分析领域的发展和探索。

1.2.2　数据仓库的定义

数据仓库的概念一经出现,就首先被用于金融、电信、保险等主要的传统数据处理密集型行业。国外许多大型的数据仓库在 1996—1997 年建立。数据仓库为商务运作提供结构与工具,以便系统地组织、理解和使用数据进行战略决策。大量组织机构已经发现,在当今这个充满竞争和快速发展的世界中,数据仓库是一个有价值的工具。在过去的几年中,许多公司已花费了数百万美元,用以建立企业范围的数据仓库。许多人感到,随着工业竞争的加剧,数据仓库成了必备的最新营销武器———一种通过更多地了解客户需求而保住客户的途径。

那么到底什么是数据仓库呢?自从数据仓库概念出现以来,不少学者从不同的角度为数据仓库下了不同的定义。

(1)Informix 公司的定义:数据仓库将分布在企业网络中不同信息岛上的业务数据集成到一起,存储在一个单一的集成关系型数据库中,利用这种集成信息,可方便用户对信息的访问,更可使决策人员对一段时间内的历史数据进行分析,研究事务发展走势。

(2)SAS 软件研究所的定义:数据仓库是一种管理技术,旨在通过通畅、合理、全面的信息管理,达到有效的决策支持。

(3)斯坦福大学数据仓库研究小组的定义:数据仓库是集成信息的存储中心,这些信息可用于查询或分析。

(4)业界公认的数据仓库概念创始人 W. H. Inmon 在《数据仓库》(*Building the Data Warehouse*)一书中对数据仓库的定义是:数据仓库就是面向主题的、集成的、不可更新的(稳定性)、随时间不断变化(不同时间)的数据集合,用以支持经营管理中的决策制订过程。

从上述关于数据仓库的不同定义中,不难发现它们具有一些共同的特征:

(1)数据仓库中包含大量数据,这些数据可能来自企业或组织内部,也可能来自外部;

(2)以数据仓库方式进行组织的目的是为了能够更好地支持决策;

(3)数据仓库为最终使用者提供了用于存取、分析数据的工具。

总而言之,数据仓库是将原始的操作数据进行各种处理并转换成综合信息,提供功能强大的分析工具对这些信息进行多方位的分析以帮助企业领导做出更符合业务发展规律的决策。因此,在很多场合,决策支持系统(DSS)也成了数据仓库的代名词。建立数据仓库的目的是把企业的内部数据和外部数据进行有效的集成,为企业的各层决策和分析人员所使用。企业内部数据是指通过业务系统收集到的数据,这些数据可能分布在不同的硬件、数据库、网络环境中,为不同的业务部门服务。比如对一个制造业用户来说,可能有生产数据、销售数据、财务数据、市场数据、人事数据等,所有这些数据从结构上看是相对独立的,是不利于企业决策者进行全面分析和查询的。如果我们针对决策者的需求,对这些数据进行结构上的重组,按更方便决策分析的角度去设计,并且充分考虑今后的扩展性与外部数据的接口,就会使企业的宝贵资源——数据,产生真正的信息价值。

1.2.3　数据仓库的特征

从 W. H. Inmon 关于数据仓库的定义中可以分析出数据仓库具有这样一些重要的特性:面向主题性、集成性、时变性、非易失性、集合性和支持决策作用。

(1) 面向主题性(Subject-oriented)

主题是与传统数据库的面向应用相对应的,是一个抽象的概念,是在较高层次上将企业信息系统中的数据综合、归类并进行分析利用的抽象。举例来说,如图 1.3 所示,销售商将销售数据系统分为零售、批发销售、出口销售等几个子系统,每个系统都支持对数据的基本查询。但是作为销售商,往往需要在所有的销售信息上运行一个全局查询,而不是针对某个单一的子系统。这时就需要有一个面向主题的数据组织方式,在较高层次上对分析对象进行一个完整、一致的描述,统一地刻画分析对象所涉及的企业各个数据,以及数据之间的联系。每一个主题对应一个宏观的分析领域。数据仓库围绕一些主题,如顾客、供应商、产品和销售组织。数据仓库关注决策者的数据建模与分析,而不是集中于组织机构的日常操作和事务处理。因此,数据仓库排除对于决策无用的数据,提供特定主题的简明视图。

(2) 集成性(Integrated)

所谓集成性,是指在数据进入数据仓库之前,必须经过数据加工和集成,这是建立数据仓库的关键步骤。因为,通常构造数据仓库是将多个异种

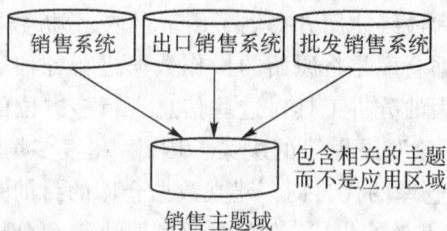

图 1.3　主题域

数据源(如:关系数据库、一般文件和联机事务处理记录)集成在一起,这些数据即可以来自企业的内部,也可以来自企业范围以外的某些市场信息。所以,首先要统一原始数据中的矛盾之处,使用数据清理和数据集成技术,确保命名约定、编码结构、属性度量的一致性;然后再将原始数据结构做一个从面向应用向面向主题的转变。

(3) 时变性(Time-variant)

所谓时变性,是指数据仓库中的信息并不只是关于企业当时或某一时点的信息,而是系统地记录了企业从过去某一时点到目前(一般为 5~10 年)的数据,主要用于进行时间趋势分析。在数据仓库中,数据保存时限取决于进行决策分析的需要,并且所有数据均需标明所属历史时期。而且数据仓库中的数据是随时间的变化而不断变化的。这一特征主要表现在以下三个方面:首先,数据仓库随着时间的变化不断增加新的数据内容;其次,数据仓库随时间变化不断删除旧的数据内容;再者,数据仓库中包含大量的综合数据,这些综合数据中很多跟时间有关。所以,这些数据会随着时间的变化不断地进行重新综合。

(4) 非易失性(Nonvolatile)

数据仓库总是物理地分离存放数据,这些数据源于操作环境下的应用数据。通常,它只需要两种数据访问:数据的初始化装入和数据访问,而且不能对数据仓库中的细节数据自行进行改动。由于这种分离,数据仓库不需要事务处理、恢复和并发控制机制。所以,细节数据几乎是不进行更新的,而只能进行追加。

这里,必须指出非易失性与时变性之间的区别。非易失性是指作为数据仓库的使用者不能也不应该去改动数据内容,因为这样做会影响统计分析的结果。而时变性则是指随着新数据的不断进入,数据仓库中的某些统计变量应该进行相应的调整。当然,这种调整是由系统来完成的,对用户而言完全是透明的。

（5）集合性

数据仓库的集合性意味着数据仓库必须以某种数据集合的形式存储起来。目前数据仓库所采用的数据集合方式是以多维数据库方式进行存储的多维模式,以关系数据库方式进行存储的关系模式或以两者结合的方式进行存储的混合模式。

1.2.4 数据仓库的应用和发展

1.2.4.1 数据仓库的两类用户

从数据仓库的最终用户来看,可以分成信息的使用者和知识的挖掘者两大类型。

信息的使用者是以一种可以预测的、重复的方式来使用数据库。信息使用者在使用数据仓库之前知道他们要了解什么,常常是每天都对数据仓库进行有规则的数据访问。在访问过程中往往只访问很少的一部分数据,而且对数据的访问常常能够获得结果。信息使用者通常要观察一些概括性数据或聚集数据,很少用到一些元数据或详细数据。从信息使用者的工作性质看,他们往往是一些业务员性质的用户,使用一些预先定义好的查询,在概括性数据上进行运行,执行一些简单的处理。因此,适合他们的数据存储模式是星型结构。

知识的挖掘者对数据仓库的使用是不规则的,有时很长时间不使用数据仓库,有时却连续地长时期使用。他们在使用数据仓库中,需要对数据仓库中的海量数据进行挖掘。挖掘的目标可能是:在企业所面对的客户群中哪些客户是企业赢利的客户?这些赢利客户应该具有哪些特征?这些赢利客户在采购过程中常常采购哪些产品?所采购的这些产品间互相具有什么关系?知识挖掘者在进行知识的挖掘过程中,常常一无所获;但是一次偶然的得手,会使数据仓库的巨大投资得到丰厚的回报。知识挖掘者往往是一些专业用户,他们负责管理报告的筹建与分析,在数据仓库的使用中,很少进行预先定义的查询,而是提交一些复杂的、动态的查询,要求数据仓库进行复杂的数据处理。

1.2.4.2 数据仓库的应用行业

从数据仓库应用的行业看,一般具有两个基本条件:第一,该行业有较为成熟的联机事务处理系统,它为数据仓库提供客观条件;第二,该行业面临市场竞争的压力,它为数据仓库的建立提供外在的动力。

近年来,数据仓库在证券业、银行、税务、控制金融风险、保险、客户管理等众多领域得到了越来越广泛的应用。

(1) 在客户服务及营销方面的应用

现代商业竞争越来越激烈,客户群体越来越庞大,客户对服务的要求也越来越高,因此客户关系管理(Customer Relation Management,CRM)仅靠手工是难以完成的。由于不同企业的客户群各不相同,客户管理的内容也千差万别,所以开发出"放之四海而皆准"的万能 CRM 产品也是不现实的,而需要针对不同行业提供不同的 CRM 产品。目前,Sybase 公司可以提供面向电信、金融、保险、医疗保健 4 个行业领域的 CRM 产品。在这 4 个产品中,有 80％的功能是共性的,有 20％的功能需要 Sybase 和合作伙伴共同针对不同客户的不同需求进行开发。其中 80％共性功能包括 7 个模块(即 CRM 中的"7P")。

- 客户概况分析(Profiling),包括客户的层次、风险、爱好、习惯等;
- 客户忠诚度分析(Persistency),指客户对某个产品或商业机构的忠实程度、持久性、变动情况等;
- 客户利润分析(Profitability),指不同客户所消费的产品的边缘利润、总利润额、净利润等;
- 客户性能分析(Performance),指不同客户所消费的产品按种类、渠道、销售地点等指标划分的销售额;
- 客户未来分析(Prospecting),包括客户数量、类别等情况的未来发展趋势、争取客户的手段等;
- 客户产品分析(Product),包括产品设计、关联性、供应链等;
- 客户促销分析(Promotion),包括广告、宣传等促销活动的管理。

CRM 是一个新兴的客户服务市场,据 Gartner Group 的 Dataquest 的市场研究表明,2001 年美国的 CRM 市场开发利用不到 20％,而在欧洲和亚太地区,该市场还是一片空白。预计未来几年 CRM 市场的增长率将迅猛发展,如果电子商务的发展速度比预期的更快,这个数字将会更高。适合 CRM 的软件主要是把现有的传统系统和多年来收集的客户数据进行集成。

(2) 在银行领域的应用

随着社会主义市场经济改革的深化,传统的计划经济模式逐渐瓦解,市场经济模式逐渐形成。在这个变革过程中,由于体制、市场、企业、个体等经济要素变化、发展的不平衡性,带来了银行对各种金融变量控制的随机性和模糊性。如何防范银行的经营风险、实现科学管理以及进行决策是金融研究的一个重要课题。

银行决策支持系统是建立在银行管理信息系统基础之上的、以银行数据库和数据仓库为基础的，包括各种辅助制订货币政策、开拓金融业务等的模型库、方法库和知识库。

比如，中国银行省、市两级金融管理信息系统是中国银行广东省分行承担开发的国家"八五"科技攻关项目。该系统在工程组织和总体方案设计上采用数据仓库及联机分析处理理论。系统重点围绕中国银行资产负债管理的要求，建立覆盖全省 22 家分行的数据采集网络，初步实现了计算机业务系统数据和手工报表数据采集、存储的自动化。同时面向各级经营管理人员，开发出财务分析、业务管理、动态报表和金融资讯计 50 余项管理分析应用。1996 年 3 月，系统在本行投入使用，至 1997 年 7 月，系统已在广东省 22 家分行全面推广使用，成为中国银行省、市分行实行科学管理的有力工具。

(3) 在保险业的应用

随着商业保险公司业务系统日趋完善以及数据交换和处理中心的建立，如何满足保险行业日益增长的各种查询、统计、报表以及分析的需求，如何提高防范和化解经营风险的能力，如何有效利用这些数据来实现经营目标，预测保险业的发展趋势，甚至如何利用这些数据来设计保险企业的发展宏图，在激烈的竞争中赢得先机，是保险决策支持系统需要解决的问题，也是目前保险企业在信息技术应用上的首要难题。数据仓库技术、联机分析处理技术的日趋成熟和 Internet 的普及加速了决策支持的实用化过程。

以菲奈特公司与深圳华安保险公司的合作项目为例。2000 年 6 月，菲奈特公司与深圳华安保险公司合作联合开发财产险主业务系统(SPS)和保险决策支持系统(IDSS)。这是金融业决策支持系统在华南地区的首例商业应用，也是数据仓库在保险业的成功应用。该系统是以数据仓库技术为基础，以联机分析处理和数据挖掘工具为手段的一整套可操作、可实施的整体解决方案，适用于 UNIX 和 Windows NT 平台，可以使用 SQL Server，Platinum，Sybase IQ，Informix MetaCube 等 OLAP 服务器，可连接多个业务系统的异构数据源(如 Informix，Oracle，DB2，Sybase，SQL Server)，并同时提供 Client/Server 与 Web 两个操作版本。该系统充分利用了数据仓库的先进技术以及联机分析处理机制对数据的多维动态查询、分析和提取功能，建成了保险决策支持系统。该系统能进一步挖掘保险公司现有的各种数据的潜力，提供了关键业务指标分析、业绩分析、财务分析、市场分析、重要险种分析、重大事件分析、即席分析、风险评估、业务预测、风险告警、风险预测等功能,为保险公司领导层及时掌握经营管理的真实动态,作出科学决策提供了多方位、多层次、多视觉的信息服务和重要的数据依据。

(4) 在证券业的应用

数据仓库技术在证券业的应用十分广泛,它可处理客户分析、账户分析、证券交易数据分析、非资金交易分析等多个业界关心的主题,这是证券业扩大经营、防范风险的预警行动。

证券公司利用客户行为分析系统数据仓库技术将所有客户的操作记录进行归类和整理,并结合行情走势、上市公司资料、宏观和微观经济数据等,对客户的行为和市场各因素的关联、客户的操作习惯、客户的持仓情况、客户的盈亏情况、公司的利润分布等进行统计和分析,从而获得以往一直想获得但却无法获取的关于客户在本公司的行为、盈亏、习惯等关键信息。证券商在获得这些信息后,就有能力为客户提供针对其个人习惯、投资组合的投资建议,从而真正做到对客户的贴心服务。

这里以深圳国信证券的数据仓库项目为例。1999 年 4 月,深圳国信证券的数据仓库系统一期工程完成,该项目首期投资近 200 万元。数据仓库系统建设的目的是为当前公司的决策者提供快速有效的各种报表和分析方式,提高公司的市场反应速度和竞争力水平。同时,考虑到公司业务系统的不断完善和决策支持的更高要求,该系统对不断增长的企业数据具有无限的可扩展性并提供可控的快速查询响应时间。该系统包括了客户分析、账户分析、证券汇总分析、资金交易分析、非资金交易分析等多个业界关心的主题。该公司的用户可以通过固定灵活报表、多维分析等多种形式实现多个层面的数据访问。数据访问的手段包括访问授权的内部 Web 站点、通过自动 E-mail 邮件转发、直接 Client/Server 连接等多种方式。该系统的完成是国内开放平台数据仓库系统建设的一个成功案例。

1.2.4.3　数据仓库的未来发展

随着数据仓库应用的扩展,对数据仓库提出了越来越多的要求。其中,主要有基于关系对象数据库的数据仓库、网络影响、操作型数据仓库要求、Web 中的代理技术等。

(1) 基于关系对象数据库的数据仓库

关系对象数据库的出现使数据仓库设计人员有能力将对象引入数据仓库环境中。关系对象数据库的出现,也将使数据仓库的平台性能得到很大的改善。数据仓库开发人员能够很容易地将多媒体数据、复杂的数据类型和其他各种类型的数据引入数据仓库。这就使数据仓库能够满足用户的更多需求。对象技术引入数据仓库以后,一方面产生对数据仓库的更多数据、更多用户和更多可扩展性要求,同时对象技术也可用来提高数据仓库的性能以缓解扩展性要求的压力。

因为在对象技术引入数据仓库以后,用户可以定义适合某种数据类型的最佳操作。例如,基于关系型的数据仓库在处理"时间序列"数据时效率十分低下。因为在数据仓库中对基于时间序列数据的操作,常会要求查看这些数据如何按照时间序列变化。而这些数据在实际存储中并不按照时间的标识存储在一起,这些在时间上连续的数据可能被分散存储在大量的、不连续的磁盘中。在对这些数据的操作中,数据查询效率将十分低下。在关系对象数据库中则可以将这些具有时间序列的数据作为一个对象看待,而且在存储这些数据时将它们作为一个整体存储在磁盘上,这将大大减少读取数据的时间。

关系对象数据库作为数据仓库平台,不仅为复杂数据类提供了可扩展功能,而且还为数据仓库平台提供了对数据处理的功能扩展。当用户的需求增加时,用户可用客户端的特定功能,扩展数据仓库平台的性能。数据仓库平台的可扩展性功能对数据仓库的应用是十分关键的,因为数据仓库的应用存在不断扩展的趋势,而具有可扩展性的关系对象数据库,可以满足用户在这些方面的要求。

(2) 网络的影响

未来的数据仓库将越来越依赖于网络进行数据的传输和数据的使用请求处理。用户可以借助内部网络或外部网络使用数据仓库,这就需要数据仓库具有网络使用方面的能力。网络的使用能力不仅涉及企业内部的局域网,而且更多地涉及因特网。这就要求 Web 网关不仅能够将来自 Web 服务器的超文本语言(HTML 或 XML)格式转换成特定数据引擎的 API,而且能够将数据引擎中的答案转换为 HTML 或 XML 格式,实现数据源的抽取、转换和装载,在不同软件工具间进行元数据和内容的交换,且为数据仓库集成数据。

(3) 操作型数据仓库

"操作型数据仓库"能以一种可以接受的标准对数据仓库进行操作。这些标准包括可预测性、可利用性和可访问性。在操作型数据仓库中有时还要对数据仓库进行修改。在目前的数据仓库中,对数据的更新是通过加载程序,将每个数据更新周期中所发生变化的数据整批添加到数据仓库中去。在实际操作中常会由于某种现实的变化,需要对数据仓库中的记录进行少量的修改;随着外部数据源的增加,管理决策分析对即时数据需求的紧迫性,对数据的修改要求越来越强烈。但是,这种要求至少在目前是无法完成的。

(4)Web 应用中的代理技术

数据仓库的 Web 应用主要指用户利用合作伙伴的数据仓库或对本组织的 Internet 系统的多维数据进行决策分析活动。Web 的数据仓库访问,意味着可为企业带来大量的用户,而且需要为 Web 数据仓库提供更多的数据,尤其是图像数据。

因此 Web 数据仓库的实现,必须要求基于 HTTP 或 HTTPS 的数据源能够得到支持。从数据仓库的 Web 应用看,它实际上是一种巨大的分布式计算环境应用。在大量的分布式计算中,单纯地依赖目前所采用的数据发布和订阅模型中的预先建立的协调性是无法实现的。这需要一种系统的代理来完成,即依靠软件代理系统实现。这种代理可以通过网络的下载程序和客户的特性以及合作处理,完成数据的推式定制工作,使数据仓库的 Web 应用与管理更加便利。

1.3　数据挖掘概述

近十几年,随着科学技术的飞速发展,经济和社会都取得了极大的进步。与此同时,在各个领域产生了大量的数据,如人类对太空的探索而采集的数据,银行每天的巨额交易数据,等等。如何处理这些数据以得到有益的信息,进行有益的探索呢?人们在日常生活中也经常会遇到这样的情况:超市的经营者希望将经常被同时购买的商品放在一起,以增加销售;保险公司想知道购买保险的客户一般具有哪些特征;医学研究人员希望从已有的成千上万份病历中找出患某种疾病的病人的共同特征,从而为治愈这种疾病提供一些帮助。对于以上问题,现有信息管理系统中的数据分析工具无法给出答案。因为无论是查询、统计还是报表,其处理方式都是对指定的数据进行简单的数字处理,而不能对这些数据所包含的内在信息进行提取。随着信息管理系统的广泛应用和数据量的激增,以及数据库技术的不断发展及数据库管理系统的广泛应用,人们希望能够提供更高层次的数据分析功能,从而更好地对决策或科研工作提供支持。正是为了满足这种要求,人们结合统计学、数据库、机器学习等技术,提出数据挖掘(Data Mining,DM)来解决这一难题。

1.3.1 数据挖掘的定义

数据挖掘的历史很短,1995 年在美国计算机年会(ACM)上其概念才被真正提出。但它的发展速度很快,加之它是多学科综合的产物,目前还没有一个完整的定义。数据挖掘的定义非常模糊,对它的定义取决于定义者的观点和背景。以下是一些 DM 文献的定义:

(1)SAS 研究所(1997):数据挖掘是在大量相关数据基础之上进行数据探索和建立相关模型的先进方法。

(2)Bhavani(1999):数据挖掘是使用模式识别技术、统计和数学技术,在大量的数据中发现有意义的新关系、模式和趋势的过程。

(3)Fayyad:数据挖掘是一个确定数据中有效的、新的、可能有用的并且最终能被理解的模式的重要过程。

(4)Zekulin:数据挖掘是一个从大型数据库中提取以前未知的、可理解的、可执行的信息并用它来进行关键的商业决策的过程。

(5)Ferruzza:数据挖掘是用在知识发现过程中辨识存在于数据中的未知关系和模式的一些方法。

(6)Jonn:数据挖掘是发现数据中有益模式的过程。

(7)Parsaye:数据挖掘是我们为那些未知的信息模式而研究大型数据集的一个决策支持过程。

(8)Hand, et al.(2000):数据挖掘就是在大型数据库中寻找有意义、有价值信息的过程。

众多表达方式虽然不同,但本质都是一样的。这里,我们将从技术角度和商业角度给出数据挖掘的定义。

1.3.1.1 技术上的定义及含义

从技术角度看,数据挖掘就是从大量的、不完全的、有噪声的、模糊的、随机的实际应用数据中,提取隐含在其中的、人们事先不知道的,但又是潜在有用的信息和知识的过程。

与数据挖掘相近的同义词有数据融合、数据分析和决策支持等。这个定义包括好几层含义:数据源必须是真实的、大量的、含噪声的;发现的是用户感兴趣的知识;发现的知识要可接受、可理解、可运用的;并不要求发现放之四海皆准的知识,仅支持特定的发现问题。

何为知识?从广义上理解,数据、信息也是知识的表现形式,但是人们更把概念、规则、模式、规律、约束等看作知识。人们把数据看作是形成知识的源泉,好像从矿石中采矿或淘金一样。原始数据可以是结构化的,如关系数据库中的数据;也可以是半结构化的,如文本、图形和图像数据;甚至是分布在网络上的异构型数据。发现知识的方法可以是数学的,也可以是非数学的;可以是演绎的,也可以是归纳的。发现的知识可以被用于信息管理、查询优化、决策支持和过程控制等,还可以用于数据自身的维护。因此,数据挖掘是一门交叉学科,它把人们对数据的应用从低层次的简单查询提升到从数据中挖掘知识,提供决策支持。在这种需求牵引下,汇聚了不同领域的研究者,尤其是数据库技术、人工智能技术、数理统计、可视化技术、并行计算等方面的学者和工程技术人员,投身到数据挖掘这一新兴的研究领域,形成新的技术热点。

这里所说的知识发现,不是要求发现放之四海而皆准的真理,也不是要去发现崭新的自然科学定理和纯数学公式,更不是什么机器定理证明。实际上,所有发现的知识都是相对的,是有特定前提和约束条件,面向特定领域的,同时还要能够易于被用户理解,最好能用自然语言表达所发现的结果。

1.3.1.2　商业角度的定义

从商业应用角度看,数据挖掘是一种新的商业信息处理技术。其主要特点是对商业数据库中的大量业务数据进行抽取、转换、分析和其他模型化处理,从中提取辅助商业决策的关键知识,即从一个数据库中自动发现相关的商业模式。实际上在多年前,统计学家就开始手工挖掘数据库,从数据库中寻找符合统计学规律的有意义的模式。这也是统计学类型的数据挖掘技术在目前数据技术中最为成熟的重要原因之一。

简而言之,数据挖掘其实是一类深层次的数据分析方法。数据分析本身已经有很多年的历史,只不过过去数据收集和分析的目的是用于科学研究。另外,由于当时计算能力的限制,对大数据量进行分析的复杂数据分析方法受到很大限制。现在,由于各行业业务自动化的实现,商业领域产生了大量的业务数据,这些数据不再是为了分析的目的而收集的,而是由于纯机会的商业运作而产生的。分析这些数据也不再是单纯为了研究的需要,更主要是为商业决策提供真正有价值的信息,进而获得利润。但所有企业面临的一个共同问题是:企业数据量非常大,而其中真正有价值的信息却很少。因此从大量的数据中经过深层分析,获得有利于商业运作、提高竞争力的信息,就像从矿石中淘金一样。数据挖掘也因此而得名。

因此,数据挖掘可以描述为:按企业既定业务目标,对大量的企业数据进行探索和分析,揭示隐藏的、未知的或验证已知的规律性,并进一步将其模型化的先进有效的方法。

1.3.2　数据挖掘与数据仓库的关系

(1)数据挖掘是数据仓库发展的必然结果

信息系统发展的初级阶段以键盘录入数据和成批处理为主要特征,这一阶段应用开发的结果是出现一批分散的数据处理系统;信息系统发展的中级阶段以联机事务处理为主要特征,建立的是企业内部管理信息系统和决策支持系统;信息系统发展的高级阶段以系统集成和联机分析处理为主要特征,建立起新的集成化开放性的信息系统(IOIS)。早期的数据库系统主要集中于操作型的日常事务处理。随着大量数据的被收集,从原始数据中得到有价值的决策信息越来越困难,于是,产生了新的数据库体系结构,即数据仓库。数据仓库中存放的是从原始数据中经过计算和统计后得到的满足决策者需要的数据,这种数据也被称为是信息型或分析型数据。联机分析处理工具是基于数据仓库的信息分析处理过程,具有汇总、合并和聚集功能以及从不同的角度观察信息的能力,但对于深层次的分析,如数据分类、聚类和数据随时间变化的特性,仍然需要其他分析工具。数据挖掘可以看作是联机分析处理的高级阶段。

(2)数据仓库为数据挖掘提供应用基础

从数据挖掘的定义可以看出,数据挖掘包含一系列旨在从数据库中发现有用而未发现的模式的技术。如果将其与数据仓库紧密联系在一起,将获得意外的成功。传统的观点认为,数据挖掘技术扎根于计算科学和数学,不需要也不得益于数据仓库。这种观点并不正确。成功的数据挖掘的关键之一就是通过访问正确、完整和集成的数据,唯此才能进行深层次的分析,寻求有益的信息,而这些正是数据仓库所能够提供的。数据仓库不仅是集成数据的一种方式,而且数据仓库的连机分析功能(OLAP)还为数据挖掘提供了一个极佳的操作平台。如果数据仓库与数据挖掘能够实现有效的联结,将给数据挖掘带来各种便利和功能。

首先,大多数数据挖掘工具要在集成的、一致的、经过清理的数据上进行挖掘。这就需要在数据挖掘中有一个数据清理、数据变换和数据集成过程,作为数据挖掘的预处理,但这一预处理过程费用昂贵。而已经完成数据清理、数据变换和数据集成的数据仓库完全能为数据挖掘提供它所需要的挖掘数据,免除了数据挖掘准备数据的繁杂过程。

其次,在数据仓库的构造过程中已经围绕数据仓库组建了包括数据存取、数据集成、数据合并、异种数据库的转换、ODBC/OLE DB 的连接、Web 访问和服务工具以及报表与 OLAP 分析工具等全面的数据处理和数据分析基础设施。在数据挖掘过程中所需要的数据处理与分析工具完全可在数据仓库的数据处理与数据分析工具中找到,根本没有必要为数据挖掘重新设置同样的基础设施。

此外,在数据挖掘过程中,常常需要进行探测式的数据分析,穿越各种数据库,选择相关数据,对各种数据选择不同的粒度,以不同的形式提供知识或结果。而数据仓库中的 OLAP 完全可为数据挖掘提供有关的数据操作支持,例如,对数据立方体或数据挖掘中间结果进行数据的上钻、上卷、旋转、过滤、切块或切片,且以 OLAP 的可视化功能为数据挖掘过程或挖掘结果提供良好的操作平台。这些都将极大地增强数据挖掘的功能和灵活性。

最后,在数据挖掘过程中,如果将数据挖掘与数据仓库进行有效的联结,将增加数据挖掘的联机挖掘功能。用户在数据挖掘的过程中,可以利用数据仓库的 OLAP 与各种数据挖掘工具的联结,选择合适的数据挖掘工具,并能够在数据挖掘过程中灵活地组织挖掘工具以增强数据挖掘能力;同时还为用户灵活地改变数据挖掘的模式与任务提供便利。

总之,数据仓库为数据挖掘提供了更广阔的活动空间。数据仓库完成数据的收集、集成、存储、管理等工作,数据挖掘面对的是经初步加工的数据,使得数据挖掘能更专注于知识的发现。又由于数据仓库所具有的新特点,对数据挖掘技术提出了更高的要求。另一方面,数据挖掘为数据仓库提供了更好的决策支持,同时促进了数据仓库技术的发展。可以说,数据挖掘和数据仓库技术要充分发挥潜力,就必须结合起来。

1.3.3 数据挖掘的应用和发展

1.3.3.1 数据挖掘的应用

可以这么说,数据挖掘的应用是极其广泛的,只要有数据的地方,基本上都有数据挖掘的用武之地。针对特定领域的应用,包括生物医药学、DNA 分析、金融、零售业、电信业等,人们开发了许多专用的数据挖掘工具。这些数据挖掘将数据分析技术与特定领域知识结合在一起,提供满足特定任务的数据挖掘解决方案。在过去的 10 年内,人们开发了许多数据挖掘系统和产品。选择一个满足自己需要的数据挖掘产品,需要的是从多角度考察各种数据挖掘系统的特征,其中包括数据类型、系统问题、数据源、数据挖掘的功能和方法,还要考察数据挖掘系统与数据库或数据仓库的耦合性、可伸缩性,可视化工具和图形用户界面。

(1) 针对生物医药学和 DNA 数据分析的数据挖掘

目前生物医学的大量研究都集中在 DNA 数据的分析上,从基因层面上解释疾病的成因,发现预防和治疗的新药物、新方法。而人类有约 10 万个基因,一个基因通常又由成百个核苷按一定次序组织而成。核苷按不同的次序和序列可以形成几乎是不计其数的不同基因,具有挑战性的问题是从中找出导致各种疾病的特定基因序列模式。由于在数据挖掘中已经有许多有意义的序列模式分析和相似检索技术,因此数据挖掘成为 DNA 分析中强有力的工具,并在以下方面对 DNA 分析起着不小的贡献。

• DNA 序列间相似搜索和比较;
• 关联分析:同时出现的基因序列的识别;
• 路径分析:发现在疾病不同阶段的致病基因;
• 可视化展现基因的复杂结构和序列模式。

(2) 针对金融数据分析的数据挖掘

大部分银行和金融机构都提供丰富多样的储蓄服务(如支票、存款和商业及个人用户交易)、信用服务(如交易、抵押和汽车贷款)和投资服务(如共有基金)。有些还提供保险服务和股票投资服务。

在银行和金融机构中产生的金融数据通常相对比较完整、可靠和高质量,这大大方便了系统化的数据分析和数据挖掘。以下给出几种典型的应用情况:

• 贷款偿还预测和客户信用政策分析;
• 对目标市场客户的分类与聚类;
• 洗黑钱和其他金融犯罪的侦破。

(3) 零售业中的数据挖掘

零售业是数据挖掘的主要应用领域。这是因为零售业积累了大量的销售数据,顾客购买历史记录,货物进出、消费与服务记录,等等。其数据量在不断地迅速膨胀,特别是由于日益增长的 Web 或电子商务上的商业方式的方便和流行。今天,许多商店都有自己的 Web 站点,顾客可以方便地在线购买商品。一些企业,如 Amazon. com,只有在线方式,没有砖瓦构成的(物理的)商场。零售数据为数据挖掘提供了丰富的资源。零售数据挖掘有助于识别顾客购买行为,发现顾客购买模式和趋势,改进服务质量,取得更好的顾客保持力和满意程度,提高货品销量比率,设计更好的货品运输与分销策略,减少商业成本。以下给出零售业中几个数据挖掘的应用实例:

- 基于数据挖掘的数据仓库的设计与构造;
- 销售、顾客、产品、时间和地区的多维分析;
- 促销活动的有效性分析;
- 顾客保持力——顾客忠诚分析;
- 购买推荐和商品参照。

(4) 电信业中的数据挖掘

电信业已经迅速地从单纯的提供市话和长话服务演变为提供综合电信服务,如语音、传真、寻呼、移动电话、图像、电子邮件、计算机和 Web 数据传输以及其他数据通信服务。电信、计算机网络、因特网和各种其他方式的通信和计算的融合是目前的大势所趋。而且随着许多国家对电信业的开放和新兴计算与通信技术的发展,电信市场正在迅速扩张并竞争越发激烈。因此,利用数据挖掘技术来帮助理解商业行为、确定电信模式、捕捉盗用行为,更好地利用资源和提高服务质量是非常有必要的。

以下是几个利用数据挖掘改进电信服务的具体应用情况:

- 电信数据的多维分析;
- 盗用模式分析和异常模式识别;
- 多维关联和序列模式分析。

1.3.3.2 数据挖掘技术的发展

数据挖掘是在 20 世纪 80 年代,投资人工智能(AI)研究项目失败后,AI 转入实际应用时提出的。它是一个新兴的、面向商业应用的 AI 研究。选择数据挖掘这一术语,表明了与统计、精算等长期从事预言模型的经济学之间没有技术的重叠。

1996 年 12 月,美国 Business Objects 公司宣布推出业界面向主流商业用户的数据挖掘解决方案——Business Miner。Business Miner 采用了基于直觉决定的树型技术,提供了简单易懂的数据组织形式,使用图形化方式描述数据关系,通过百分比和流程表等简单易学的用户界面告诉用户有关的数据信息。Business Miner 能对从数据仓库中传来的数据自动地进行挖掘分析工作,剖析任意层面数据的内在联系,最终确定商业趋势和规律。

数据挖掘技术是人们长期对数据库技术进行研究和开发的结果。起初各种商业数据是存储在计算机的数据库中的,然后发展到可对数据库进行查询和访问,进而发展到对数据库的即时遍历。数据挖掘使数据库技术进入一个更高级的阶段,它不仅能对过去的数据进行查询和遍历,并且能够找到过去数据之间的潜在联系,从而促进信息的传递。

研究数据挖掘的历史,可以发现数据挖掘的快速增长和商业数据库的空前快速增长是分不开的,并且在 20 世纪 90 年代较为成熟的数据仓库正同样广泛地应用于各种商业领域。从商业数据到商业信息的进化过程中,每一步前进都是建立在上一步的基础上的。表 1.2 给出了数据进化的四个阶段,从中可以看到,第四步进化是革命性的。因为从用户的角度来看,这一阶段的数据库技术已经可以快速地回答商业上的很多问题了。

表 1.2　数据挖掘进化历程的四个阶段

进化阶段	商业问题	支持技术	产品厂家	产品特点
数据搜集（20 世纪 60 年代）	过去五年中我的总收入是多少	计算机、磁带和磁盘	IBM,CDC	提供历史性的、静态的数据信息
数据访问（20 世纪 80 年代）	在新英格兰的分部去年三月的销售额是多少	关系数据库（RDBMS）,结构化查询语言（SQL）,ODBC	Oracle, Sybase, Informix, IBM,Microsoft	在记录级提供历史性的、动态的数据信息
数据仓库决策支持（20 世纪 90 年代）	在新英格兰的分部去年三月的销售额是多少？波士顿据此可得出什么结论	联机分析处理（OLAP）、多维数据库、数据仓库	Pilot, Comshare, Arbor, Cognos, Micros-trategy	在各种层次上提供回溯的、动态的数据信息
数据挖掘（目前）	下个月波士顿的销售会怎么样？为什么	高级算法、多处理器计算机、海量数据库	Pilot, Lockheed, IBM,SGI,其他初创公司	提供预测性的信息

1.3.3.3　国内外数据挖掘的发展趋势

随着数据库中的知识发现（Knowledge Discovery in Database,KDD）在学术界和工业界的影响越来越大,国际 KDD 组委会于 1995 年把专题讨论更名为国际会议,在加拿大蒙特利尔召开第一届 KDD 国际学术会议,以后每年召开一次。近年来,KDD 在研究和应用方面发展迅速,尤其是在商业和银行领域的应用比研究的发展速度还要快。第四届知识发现与数据挖掘国际学术大会(The Fourth International Conference on Knowledge Discovery and Data Mining)于 1998 年 8 月 21 至 27 日在美国纽约举行,产生了重要影响。

目前,国外数据挖掘的发展趋势其研究方面主要有:对知识发现方法的研究进一步发展,如近年来注重 Bayes 方法以及 Boosting 方法的研究和提高;传统的统计学回归法在 KDD 中的引用;KDD 与数据库的紧密结合。在应用方面包括:KDD 商业软件工具不断产生和完善,注重建立解决问题的整体系统,而不是孤立的过程。用户主要集中在大型银行、保险公司、电信公司和销售业。国外很多计算机公司非常重视数据挖掘的开发应用。IBM和微软都成立了相应的研究中心进行这方面的工作。此外,一些公司的相关软件也开始在国内销售,如 Platinum,BO 以及 IBM。

与国外相比,国内对 DM 的研究稍晚,没有形成整体力量。1993 年国家自然科学基金首次支持对该领域的研究项目。目前,国内的许多科研单位和高等院校竞相开展知识发现的基础理论以及应用研究,这些单位包括清华大学、中科院计算技术研究所、空军第三研究所、海军装备论证中心等。其中,北京系统工程研究所对模糊方法在知识发现中的应用进行了较深入的研究;北京大学开展了对数据立方体代数的研究;华中理工大学、复旦大学、浙江大学、中国科技大学、中科院数学研究所、吉林大学等单位开展了对关联规则开采算法的优化和改造;南京大学、四川联合大学、上海交通大学等单位探讨、研究了非结构化数据的知识发现以及 Web 数据挖掘。

国内从事数据挖掘研究的人员主要在大学,也有部分在研究所或公司。所涉及的研究领域很多,一般集中于学习算法的研究、数据挖掘的实际应用以及有关数据挖掘理论方面的研究。目前进行的大多数研究项目是由政府资助进行的,如国家自然科学基金、863 计划、"九五"计划等,但还没有关于国内数据挖掘产品的报道。

我国从 1996 年开始有关数据挖掘的研究,积累了大量的资料。为了学术交流和资料共享,我国建立了关于数据挖掘的网站,即 KDD in China,并希望通过它将国外关于数据挖掘的最新情况介绍给国内同行,同时也为国内研究人员提供交流的机会和渠道。

一份最近的 Garter 报告中列举了在今后 3~5 年内对工业将产生重要影响的五项关键技术,其中 KDD 和人工智能排名第一。同时,这份报告将并行计算机体系结构和 KDD 列入今后 5 年内公司应该投资的 10 个新技术领域。

可以看出,数据挖掘的研究和应用受到了学术界和实业界越来越多的重视。进行数据挖掘的开发并不需要太多的积累,国内软件厂家如果进入该领域,将处于和国外公司实力相差不很多的起跑线上,并且,现在关于数据挖掘的一些研究成果可以在 Internet 上免费获取,这更是一个可以利用的条件。恳切希望数据挖掘能够引起国内实业界更多的重视,同时也希望能够有更多的国内软件厂商进入该领域。

随着计算机计算能力的发展和业务复杂性的提高,数据的类型会越来越多、越来越复杂,数据挖掘将发挥出越来越大的作用。

本章小结

数据库技术已经从原始的数据处理,发展到开发具有查询和事务处理能力的数据库管理系统。进一步的发展需要越来越有效的数据分析和数据理解工具。这种需要是各种应用收集的数据爆炸性增长的必然结果,数据仓库与数据挖掘就是在这种背景下应运而生的新的数据环境和工具。

数据仓库是近年来在信息管理领域得到迅速发展的一种面向主题的、集成的、随时间变化的、非易失性数据的集合,其目的在于支持管理层的决策。数据挖掘是从大量数据中发现知识,这些数据可以存放在数据库、数据仓库或其他的信息存储中。数据仓库的数据在一致的模式下存放,并且通常是汇总的。数据仓库提供一种数据分析能力,即联机分析处理(OLAP)。数据挖掘可以根据所挖掘的数据库类型、所挖掘的知识类型或所使用的技术为各类决策问题服务。

习 题

1. 为什么不能依靠传统的业务处理系统进行决策分析?
2. 请从数据仓库的应用来分析数据仓库的特征。
3. 数据仓库的信息使用者与知识挖掘者对数据仓库的应用有何不同?
4. 什么是数据挖掘?在回答中请解释数据库技术发展如何导致数据挖掘。
5. 比较数据仓库与数据库的相同点与不同点。
6. 简述数据仓库未来发展的趋势。
7. 给出一个例子,表明其中数据挖掘对于一种商务的成功是至关重要的。这种商务需要什么数据挖掘功能?它们能够由数据查询处理或简单的统计分析来实现吗?

第 2 章

数据仓库技术与开发

学习目标

· 了解数据仓库系统的体系结构
· 了解数据集市的概念
· 了解元数据的概念、作用和分类
· 了解数据仓库的概念模型和设计方法
· 了解数据仓库的逻辑模型及其设计方法
· 了解数据仓库的物理模型及其设计方法
· 了解数据仓库中粒度的概念及划分
· 了解数据仓库设计开发的一般流程
· 了解数据仓库的总线结构

本章关键词

数据仓库(Data Warehouse)
数据仓库结构(Data Warehouse Architecture)
数据集市(Data Mart)
元数据(Metadata)
粒度划分(Granularity Partition)

传统的数据库是面向事务处理的操作型数据库系统,而数据仓库系统则是综合的、面向分析的数据集成应用环境。数据仓库与操作型数据库有联系,也有区别。由于应用目的的不同,数据仓库具有自身的技术特点。本章将介绍数据仓库的基本技术。

2.1　数据仓库的体系结构

数据仓库是面向主题、面向分析和知识发现的一种数据处理技术,对数据仓库的使用没有固定的模式。数据仓库的数据来源广泛,使用要求多变,查询要求复杂,传统的数据库系统结构无法提供足够的灵活性来满足这种复杂多变的使用要求。因此数据仓库的结构与操作型事务处理系统的结构有很大的不同。

2.1.1　用户眼中的数据仓库结构

对于数据仓库的用户来说,数据仓库系统是由数据源、数据仓库的数据存储、数据仓库的应用工具和可视化用户界面组成的。其结构如图 2.1所示。

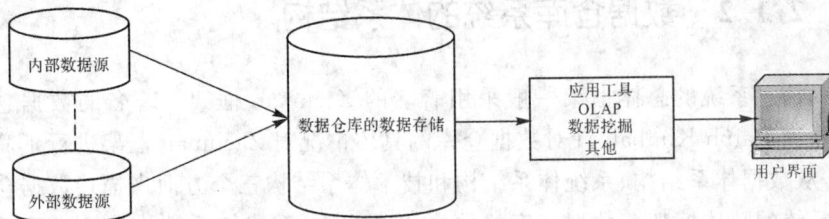

图 2.1　用户眼中的数据仓库结构

数据源的作用是提供原始数据,这些数据一部分来自企业内部的现有信息系统,如管理信息系统、ERP 系统等,这些数据源是数据仓库的内部数据源。另外一些原始数据可能来自企业的外部,如专门的调查得到的数据、第三方提供的数据或商品数据库提供的数据等,这些数据源我们称之为外部数据源。数据源是建立数据仓库的基础,否则,数据仓库将成为无源之水,无本之木。因此,企业具有健全和成功应用的管理信息系统是建立数据仓库的关键。

数据源中的数据并不能直接用于进行复杂的分析处理,必须要根据数据仓库的使用要求确定分析的主题数据和各种分析指标,并据此从数据源获得这些数据,将它们进行有效的组织,存储于数据仓库之中,以便进行快速高效的分析。因此数据仓库的数据存储是数据仓库系统的核心部分。数据仓库中的数据一般以多维数据的形式进行组织,采用星形数据模型进行数据存储。数据源中的数据在进入数据仓库的数据存储之前,必须经过抽取、净化、变换等预处理过程。

存放在数据仓库的数据需要借助各种应用工具来进行分析处理,以便真正发挥作用。目前应用工具主要有联机分析处理 OLAP(On-Line Analytical Processing)和数据挖掘(Data Mining)两大类。OLAP 主要用于支持目标明确但比较复杂的查询分析操作,例如:回答诸如"2004 年一季度公司的保健类产品在华东地区的销售额比 2003 年一季度增长了多少?"这样的问题。而数据挖掘主要用于支持从大量数据中去寻找尚未发现的知识,例如:"购买某种产品的客户具有什么特征?"应用工具是数据仓库系统的重要组成部分。

可视化用户界面的作用是使得数据仓库的用户能够方便直观地与系统进行交互,如:确定分析查询的要求,建立数据挖掘模型,查看分析或数据挖掘的结果,等等。

2.1.2　数据仓库系统的体系结构

信息系统的总体框架一般采用著名的 Zachman 框架。著名的数据仓库专家 Ralph Kimball 针对数据仓库的具体情况对 Zachman 框架进行了简化,从数据体系结构、系统体系结构和技术体系结构三个方面来描述数据仓库系统的总体框架。数据仓库的数据体系结构、系统体系结构和技术体系结构回答了数据仓库三个方面的问题,即:数据仓库的内容是什么? 基于什么系统平台? 采用什么技术实现?

数据仓库体系结构框架的内容如表 2.1 所示。

表 2.1   数据仓库体系结构框架

	数据体系结构	系统体系结构	技术体系结构
商务需求	进行商务分析与决策的信息需求	对网络环境、软硬件平台的性能要求	如何获得信息？如何使用信息
体系结构模型	如何用多维数据模型来表达信息，应该包括哪些事实表和维表？事实表和维表怎样连接	选择什么样的网络环境和软硬件平台？数据具体存放在哪里？系统能否满足数据计算、数据存储和数据传递的性能要求	如何将原始数据变换成所需的信息，在适当的时间以正确的内容和恰当的格式存储或输出
实现方法	创建数据库，建立相应的表、索引，进行数据库的维护	安装测试网络环境和软硬件平台	对原始数据进行抽取、清洗、转换和存储，生成分析报告等数据处理结果提供给用户

　　当谈论数据仓库的结构时，人们往往指的是数据仓库的技术体系结构。数据仓库的技术体系结构如图 2.2 所示。一个数据仓库系统的技术体系结构总体来说包括后台数据预处理（数据获取）、数据仓库数据管理和数据仓库的前台查询服务（应用服务）三大部分。

　　数据仓库中的数据来自企业内部不同的业务系统甚至企业外部的商业数据库，这些数据库对于数据仓库来说被称为数据源。不难理解，数据源中的数据在数据的组织方式、数据格式等许多方面与数据仓库对数据的要求有很大的差别，因此这些数据不可能直接载入数据仓库的数据库中。为此必须进行数据的预处理工作。数据的预处理包括数据源的定义，从数据源提取数据到预处理数据区（数据准备区），在数据准备区中对数据进行净化处理，作必要的转换，再将数据加载到数据仓库，等等。实现这部分功能的是数据仓库的后台数据预处理部分。

　　数据仓库的管理包括数据仓库的创建、数据仓库的维护、对数据仓库中数据的重整、数据仓库的元数据管理等。该部分的核心功能是完成数据仓库的建模、确定数据的粒度级别、指定数据仓库的物理存储模式、确保数据仓库的运行效率，等等。

　　数据仓库的应用服务部分提供了各种应用工具，使用这些工具可以对数据仓库中的数据进行复杂的查询分析和知识挖掘，等等。没有一种工具可以满足所有的应用需求。可选择的工具大致可以分为以下几类：

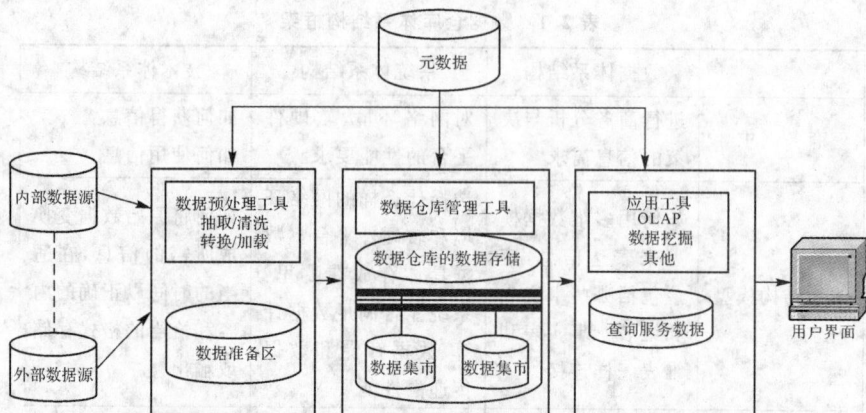

图 2.2　数据仓库的技术体系结构

　　(1)数据挖掘工具:数据挖掘是基于人工智能来分析数据的一种技术。数据挖掘工具不是用来浏览数据仓库中的数据的,而是通过对数据仓库中数据的分析去发现一些用户可能没有想到的模式和数据关系。

　　(2)特别查询工具(Ad hoc query):特别查询提供了一种能力,使得分析人员可以提交一些特别的问题,并产生相应的结果。这类问题可能没有长期的保存价值,而只是临时性地用于探询是否存在某些新的机会或对某些情形进行研究。这些工具通常是基于图形用户界面的,用户使用鼠标通过点击从数据库获得可以展示、进一步细化和分析的结果。这些结果可被导出到像 Excel,PowerPoint 或 Word 这样的应用程序。

　　(3)在线分析处理(OLAP):在线分析处理以数据立方体或多维的方式来查看数据,允许用户进行钻取以获得更详细或更概括的数据,或者对不同的“维”如时间、商品等进行切片操作。OLAP 工具可用于对商业问题进行分析,是最常用的辅助决策工具。

　　(4)交互报告(Interactive Reporting):这类工具允许用户设定参数的值来过滤结果数据集,从而生成内容动态变化的报告。

　　(5)静态报告(Static Reporting):静态报告是预先计算的、非交互的、可重复的报告。静态报告工具是生成例行的、具有标准格式和目标用户的文档的工具。

　　在数据仓库中涉及的数据存储主要有以下几种:数据源、主题数据、数据准备区和查询服务数据。

　　数据源是数据仓库的原始数据来源,是数据仓库系统开发应用的数据基础。如果没有数据源作为数据支持,则数据仓库就没有实际的应用价值。

数据仓库的数据来源非常广泛,总体上可以分为企业内部数据源和企业外部数据源两大类。企业内部数据往往来源于企业原有的信息系统,这些系统可能是单项业务处理系统,也可能是集成的管理信息系统、企业资源规划系统 ERP 等。企业的计算机应用水平有很大的差异,从目前情况来看很多企业没有建立统一的数据环境,在数据内容、数据结构、数据的存储格式和软硬件平台上往往不统一,这使得数据仓库的建设更加困难。为了正确、高效地获得数据仓库所需的基础数据,必须对企业的内部数据按照决策分析的要求进行深入的分析对比,正确地理解内部数据的内容含义、结构、存储格式等各方面的内容。

企业外部数据的来源更为广泛,存储的类型也更加多样化。常见的外部数据源有行业统计信息、市场信息、竞争对手的信息等。外部信息的获取往往比较困难,而且在利用外部数据时要特别注意数据统计口径的一致性。

主题数据是数据仓库的核心数据,一般以多维数据模型的形式存储在数据仓库中,供数据仓库的用户进行直接的分析访问。多维数据模型是数据仓库数据建模的规范,其可理解性、查询性能及应对变化的能力比操作型数据库的建模规范实体——联系模型要强。多维数据模型的部件是事实表和维度表。事实表是多维模型的主表,其中包含各种业务指标数据,如销售量、销售金额等。一个事实表代表了一个多对多的关系,其中包含了两个以上的外部码(外键),每一个外部码与一张维度表对应。一张维度表与至少一个事实表相关联,其主码(主键)与事实表的一个外部码对应,成为检验事实表参照完整性的依据。维度表包含许多属性,这些属性在对数据仓库的查询操作中被用以构造约束条件或作为分组的依据。

数据准备区是从数据源数据转换到主题数据转换过程中的中间数据存储。由于数据源数据无法直接载入数据仓库的主题数据中,因此必须先按一定的规则抽取到数据准备区,在数据准备区中进行数据的净化、组合、消除冗余、内部处理等一系列处理过程才能装载到数据仓库中去。数据准备区同时为数据仓库准备可用的元数据。

查询服务数据是主题数据到最终查询结果之间的过渡数据。由于在数据仓库中主题数据采用多维数据模型,这种数据模型虽然在一定程度上简化了分析型查询的复杂性,但从数据仓库的主题数据中直接得到各种查询信息仍然可能存在一定的困难。查询服务数据主要用于以下几种情况:查询服务数据与分析工具紧密结合,将查询服务数据临时存储在分析工具中以便进一步地进行分析查询;将查询服务数据转存起来留待以后再进行分析,或作为其他系统的数据源;将查询服务数据作为主题数据存放到数据仓库中。

2.1.3　数据集市

数据集市的概念与数据仓库相似,数据仓库是企业级的,而数据集市一般是为满足某个业务部门进行分析决策的需求而建立的。我们可以将数据集市理解为部门级的数据仓库。数据集市一般按业务分析领域进行数据组织,一个数据集市往往包含有一个特定业务分析领域的数据,例如销售数据集市、人力资源数据集市、财务数据集市等。

在实际的数据仓库应用中,数据集市可以被设计成独立的数据仓库,也可以被设计成从属于某个主数据仓库。

如果一个数据集市不依赖于中央数据仓库,则该数据集市被称为独立的数据集市。这些数据集市独立地从数据源获取数据,供查询分析使用。在数据仓库的建设过程中,很多时候是先建立数据集市,再由数据集市汇集成一个企业级的数据仓库。Ralph Kimball 曾经撰文提出,数据仓库是数据集市的集合。

独立的数据集市的逻辑结构如图 2.3 所示。

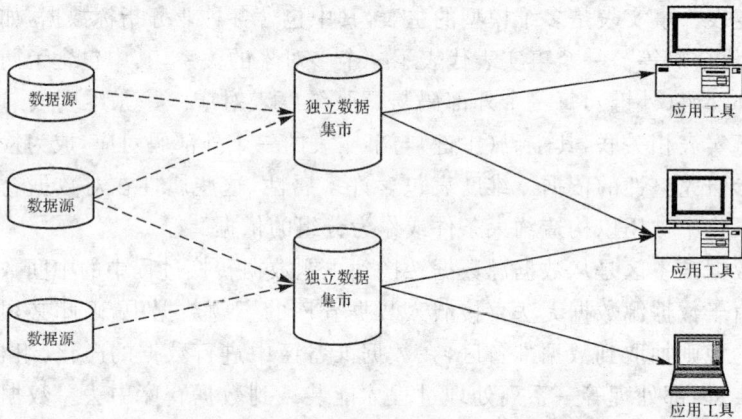

图 2.3　独立数据集市的逻辑结构

采用独立数据集市来建立企业的数据仓库可能会造成一些问题,如各数据集市中数据的不一致、形成信息孤岛、维护困难,等等。Bill Inmon 认为通过建立独立的数据集市来构建企业的数据仓库是不合适的。他的著名的比喻是:你可以在大海里抓许多小鱼并堆积起来,但它们成不了一条鲸鱼。

从属于数据仓库的数据集市从数据仓库中获得数据,并根据部门的分析领域和查询性能进行重新组织和优化。采用这种方式建立数据仓库时,要求采用自顶向下的方法,先经过细致的全局规划,以保证各数据集市间和数据仓库中数据的一致性。从属数据集市的逻辑结构如图 2.4 所示。

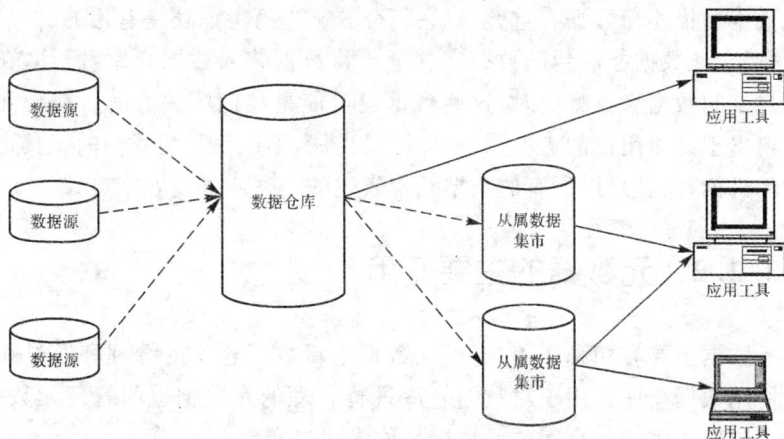

图 2.4 从属数据集市的逻辑结构

2.2 元数据

在介绍数据仓库的结构时,我们已经接触到了元数据。采用元数据进行数据管理是数据仓库技术体系结构中的一个重要内容。

2.2.1 元数据的定义

关于元数据的定义,存在着多种说法。简单地说,元数据就是关于数据的数据。元数据是任何信息处理环境的一个重要组成部分。在数据仓库中,元数据的作用尤为重要。元数据描述了数据仓库的数据和环境,并使得用户能够更方便地使用数据仓库中的数据进行各种分析,辅助决策。以下两段关于元数据的描述,可以帮助我们更好地理解什么是元数据。

"元数据是数据仓库世界中令人惊异的一个话题。我们不知道它确切的是什么,确切地放在哪里。但是,与其他话题相比,我们谈论它的时间更多,因为它而烦恼的时间更多,因为它无所为而感觉愧疚的时间也更多。几年以前,我们认为元数据是任何关于数据的数据。这并没有多大的帮助,因为我们还是不清楚这个起到穿针引线作用的东西是什么。这个模糊的概念已逐渐清晰起来,我们已经更自信地谈论'后台元数据'和'前台元数据'。后台元数据与过程相关,它指导着数据抽取、净化和装载的过程。前台元数据更具有描述性质,它帮助查询工具和报表生成器更顺利的工作。当然过程元数据和描述元数据有重叠,对它们分开来进行考虑还是有用的。"

"后台元数据能够帮助数据库管理员将数据装入数据仓库,而且,在商业用户询问数据来自哪里时,这些数据也可能是他们所关心的。前台元数据主要出于终端用户的考虑,其定义已经扩展,不仅仅是使我们的工具运转灵活的机油,而且是以所有的数据元素表述的一种业务内容字典。"

2.2.2 元数据的主要作用

元数据主要有两种作用:通过元数据进行数据仓库的管理和通过元数据来使用数据仓库。用于对数据仓库进行管理的元数据也叫管理元数据,而帮助我们使用数据仓库的元数据又称作用户元数据。

管理元数据是数据仓库的设计和管理人员用于数据仓库开发和日常管理数据仓库时使用的元数据。它包括数据源信息、数据转换的描述、数据仓库对象和数据结构的定义、数据清理和数据更新时采用的规则、源数据到目的数据的映射、用户访问权限、数据备份历史记录、数据导入历史记录、信息发布历史记录等。

用户元数据从商业业务的角度描述了数据仓库中的数据。它包括业务主题的描述,以及对所包含的数据、查询、报表的描述,等等。

元数据为访问数据仓库提供了一个信息目录(Information Directory),这个目录全面描述了数据仓库中都有些什么数据、这些数据是怎么得到的、怎么访问这些数据。

元数据是数据仓库运行和维护的中心,数据仓库服务器必须利用元数据来存储和更新数据,用户也必须通过元数据来了解和访问数据。

2.2.3 元数据分类

元数据无所不在,它对所有的数据元素进行定义,并确定这些数据元素之间的相互关系以及它们之间如何协调工作来共同满足用户对数据的分析要求。

根据不同的分类标准,可以对元数据进行各种分类。

　　根据元数据的内容我们可以将其分为四类，它们分别是数据源元数据、预处理数据元数据、数据仓库主题数据元数据和查询服务元数据。

　　(1)数据源元数据一般包括下列内容：

- 数据源存储平台；
- 数据源的数据格式；
- 数据源的业务内容说明；
- 数据源的所有者；
- 数据源的访问方法及使用限制；
- 实施数据抽取的工具和其他方法，及相应的参数设置；
- 数据抽取的进度安排；
- 实际数据抽取的时间、内容及完成情况记录。

　　(2)数据的预处理是建立数据仓库过程中工作量最大的一项工作，其涉及的元数据也比较复杂，包括：

- 数据抽取、转换、装载过程中用到的各种文件定义；
- 从数据源，包括各级中间视图到主题数据实际视图之间的数据对应关系，有关数据净化的详细规则；
- 为了满足数据挖掘需要进行的数据处理的详细说明；
- 数据仓库的总线：统一的事实和统一的维的定义；
- 维表各属性的更新策略选择；
- 代理码的分配情况；
- 数据聚集的定义；
- 数据聚集使用统计及更新维护记录；
- 完成数据转换的工具和其他方法，及相应的参数设置；
- 预处理数据的备份方法；
- 实际数据转换与装载记录。

　　(3)数据仓库主题数据元数据说明了数据仓库的主要结构。此类元数据包括以下内容：

- 各种数据库表或视图的定义；
- 数据库分区设置；
- 索引的建立方法；
- 数据库访问权限分配；
- 数据库备份方案。

　　(4)查询服务元数据主要是为了满足用户方便灵活地访问主题数据库的需要。一般包括下列内容：

- 数据库表及表中数据项的业务含义说明；
- 可视化查询结果格式的定义；
- 用户及其访问权限的定义；
- 数据仓库使用情况的监控与统计。

根据元数据的作用将其分为管理元数据和用户元数据两类。

管理元数据主要是用于创建和维护数据仓库。它包括数据源元数据、预处理数据元数据、数据仓库主题数据元数据等。

用户元数据主要是帮助用户进行查询、理解查询结果、了解数据仓库的数据和组织，其主要内容是查询服务元数据。

2.3　数据仓库的数据模型

在进行数据仓库的设计开发时，与设计传统数据库一样，通常进行三个层次的数据建模：即建立高层的概念建模、中层的逻辑模型和底层的物理模型。

概念模型是现实世界在主观世界中的反映，物理模型是系统在机器世界中的实现，而逻辑模型则是概念模型到物理模型的一个过渡。

2.3.1　概念模型

数据仓库概念模型的设计主要是确定数据仓库中应该包含的数据类及其相互关系。概念模型的设计是在较高的抽象层次上的设计，因此建立概念模型时不必考虑具体技术条件的限制。

进行概念模型设计所要完成的工作包括：

(1)确定系统应包含的主题域。

(2)确定数据仓库中各主题的要素及其描述属性。

主题是一个较高层次的数据归类标准，一个主题对应一个宏观分析领域，包含该分析领域所涉及的各种对象。

在确定数据仓库系统中的主题时，我们借助的是一些基本的方向性的需求，例如：

- 需要做哪些类型的决策？
- 决策者感兴趣的是什么问题？
- 这些问题需要什么样的信息？

- 要得到这些信息需要包含哪些数据？

通过寻求以上问题的答案,我们可以为数据仓库划定一个大致的系统边界。从某种意义上讲,确定系统主题域的工作也可以看作是数据仓库系统设计的需求分析,因为它将决策者的数据分析的需求用主题域定义的形式反映出来。主题域一经确定,就可以对每个主题的内容进行较明确的描述。描述的内容包括:

- 分析问题时所关心的事实;
- 分析问题时的各种观察角度;
- 描述事实及观察角度的属性。

传统的操作型数据库的概念模型设计普遍采用实体—关系模型来建模,这种模型的实质是划分事物(实体),定义数据实体间的关系,去除数据冗余。这种模型对于事务性的处理是非常有益的,它可以保证数据的唯一性、一致性,使得操作简单而高效。但是数据仓库是面向分析的应用,进行分析时关心的是一个个分析领域,包括各种观察角度和从相应角度观察到的事实数据。我们称这种分析领域为主题域。对于分析性应用来说,用实体—关系模型来建模是不合适的,由于分析的各种要素分散在关系复杂的各种实体及其联系中,这使得分析难以顺利进行。

多维数据模型是一种能够清楚地表达分析领域的数据模型。它非常直观,容易理解,与人们分析问题时的思维方式一致。从某种意义上来说,实体关系模型注重的是数据的结构,而多维数据模型注重的是数据的含义。数据仓库的概念模型一般采用多维数据模型来建模。

在多维数据模型中,包含两种建模要素:观察事物的角度和观察得到的事实数据,前者被称作维度,后者被称作事实。一个分析领域或主题表达为由多个维度和一组事实数据构成一个星型模型。

多维数据模型的星型模型的形式如图 2.5 所示。

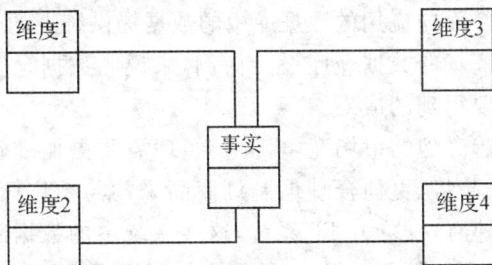

图 2.5   多维数据模型

一个数据仓库通常包含多个主题,其概念模型也就由多个星型模型构成。许多维度在各个主题中都会用到,因此也有人将用多维数据模型来建立数据仓库的概念模型称为维度建模,以此强调维度在多维模型中的重要性。

数据仓库采用多维数据模型具有许多优点。

其一,多维数据模型的结构是标准化的,一个数据仓库包含多个多维数据模式,每一个多维数据模式对应一张事实表和多个维度表,这种标准化的结构为系统前台应用工具的设计提供了规范且优越的基础。

其次,多维数据模型能够支持用户不可预知的操作。因为多维数据模型中的各个维在逻辑上是等价的,无论用哪些维作为查询的约束条件,在逻辑处理上都是等价的,不会影响到查询的设计。查询设计以维作为切入点,但不依赖于具体的维,也不依赖于用户对具体维约束条件和事实数据的选择。

第三,多维数据模型具有良好的可扩展性。当在一个多维数据集的事实表中增加新的事实记录和数据项时,不会影响原有系统的运行,也不必对查询等应用工具进行修改。在某个维表中增加属性时,或增加全新的维时,同样不会影响原系统的运行结果,也不会影前台应用工具。

当然,在作上述扩展时应该考虑到粒度的匹配问题以及维度表和事实表码的匹配问题。

在实际工作中,许多数据仓库是建立在原有的数据库应用基础之上的。数据仓库是对原有数据库系统中的数据进行集成和重组而形成的数据集合。这就要求在进行数据仓库的概念模型设计前,首先对原有数据库系统加以分析理解,看在原有的数据库系统中存在什么数据、数据是怎样组织的、数据是如何分布的,等等,然后再来考虑应当如何建立数据仓库系统的概念模型。通过原有的数据库的设计文档以及在数据字典中的数据库关系模式,可以对企业现有的数据库中的内容有一个完整而清晰的认识。

数据仓库的概念模型一般是面向企业全局建立的,概念模型一旦建立,将为集成来自各个面向应用的数据库中的数据提供统一的概念视图。

下面以一个商场的数据仓库设计为例,来说明数据仓库概念模型的设计内容及其最后要得到的成果。

为了应对日趋激烈的市场竞争,商场经理需要更加准确地了解商场经营状况,跟踪市场趋势,更加合理地制订商品采购与销售策略。一般地,比较大型的商场都建有一些 OLTP 系统,这些系统中的数据库分别存储着人事、采购、库存、销售等数据,但由于数据是按联机事务处理的要求根据各个部门的业务需要加以组织的,要在这样的数据库中进行灵活的全局性的分析工作是比较困难的。而建立数据仓库系统可以满足这样的要求。

（1）主题域的确定。

从决定建立数据仓库的初衷来说，商场经理迫切的需求在于把握商场的经营状况，这主要是商场的商品采购情况和销售情况。一般商场经理感兴趣或需要进行的分析主要有：

- 顾客的购买趋势；
- 商品供应市场的变化趋势；
- 供应商信用等级情况。

要进行以上的分析，所需使用的数据应包括：

- 商品销售数据；
- 商品采购数据；
- 商品库存数据，
- 顾客数据；
- 供应商数据。

所以，我们要建立的数据仓库将主要包含原有的销售子系统和采购子系统中的相关数据集合，即主题域包括一个商品销售主题和商品采购主题。

（2）确定各主题的维度和事实。

在此我们仅讨论商品销售主题。对于商品销售主题来说，管理者所关心的事实数据是销售量和销售额。他们可能关注在一定时间范围内的商品销售情况，因此，时间是其观察商品销售情况的一个维度。他们还关心各种产品的销售情况，因此，产品也是该主题的一个维度。另外，他们可能还希望分析各种顾客购买商品的情况，以便开展有针对性的营销，因此顾客也可以成为一个维度，等等。据此，我们可以建立商品销售的多维数据模型，如图 2.6 所示。

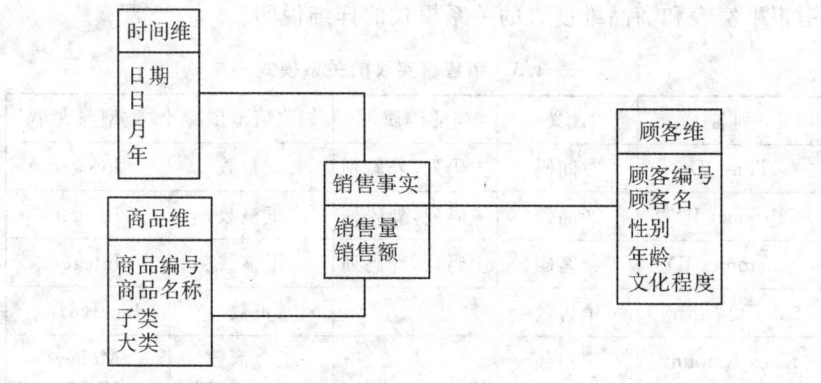

图 2.6　商品销售主题的多维数据模型

对各维度和事实的描述属性如表 2.2 所示。根据不同的分析要求,描述属性会有所不同。

表 2.2　商品销售主题的描述属性

对象名	类型	属性组
销售事实	事实	销售量,销售额
时间	维度	日期,日,月,年
商品	维度	商品编号,商品名称,子类,大类,销售单价等
顾客	维度	顾客编号,顾客名,性别,年龄,文化程度,住址,电话等

2.3.2　逻辑模型

根据前面的概念模型并不能直接建立数据仓库的物理模型,必须先建立逻辑模型,由逻辑模型来指导数据仓库的物理实施。由于数据仓库目前大多是使用关系数据库来实现的,所以数据仓库的逻辑模型的描述也采用关系模型,具体就是用一系列的关系模式来表达数据仓库概念模型中的事实实体和维度实体。在建立数据仓库的逻辑模型时,必须考虑数据的粒度问题,粒度往往体现在维度的层次上。例如,管理者可能关心某一天、某个月或某一年的销售情况。关于粒度我们将在下一节讨论。

数据仓库逻辑模型的设计主要包括:粒度层次划分、数据分割策略的确定、关系模式的定义、数据源及数据抽取模型的确定,等等。

逻辑模型主要使用事实表和各维度表的关系模式来表达,而关系模式的确定与粒度层次的划分有关。表 2.3 与表 2.4 是对应上述商品销售主题的销售事实表和商品维度表的关系模式的详细说明。

表 2.3　销售事实表的关系模式

列名	含义	列的码属性	取值范围	类型与大小
Time ID	时间码	主码列,外码列	正整数	Integer
Product ID	产品码	主码列,外码列	正整数	Integer
Customer ID	顾客码	主码列,外码列	正整数	Integer
Sales Quantity	销售量		正数	Float(6,2)
Sales Amount	销售额		正金额数	Money

表2.4　商品维度表的关系模式

列名	含义	列的码属性	取值范围	类型与大小
Product ID	商品码	主码列	正整数	Integer
Product Number	商品编号		实际商品编号	Char(10)
Product Name	商品名		实际商品名称	Char(20)
Subcategory	子类		五位字符	Char(5)
Category	大类		五位字符	Char(5)
Sale Price	售价		正金额数	Money

　　请注意各关系模式的码并不是具有原始含义的各种代码,例如商品维度表的码 Product ID 并不是商品的真实代码 Product Number,这种码我们称之为代理码。它是一个从 1 开始的自然数。使用代理码的好处是简洁、便于维度表与事实表之间的连接,并且在各种实际代码发生变化的情况下也不会影响连接应用。

　　数据抽取模型是逻辑模型的一部分,它包括对数据源的说明、数据抽取规则、数据源的列与数据仓库列的对应关系,等等。下面几张表是数据抽取模型的例子。

　　为了将数据载入数据仓库,必须首先从数据源抽取数据到数据准备区。为此,应该确定可以从哪些数据源抽取数据,这些数据源是基于什么系统平台的。数据源抽取对象可以用数据源抽取对象表加以明确(见表2.5)。

表2.5　数据源抽取对象表

系统平台	数据库名	表名	备注
Windows/SQL Server	Mart	Saledata	销售记录表
Windows/SQL Server	Mart	Product	商品表
Windows/Access	Customer	Customer	顾客资料
...	...	...	...

　　并不是所有数据源中的数据都需要抽取到准备区,抽取的数据必须满足一定的条件。在很多情况下,需抽取的数据可能分散在不同的表中,这时还需要指定表的连接条件。抽取的过滤和连接条件可以用如表2.6所示的数据源抽取规则表加以明确。

表 2.6 数据源抽取规则表

表名与列名	过滤与连接条件	比较值	复合条件	备注
Saledata. date	>	2000-12-31	AND	取 2000 年以后的数据
…	…	…	…	…

数据抽取到数据准备区后,并不能直接加载到数据仓库中去,还需要对数据进行各种清理工作,包括格式转换、类型转换、统一单位,或将数据按照划分的粒度层次进行汇总、聚集等。表 2.7 便是对这种清理要求和数据列对应关系的说明。

表 2.7 数据抽取的目标列与源列对应关系表

目标表列	源表列	转换公式	备注
Sales_fact. Sales Quantity	Saledata. quantity	直接转换	销售数量
Time_by_day. month	Saledata. saledate	取月份	销售月份
…	…	…	…

经过抽取和清理的数据,才能从数据准备区加载到数据仓库中去。

2.3.3 物理模型

物理数据模型是根据逻辑模型创建的,它是通过指定主码和指定模型的其他物理特性来扩展逻辑模型而得到的。设计物理模型时必须考虑的重要因素是数据仓库的性能特性。

在数据仓库的情况下,确定操作性能特性的第一步意味着决定数据的粒度与分割。粒度的划分也是一个逻辑模型设计时要考虑的问题。粒度和分割我们将在下一小节中详细讨论。

为改善性能,根据逻辑模型来进行数据仓库的物理数据库设计还应考虑以下因素:

- 合理冗余;
- 进一步分离数据;
- 预格式化,预分配;
- 建立人工关系;
- 预连接表。

这些因素的中心在于提高对数据仓库中的数据进行访问时物理输入/输出(I/O)的效率。I/O 就是将数据从外存储器(通常是磁盘)上调入计算机,或者将数据从计算机写入外存储器。因为存储器和计算机间的数据传输速度比计算机运算速度要慢大约两到三个数量级,计算机内部运算速度以毫微秒计,而数据的传输速度是以毫秒计,因此,物理 I/O 是影响性能的主要因素。

数据在计算机和存储器之间的调入、调出是按块进行的。进行数据仓库的物理设计就是要物理地组织好数据,以便以尽可能少的数据块返回最大数量的有效记录(即用户需要的记录)。例如,假定用户要访问 5 个记录。如果这些记录是分散在存储器中不同的数据块上,那么就需要 5 次 I/O 操作。但是如果在进行物理设计时能够预测到这些数据将被成组访问,而将其并列地放在同一个物理数据块中,那么只需要一次 I/O 操作就可以取得全部 5 条记录,这样使得程序的运行效率更高。建立索引等许多技术也都是为了提高数据的访问性能的。

在考虑数据仓库的物理设计时,有一个较传统数据库应用系统的物理设计更有利的因素,那就是数据仓库里的数据一般是不更新的。这样设计者就可以更自由地采用物理设计的各种技术,这些技术由于影响数据的更新因而难以在进行数据需要经常更新的情况下很可能不被接受。

2.4   粒度和分割

数据仓库中的粒度是指数据仓库的数据单位中保存数据的细化或综合程度的级别。越是详细的数据,粒度级别就越小;越是概括的数据,粒度级别就越大。这与操作型数据库系统中用于封锁和授权的粒度概念是不同的。粒度问题是设计数据仓库的一个非常重要的方面,它既是一个逻辑设计的问题,也是一个物理设计的问题。之所以这样说,是因为数据仓库中粒度大小不仅影响数据仓库所能回答的查询类型,同时在很大程度上决定了存放在数据仓库中的数据量的大小和查询的效率。在进行数据仓库设计时,必须在数据仓库数据量的大小与所能做的查询的详细程度之间作出权衡。

分割是进行数据仓库设计时需要处理的另一个主要的设计问题。数据分割是指把大的数据集划分成多个较小的数据集,并分散到不同的物理单元进行存储,使它们能独立地被处理。这种分割常基于时间、地理位置等标准来进行。分割的好处是便于管理,并可以提高数据访问的效率。在数据仓库中,分割是必要的,关键是如何进行合理的分割。

粒度的划分和数据的分割对数据仓库的设计和实现有着重大的影响。

好的粒度的划分和数据的分割将有助于其他问题的解决。但是,假如粒度划分不当并且分割也不合理的话,就会使其他方面的设计难以真正实现。

2.4.1　粒度的确定

在使用数据仓库时,提高数据的存储与访问效率非常重要,而有时用户又需要进行非常详细的数据查询分析。而不同粒度的数据在上述两个方面的性能是不同的。

拿商场数据仓库的例子来说,低粒度的情况是详细记录每一种商品每一次的销售记录数据,高粒度的情况是仅记录每种商品或每类商品每个月的销售情况。

在存储效率方面,低粒度的数据将占用更多的存储空间。假如一种商品每月被销售出去 500 次,则在低粒度的情况下将被记录 500 次,而在高粒度的情况下仅需记录一次。低粒度情况下的空间耗用将是高粒度情况下的约 500 倍。

在查询效率方面,如果用户要查询 5 月份电视机的销售金额,两种粒度下的数据仓库均能提供答案,但低粒度的情况需要搜索更多的数据记录并进行计算,因而需要耗费更多的机器时间,访问效率更低。

在查询能力方面,低粒度的数据能够回答更多的问题。例如,如果用户想了解 5 月 1 日电视机的销售金额,低粒度的情况可以回答这个问题,而高粒度的情况则无能为力。

确定粒度大小的一般考虑原则:

(1)如果数据仓库的空间很有限的话,为了节省存储空间,宜采用大粒度级表示数据。高粒度级不仅只需要少得多的字节存放数据,而且只需要较少的索引项。然而数据量的大小和原始空间问题不是确定数据仓库粒度级别要考虑的唯一问题。从大量细节数据获得综合查询结果对计算机的处理能力要求和用户对查询响应时间的要求也是必须考虑的一个因素。

(2)如果追求数据仓库能够回答的问题类型的能力,要求能够回答非常具体的问题,那么使用较小的数据粒度级别。在很低的粒度级上实际可以回答任何与主题相关问题,但在高粒度级上,数据所能处理的问题的数量是有限的。数据粒度级越高,数据所能回答查询的能力就会变得越低。

(3)如果想要减轻处理器的负担,提高查询性能,则采用较大的数据粒度级别。

(4)如果没有存储空间的限制,则可以在一个数据仓库中采用多重粒度级别,既存储低粒度级别的数据,也存储高粒度级别的数据,以同时获得高的查询效率和查询能力。

　　事实上,当一个企业或组织拥有大量数据时,宜采用多重粒度级别,在系统中存放多个粒度级别的数据已成为一种必然的选择。目前在数据仓库的设计中普遍采用双重粒度级别,即一个低粒度的"真实档案"细节数据和一个轻度综合级的较高的数据粒度级别。在轻度综合数据粒度级中的数据量比细节数据库中的数据量少得多,但能够处理绝大部分的常规查询。这种设计能够满足大多数机构的需要。鉴于费用、效率、访问便利和能够回答任何可以回答的查询的能力,数据双重粒度级是大多数机构建设数据仓库时的最好选择。只有当一个机构的数据仓库环境中只有相对较少的数据时,才考虑采用单一的数据粒度级别。

2.4.2　粒度划分实例

　　考虑电信公司数据仓库的情况,用户的查询要求一般是以月份为单位,但也可能要查询某一次具体的通话。因此,可以建立两个粒度级别。

　　第一个是低粒度级的,每一次电话通话的数据均被详细记录下来,数据的格式如表 2.8 所示。

　　第二个是高粒度级的,记录顾客一个月的通话综合信息,每位顾客一个月只有一个记录,记录的格式如表 2.9 所示。

表 2.8　客户通话记录

客户通话记录
客户电话
客户名
客户城市
日期
时间
受话方号码
通话类型
开始时间
结束时间
话费标准
...

表 2.9　客户通话综合数据

客户通话综合信息
客户电话
客户名
客户城市
年份
月份
月租费
市话通话次数
市话通话费用
国内长途通话次数
国内长途费用
国际长途通话次数
国际长途通话费用
...

假如每个顾客平均每月有 200 个电话,则对于低粒度级的数据,每个顾客每月平均有 200 条记录,高粒度级的数据每月只有一条记录。

如果提出下面的问题:

"客户 88320797 在 5 月 1 日有没有给 88320523 打过电话?"

虽然要花费大量资源去查询大量的记录,但在低粒度级上,这个问题是可以回答的,然而,在高粒度级上就无法明确地回答这个问题。因为后者在数据仓库中存放的只有通话次数和费用,而没有受话方的电话号码。

假如提出下面的查询问题:

"5 月份杭州市每部电话平均打了多少个长途电话?"

对于电信公司的决策人员来说,这可能是他经常关心的一个问题,这个问题既可以在高粒度级上也可以在低粒度级上得到回答。但在回答这个问题时,低粒度级所需使用的资源比高粒度级要多得多。

当然,对于数据仓库的应用来说,询问第一个问题的可能性不大,因为第一种粒度对于数据仓库来说可能性太小了。

2.4.3 数据分割

数据分割的概念前面已经介绍过。当数据仓库中的数据量较大时,进行合理的数据分割是非常有必要的。因为和大的物理数据单元相比,小的物理单元能为数据仓库的使用和管理带来以下好处:

- 容易重构;
- 方便建立更高效的索引;
- 可以在用户能够容忍限度内实施顺序扫描;
- 容易对数据进行重组和恢复;
- 更容易对数据仓库进行监控和管理。

一般而言,细节数据的数据量都很大,因此,对于所有当前细节的数据仓库数据都应该进行分割。分割数据的准确含义是将结构相同的数据分成多个数据物理单元,并且,任何给定的数据单元属于且仅属于一个分割。

在对数据进行分割时,最重要的是选择分割的标准。数据分割的标准有多种。例如,可以分别按时间、地理位置、对象类别等对数据进行分割,也可以组合以上多种标准来进行分割。数据分割的标准应由开发人员严格选择决定,但日期几乎总是分割标准中的一个必然组成部分。

选择数据分割标准时一般应该考虑以下两个方面的因素:

- 数据量:数据量的大小是决定是否要进行数据分割以及如何分割的

主要因素。数据量较小时可以不进行分割,或只用单一的标准来进行分割。数据量大时则一定要进行分割,而且要考虑采用多重标准的组合来进行细致的分割,以保证达到较好的分割效果。

• 分析对象的性质:不同性质的主题数据,其分割的标准可能不同。例如,商品主题的数据一般采用商品类别和时间作为分割标准,而供应商主题的数据则一般按地域和时间进行分割。

2.5 数据仓库的开发流程

数据仓库的开发过程可以分为三个大的阶段:数据仓库的规划与分析阶段、数据仓库的设计与实施阶段以及数据仓库的应用阶段。下面依次介绍各阶段的主要工作。

(1) 数据仓库的规划与分析阶段

开发数据仓库之前,首先要进行数据仓库的规划,包括确定数据仓库的开发目标和范围,选择数据仓库的实现策略,选择数据仓库的应用结构和技术平台结构,确定数据仓库的使用方案和开发预算。

规划完成之后,接下来进行数据仓库的需求定义,为数据仓库的分析设计和实施作准备。需求定义包括业主需求的定义、开发者需求定义和最终用户需求定义。

(2) 数据仓库的设计与实施阶段

数据仓库的设计与实施是从建立数据仓库的数据模型开始,包括确定数据仓库的数据源,设计数据仓库与业务系统的接口,设计数据仓库的体系结构,数据仓库的数据库设计,数据仓库的中间件的设计,数据仓库数据的抽取、净化与加载,数据仓库数据的复制与发行,数据仓库的测试,等等。

(3)数据仓库的使用阶段

数据仓库使用阶段的工作包括用户的培训与支持,以各种方式使用数据仓库(包括分析处理和数据挖掘),数据仓库中数据的刷新,以及数据仓库的完善与增强等。

数据仓库的设计与实施是数据仓库开发流程中最主要的一个阶段,下面主要介绍数据仓库设计与实施阶段的主要活动。

• 数据仓库的概念模型设计

数据仓库概念模型的设计目的是确定系统主题域,在这项活动中要求系统设计人员多与用户进行广泛的沟通,对他们关心的问题进行分析,了解

他们分析问题时的信息需求,再归纳成数据仓库的主题,确定每一个主题的
事实表与维度,并使用多维数据模型建立数据仓库的概念模型。

• 数据仓库的逻辑模型设计

在确定主题后,需要对主题包含的信息进行详细定义,并对事实表和维
表的关系详细定义。

• 数据仓库的物理模型设计

物理设计主要考虑数据的存储方式,使得系统有较好的性能。对于记
录庞大的事实表,可以考虑进行数据分割,分区存放。而记录很少的维表则
可以集中存放于某一表空间,甚至可以让其数据在首次读取时驻留在系统
内存中,以加快数据存取速度。索引的建立也是在物理设计中完成的,建立
适当的索引能提高读取数据的速度。

• 源数据抽取、清洗、整理及装载设计

数据仓库的数据总是来自前台作业系统、业务部门的计划数据、各类广
告促销活动及其影响数据,以及购买回来的商业数据库。这些数据并非照
搬过来就行,而是要按照前面提到的步骤,以统一定义的格式从各个系统抽
取出来,经过清洗,再经过数据装载和整理程序进入数据仓库。

• 数据表达及访问设计

数据按统一格式、不同的主题存放到数据仓库后,下一步要着手进行数
据表达及访问的设计。这主要是考虑用户对信息的具体需求,对应采用不
同的方式。比如,使用 Oracle 数据库存放数据,可以用 PL/SQL 编制报表,
也可以用 Developer 2000 或 Visual Basic 编制报表,当然也可以采用一些
业界优秀的 OLAP 产品,例如 Cognos 公司的 Transformer,PowerPlay En-
terprise,Oracle 公司的 Express 等。

• 数据仓库维护方案的设计

数据仓库的运作与传统的作业系统有很大区别,它需要不间断地维护,
否则它的性能将越来越差。例如,数据访问采用基于代价的优化(CBO),
事实表实施时有 300 万笔记录,一个月后记录数可能增加到 3000 万个,则
最初的 CBO 根本无法得到现在的最优化存取路径。因此必须设计一个不
间断的维护方案,让系统保持优良的性能。

2.6　总线型结构的数据仓库

采用多维数据模型是建立数据仓库的最佳选择,人们在这一点上达成

了共识,但在如何建立企业全局的数据仓库这个问题上,却存在很大的争议。对此有两种代表性的观点:一种观点认为应该先建立一个集中的完整的企业级数据仓库,再在此基础上建立部门级的数据集市;另一种观点则认为应该在需求最迫切的部门先建立数据集市,这样投资少,又可以解决问题。

Ralph Kimball 认为,数据仓库的建设应该以建立部门级的数据集市为出发点,同时统观全局,使建立的数据集市成为整个企业数据仓库的逻辑子集,从而由多个数据集市集成为企业级的数据仓库。为了实施这种数据仓库建设的思想,提出了一种总线型的数据仓库结构,称之为数据仓库的总线型结构(Data Warehouse Bus Architecture)。这种数据仓库结构的核心思想是使用统一的维和统一的事实来构造数据仓库的总线。

2.6.1 统一的维

所谓统一的维(Conformed Dimension)是指该维可以在各数据集市中共享,且不论它与那个事实表相连接,维的含义都是完全相同的。例如,假如在财务数据集市和销售数据集市中都要用到时间维,则在财务数据集市和销售数据集市中的时间维必须完全相同,具有相同的维码和相同的维层次定义。

以统一的时间维为例,一个统一的时间维一般至少是一张具有 10 年时间跨度的日期表,维度层次包括日期、周、月、季度、上/下半年、年等。该日期表不仅应该包括日历的相关信息,如年月日、节假日,还应该包括企业关心的所有其他与时间相关的信息,如财务周期、市场的淡旺季,等等。总之,统一的维必须有非常周到详尽的考虑,能够满足企业所有数据集市的要求。

建立、公布、维护和完善统一的维是非常重要的,是建立全局企业数据仓库的基础。一般统一的维应该由一个全局数据仓库小组来建立和维护的,一旦公布,企业的所有数据集市必须采用。

2.6.2 统一的事实

统一的事实(Conformed Fact)是指一个事实数据,比如销售额,如果在多个数据集市中出现,则该事实数据必须是一致的。这主要是指:

- 计算口径一致。如时间区间、地理范围等必须一致。
- 计量单位一致。

• 含义一致。例如,说到采购价格,可能会出现以下几种情况:计划采购价格、不含运费的材料实际价格、分摊了运费的材料实际价格,等等。那么在数据仓库中,以上事实必须严格区分,不能笼统地称为采购价格,否则会造成事实数据的不一致。

一般要求在数据集市统一的事实表中,应该包含应用上所要求的最详细的事实数据。这样,不仅可以让用户在查询分析时直接使用,也可以用来汇总成较大粒度的数据。

2.6.3 数据仓库总线

有了统一的维和统一的事实,构建数据集市时就可以以统一的维和统一的事实为总线,从而使得数据集市之间能够相互协调,构成一个企业级的数据仓库。各数据集市成为数据仓库的一个逻辑子集,如图 2.7 所示。

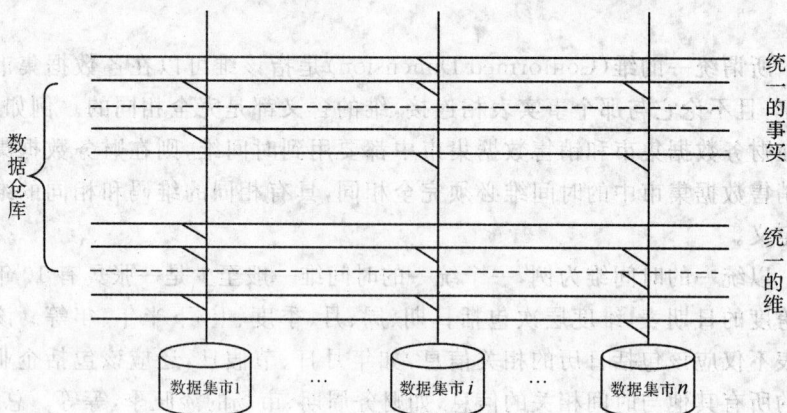

图 2.7 数据仓库的总线型结构

采用总线型结构建立数据仓库时,必须成立全局数据仓库小组,该小组负责建立企业全局数据仓库的总体框架,定义和维护统一的维和事实,并监控各数据集市的建设,以保证各数据集市的协调,防止出现各自为政、不一致的情况。

本章小结

数据仓库系统由后台数据预处理、数据仓库数据管理和数据仓库的前台应用服务三大部分构成。数据集市是数据仓库的逻辑子集,用于满足某个业务部门进行分析决策的需求,我们可以将数据集市理解为部门级的数据仓库。在数据仓库中,元数据起着非常重要的作用,它帮助建立、管理和使用数据仓库。数据仓库的设计开发涉及一系列的数据模型,包括概念模型、逻辑模型、物理模型。在建立数据仓库的概念模型时,通常采用多维数据模型,在数据仓库中采用多维数据模型具有许多优点,这是采用实体—联系模型所无法办到的。进行数据仓库的逻辑模型设计时必须处理两个重要的问题:粒度级别的划分以及数据分割,这将影响到数据仓库的查询能力和查询效率,必须慎重对待。数据仓库的设计与开发是一项复杂的工程,一般需经过数据仓库的规划与分析、数据仓库的设计与实施以及数据仓库的应用三个阶段。为了有效地建立企业级的数据仓库,可以采用数据仓库的总线型结构来指导数据仓库的建设,通过统一的维和统一的事实来协调各数据集市,形成全局数据仓库。

习　题

1. 数据仓库中包含哪些数据存储,各种数据存储的作用是什么?

2. 什么是元数据? 元数据的内容是什么? 元数据有什么作用?

3. 数据仓库的总体结构如何? 各组成部分的作用如何?

4. 数据仓库中数据建模的主要内容。

5. 数据仓库的概念模型是使用什么来表达的,为什么实体—联系模型不适合用来建立数据仓库的概念模型?

6. 数据仓库的概念模型、逻辑模型、物理模型之间具有什么样的关系? 设计各种模型关注的重点是什么?

7. 什么是粒度? 粒度的大小与数据量、查询能力、查询效率有什么关系?

8. 什么叫数据分割? 怎么确定数据分割的标准?

9. 数据仓库的开发流程分为几个阶段? 各阶段的主要工作是什么?

10. 什么叫数据仓库的总线结构?

11. 以建立统一的产品维为例,说明建立统一的维应该注意什么问题。

12. "统一的事实"是什么含义?

第 3 章

数据仓库管理技术

学习目标

· 了解数据仓库管理的基本内容
· 了解休眠数据管理
· 了解元数据的管理
· 了解数据清理

本章关键词

元数据管理(Metadata Management)
休眠数据管理(Dormant Data Management)
数据清理(Data Cleaning)

实际上设计和开发完成一个较完善的数据仓库系统之后,我们只完成了满足运行一个成熟数据仓库所需的工作需求和体系组件(例如,数据仓库、数据集市)的平台。按照数据仓库的定义,我们很清楚地认识到数据仓库并不是一个工具而是一个环境,"是一个面向主题的、集成的、非易失的,并且随时间变化的数据集合,用来支持管理决策"(W. H. Inmon 在 *Building the Data Warehouse* 中对数据仓库的定义)。因此,在建立起一个数据仓库的运行平台后,如何管理它,使其正常工作,对于我们来说是一个巨大的挑战。

数据仓库管理最重要的一个方面是对数据的管理,它是一切数据仓库管理的基础和核心。对数据仓库中"休眠数据"的管理、元数据的管理及数据质量的管理(即数据清理)是数据仓库管理的基本构成。本章我们将介绍数据仓库管理的基本内容,并详细介绍休眠数据管理、元数据管理及数据清理。

3.1　数据仓库管理的基本内容

一个成熟的数据仓库具有良好的性能,这种性能具有稳定性。在数据量不断迅速增长并被大量用户使用的情况下,数据仓库能够持续保持较短的查询时间、较高的可用性和数据质量。在成功开发完一个数据仓库后,需要认真考虑一些典型问题,例如信息准确性和一致性问题,数据可用性和系统稳定性最大化问题等。因此,要保证数据仓库正常工作,我们必须对它进行管理。

在数据仓库管理中,最关键的是对数据的管理。如果这个问题解决好了,那么其他问题将会随之解决。对数据的管理是数据仓库管理中最重要的问题,这在任何时候都是成立的。

数据仓库中存放的数据是海量的,并且数据量的级别正从 GB 级发展到 TB 乃至 PB 级。事实上,这些数据中存在着一些被称为"休眠数据"的数据,它们很少被使用,而且在将来也可能永远不会被使用。对休眠数据的管理是数据仓库对数据管理的第一步。我们需要对休眠数据进行识别和处理,这将有利于磁盘空间的有效利用,有利于提高系统的查询性能等。休眠数据的管理是数据仓库管理的第一块基本内容。

数据仓库系统结构中各个组成部分所使用的商业工具异常丰富,其中每一个工具都是元数据的消费者和产生者。产生和维护这些元数据需要做大量的管理工作。另外,我们还要做元数据的共享管理。因此,对元数据的管理,也是数据仓库管理的基本内容之一。

对数据仓库性能有影响的另一个关键因素是数据质量问题。数据仓库管理员必须对进入数据仓库的数据质量进行判断,必须对"脏数据"在它们进入数据仓库之前处理。由于数据仓库中脏数据是一种现实,因此,数据仓库管理的第三块基本内容是对脏数据的管理。

到现在为止,我们已经简单介绍了数据仓库管理的三块基本内容:(1)休眠数据的管理;(2)元数据的管理;(3)数据清理。在以下三小节中我们将对它们进行较为详细的介绍。

3.2　休眠数据管理

数据仓库是在海量数据的基础上建立起来的,我们在某时刻把数据存放在数据仓库中,但随着时间的改变往往使得数据仓库中总有那些当前并不使用、将来也很少或者根本就不会使用的数据。我们形象地把这些数据称为"休眠数据"。外界爆炸式的信息环境造成了数据仓库中的数据也以令人吃惊的速度连续膨胀,然而在数据仓库中堆积的数据并不意味着永久性地库存在里面。我们要像仓库管理员那样去识别出这些休眠数据,并把它们搬出仓库,使一些有用的最新的数据放入有限容量的数据仓库中来。这种对仓库的清理工作也会对整个数据仓库系统性能的提高起到积极的作用。系统可以更快速地查询我们所要的数据,而不必再消耗大量的资源来处理那些本来可以不加考虑的数据。我们及时地对休眠数据清理的过程可以使数据仓库更加小巧灵敏,有利于数据仓库高效地工作。

我们可以用一个图来形象地描述出休眠数据为什么会像病毒一样,随着时间的推移以加速度的增长方式迅速蔓延于整个数据仓库中的。如果我们对它的存在置之不理的话,很快会发现这种病毒已经无处不在,结果是几乎无法克服的,数据仓库就会像癌症晚期的病人一样只能坐以待毙了。

如图 3.1 所示,演示了随着数据仓库的增大,休眠数据也不断增长的过程。

在开始运作数据仓库时,休眠数据的增长是微量的,人们并不注意它。在图 3.1 中,第一年时间内我们忽略掉了休眠数据。但在第二年,数据仓库开始增长,休眠数据开始出现。休眠数据在第二年内由微量(几乎为零)增长为数据仓库的 10%,但只占数据仓库中的小部分数据。在这个时候,休

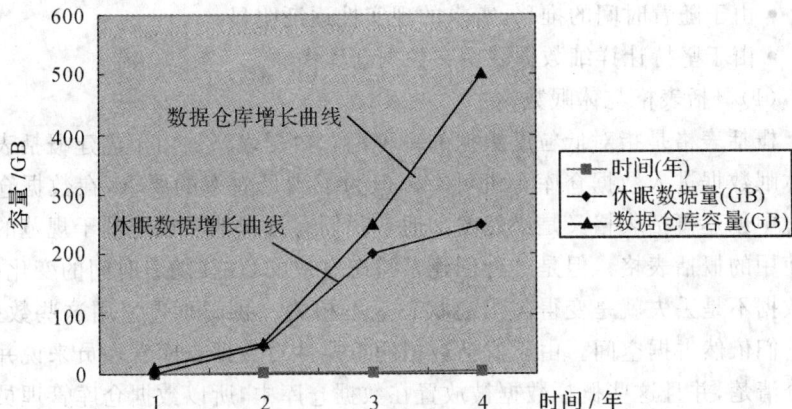

图 3.1　数据仓库增长曲线与休眠数据增长曲线

眠数据还没有造成真正的问题。第三年,休眠数据已成为数据仓库的很大一部分。在图 3.1 中,到第三年末,数据仓库容量为 250GB,而休眠数据竟占 200GB。这时候休眠数据对数据仓库的性能影响已表现出来。到第四年的时候,虽然休眠数据已受到抑制但仍继续增加,并占数据仓库中非常大的比例。此时数据仓库的性能已受到巨大损害,并已难以克服这个问题了。也就是说这个数据仓库已不能正常工作了。

3.2.1　休眠数据的定义与理解

W. H. Inmon 在 *Data Warehouse Performance* 一书中对休眠数据给出了如下定义:"休眠数据是那些存在于数据仓库中的、当前并不使用的、将来也很少使用或者根本就不会使用的数据。"他认为休眠数据是指那些被装载到由数据库所管理的活动存储区域内的数据。休眠数据并不包括任何数据库的系统数据(例如,缓冲区空间、分类合并空间、连接空间和假脱机空间等)。

我们通过识别数据仓库环境中的休眠数据,删除将来不会使用的数据,为将来要使用的数据提供更好的性能。

休眠数据会以多种方式进入数据仓库。我们在识别和处理它们之前需要理解它们的进入方式。造成这些休眠数据在数据仓库中存在的原因至少有四种:

- 由于概括表格的创建;
- 由于错误估计实际上所需要的历史数据的年限;

- 由于随着时间的推移,需求的现实性逐渐明显;
- 由于坚持让详细数据驻留在数据仓库中。

(1)概括表格与休眠数据

概括表格是指对低粒度数据的一种汇总数据表格。由于创建概括表格使休眠数据进入数据仓库有机可乘。但为了满足效率的要求,在数据仓库环境中创建概括表格又是必然的。通常我们有意识地去创建基于规范的基础使用的概括表格。但是这种创建是瞬态有效的,往往随着时间的变化,概括数据不是丢失就是变得与当前状态毫不相关。我们不再使用这些数据,但它们依然占据空间。由于概括数据的重要性对数据仓库管理员来说并不十分清楚,并且这些概括数据被放置在数据仓库中,所以数据仓库管理员很难直接从系统中辨别出来并及时删除。这些数据随时间的推移逐渐堆积成为休眠数据。

(2)历史数据年限与休眠数据

休眠数据第二种有代表性的进入方式就是错误估计所需要的、有效的历史数据量。数据仓库设计者对第一次使用数据仓库的最终用户询问历史数据容量时,由于最终用户使用数据仓库的经验不足,导致数据仓库的设计者扩大了数据仓库对历史数据存放的有效时间。

最终用户总是想把所有能够获得的数据利用起来,事实上,最终用户在使用数据仓库一段时间后会发现在多数情况下数据仓库中真正有效的只是最近3个月的数据,而当时数据仓库的设计者却把3年前的历史数据也包括进该数据仓库中去了。结果,设计出来的庞大数据仓库成为休眠数据的家园,最终用户只用了所有历史数据中的冰山一角。

(3)需求的现实性与休眠数据

对数据仓库需求的有效性判断需要一个时间段,这种最初数据仓库需求的非现实性是导致形成休眠数据的第三种方式。数据仓库收集数据需求的不明确性,不可避免地把处理过程中根本无用的数据也收集进来。但真正意识到这些数据是无用的,已是数据仓库执行处理一段时间后的事情了。到了这个时候休眠数据早已生成,那些不同类型的数据成为了不同类别的休眠数据。

(4)详细数据与休眠数据

休眠数据最后一种典型的进入数据仓库的方式就是坚持让详细数据驻留在数据仓库中。最低级别的详细数据对最终用户的吸引力是巨大的,导致最初使用数据仓库时,最终用户总是喜欢把这些详细数据放入数据仓库中。实际情况是当最终用户有丰富的决策支持处理经验之后,最终用户才明白多数处理并不涉及详细数据。一旦最终用户明白这一事实之后,原先那些详细数据已驻留在数据仓库中,早已成为休眠数据的一部分。

除以上四种典型的造成数据仓库中休眠数据的原因外,还有很多种原因。每单元量的休眠数据都会减慢系统响应,降低系统性能。

3.2.2 休眠数据的处理

在处理休眠数据之前我们应该首先查找出哪些是休眠数据。

(1)查找休眠数据

研究证明目前用于查找休眠数据的最好方法是监视最终用户针对数据仓库的查询活动。这种监视活动是通过一种位于最终用户查询活动和数据仓库服务器之间的监视器来实现的,如图 3.2 所示。监视器主要完成两种操作:

- 当查询通过监视器时,捕获 SQL;
- 当查询结果集返回给最终用户时,捕获该查询的结果集。

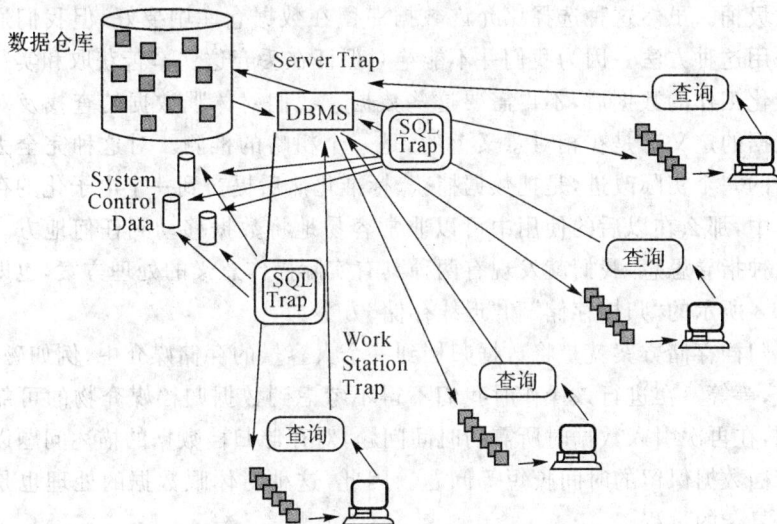

图 3.2 监视数据仓库的活动

由于所使用的数据能够通过查看查询和查询结果反映出来,因此监视器能够锁定在查询处理中实际使用过哪些数据。数据库设计者通过发现这些被使用的数据,推测出哪些数据没有被使用。值得注意的是在查询处理中存在多种数据使用方式,因此这种活动监视需要捕获和确定所有这些数据的使用方式。

(2)删除休眠数据

在辨别和查找出休眠数据之后,我们就要处理它们。处理这些休眠数据有多种选择。如图3.3所示。

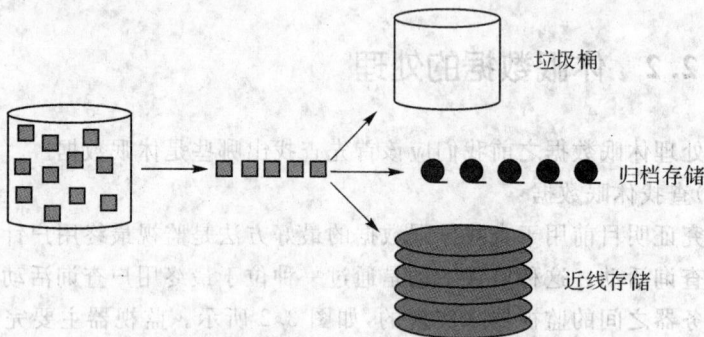

图3.3 当从数据仓库中删除休眠数据时休眠数据的去向

我们有三种处理休眠数据的方案。最容易想到的方案是把休眠数据丢进垃圾桶。虽然这种选择比允许数据滞留在数据仓库中要好,但我们通常不采用这种方法。因为我们并不能绝对保证在丢弃这些辛苦获取和实行了标准化工作的数据后,不再需要这些数据。我们对休眠数据的查找及对休眠数据的定义都是在相对意义上的,是一个粗略的推测。对这种完全丢弃数据的一个实际改进,是把数据捕获、标准化然后提交到一个电子化的存储媒介中,那么在以后的使用中可以非常容易地将数据移动到任何地方。基于这种指导思想,我们就发现有两种具有实际操作意义的处理方案,也即是图3.3所示的"归档存储"和"近线存储"方案。

归档存储方案就是将数据归档到一个大容量的存储媒介中,例如磁带、光盘,等等。在进行该操作时我们不得不考虑到数据归档媒介物的可靠性问题,在再次引入数据时所需的时间问题,对存储归档数据的描述问题以及对归档数据保留的时间长短等问题。因此,这种对休眠数据的处理也是一个很复杂的过程。

第三钟对休眠数据的处理方案是"近线存储"。近线存储是归档存储和在线存储之间的一个合适的折中。这种方案的优点就是花费要比归档存储多,但比在线存储又少很多。近线存储使数据可以被在线存储合理使用。归档存储的问题也同样适用于近线存储。

(3)选择删除的数据

只简单根据查看已访问或不访问的数据,确定哪些数据应该从数据仓库中删除,对数据仓库管理员的经验要求是近乎苛刻的。就算是对于一位富有经验的数据仓库管理员来说,也会带来像下面这样的问题。

当删除数据之后的某一天,分析员希望完成一个报告,但是发现所有需要用来分析的数据不存在了。数据在未来是否使用存在不确定性。

我们必须知道仅仅查看已使用的数据或已不使用的数据只是一种识别数据仓库中休眠数据的粗略方法。事实上,基于数据访问模型的方法来删除数据是一种正确的方法。从数据仓库中删除数据的正确因素是访问模型,而不是那些访问过的或已不访问的特定数据单元。我们用一个活动监视器,即一个数据使用跟踪器来确定数据仓库中的数据访问模型。活动监视器将跟踪数据仓库中最终用户过去的活动。

(4)确定访问可能性

根据数据的访问可能性来安全地从数据仓库中删除数据。

确定数据仓库中数据访问可能性有三个步骤:

- 确定已被或未被访问的数据;
- 基于过去的活动建立一个访问轮廓;
- 基于所建立的这种轮廓来确定访问可能性。

活动的轮廓基于三种级别的数据:表格轮廓、表格内的列轮廓和表格中列内的数据值轮廓。在某个表格很小,很少使用以及发现这种表格是一种概括表格的情况下,我们使用表监视——在这个表格中查看数据访问就足够了。在表格接收中等量的活动,以及此表格大小适中的情况下,我们采取表/列监视——在表格级查看使用轮廓就足够了。如果表格很大且经常使用,并且有很深的历史数据,那么采用表/列/值监视。在这种情况下,可以确定参与查询和分析处理的实际数据值。根据已经确定的使用模型,可以创建使用轮廓。数据库设计者知道这些数据的低访问可能性后,创建出使用轮廓,就可以删除数据。

通常考虑到将来访问休眠数据的可能性,我们认为数据仓库中包含25%到50%的休眠数据时,数据仓库的结构也许比较适当。但是,当数据仓库包含75%以上的休眠数据时,就必须对其进行调整。而当数据仓库包含超过90%的休眠数据时,就必须严格地注意管理数据量。

3.3 元数据的管理

基于元数据在数据仓库中的重要作用,元数据的管理自然也是数据仓库管理的重要组成部分。在第 2 章我们已经介绍了元数据的定义、作用和分类,现在我们再对元数据的管理作一个介绍。

3.3.1 传统的元数据管理方法

3.3.1.1 数据词典

由于早期计算机系统在物理上的不同使得数据在不同计算机系统之间的转移非常困难,因此系统和程序之间没有共享数据的条件。随着技术的发展,在解决一些商务问题时,一些早期的数据协调方案被开发出来。这种协调方案就是数据词典,仅被用于查找逻辑数据的处理程序所共享。这些词典很可能被集中控制的信息系统机构管理。后来数据词典经过发展,不仅仅能提供数据属性描述,还能够跟踪应用访问数据库。

3.3.1.2 早期的元数据

早期实现的数据仓库对元数据的需求主要是与数据词典类似,它为用户和技术员提供关于数据的信息,例如数据是怎么来的,如何产生的,数据元素的含义是什么,最近的数据是什么,等等。

早期实现的系统还把终端用户相关信息与技术性信息区分开来,这导致终端用户信息与技术信息的互相交流能力受到限制,增加了终端用户的工作难度。

目前人们已经知道,为了使每个人都能理解数据仓库中的数据,设计出完善的元数据组件是必须的。

3.3.2 企业级中心知识库的管理方法

20 世纪 90 年代初,信息系统之间的兼容性较差,大多数遵循客户机/服务器结构。当出现新的 CASE 工具或体系结构时,不同的应用程序就会使用不同的工具来定义数据。这导致了同一个数据元素在不同系统中定义的差异,使得要想在系统之间互换数据变得危险而复杂。尤其对于企业范围内的信息管理,要求信息环境中的异构产品能够对元数据进行全局和高效的访问。为了解决上述问题,建立企业级中心知识库以协调数据的方案问世了。

企业级中心知识库是集成企业范围内的不同开发工具和知识库,共享元数据环境,如图 3.4 所示。

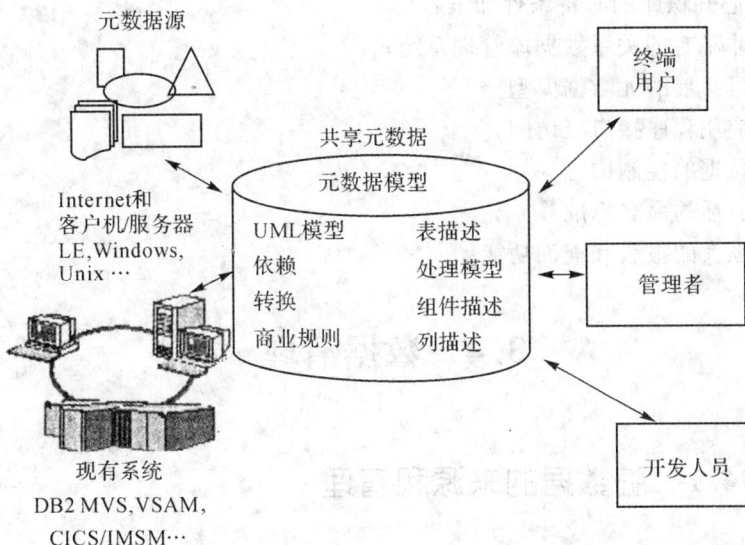

图 3.4 共享元数据环境

它能够提供一致的共享方法,使得元数据能够被一致地存储、管理、集成和全局访问。知识库是元数据的载体,是企业中关于信息系统部件(如对象、表的定义、字段、商业规则、商业定义等)和信息(元数据)的存储地,还包括便于操纵和查询元数据的工具。

数据管理中最重要的一步是协调分布在多种数据仓库中的元数据,而建立企业级的中心知识库则是实现元数据管理的基本途径和关键。

(1)集成元数据的作用

我们采用中心知识库作为元数据集成的平台。这有两方面的意义,它可以使整个企业中数据仓库或数据集市的关键数据得到管理,还有助于共享通用的数据结构、商业规则定义和企业各系统间的数据定义。

多种数据源输入中心知识库并由它来管理。中心知识库能够支持各主要数据仓库开发商的数据库系统和一系列数据抽取工具和分析工具。从输出的角度看,应该能像 API 满足客户需要一样提供开放的访问接口。

中心知识库应能保证数据的一致性和可扩展性。它通过共享和可重用,提供一种通用的视图。共享元数据使得各异构环境中关键信息的交换成为可能。

(2)中心知识库的必备条件

中心知识库的必备条件如下：

- 非私有的关系数据库管理系统；
- 可扩展的元数据模型；
- 应用程序接口级访问；
- 数据的控制中心；
- 灵活的命名标准；
- 强大的报表和查询功能。

3.4 数据清理

3.4.1 脏数据的来源和清理

数据质量是测量数据仓库系统性能的又一个关键尺度。对于数据仓库管理员来说需要时刻确保"脏数据"不会进入数据仓库系统。但是要做到脏数据真的一点都不进入数据仓库环境，那只是一种理想境况，如果刻意去做到这一点也只是一件不划算的投资。事实上，脏数据总会逃脱数据仓库管理员的进入监督，不可避免地存在于数据仓库环境中。因此切合实际的做法应当是在适当进行对脏数据进入监督的基础上，重点考虑如何清理这些脏数据。为了理解如何处理脏数据，数据仓库管理员首先必须理解脏数据是怎么产生的。

3.4.1.1 脏数据进入的四种方式

脏数据进入数据仓库环境有四种方式。

(1)数据源系统中的脏数据进入数据仓库。由于作为数据仓库数据来源的信息系统的设计不够严密，存在数据格式错误、数据不一致、数据重复、数据缺失、数据不合逻辑等问题，将这种数据引入数据仓库中，必然导致脏数据的产生。一些典型的错误如下：身份证号码未经验证、账户的交易日期早于开户日期、缺少参照完整性约束而导致的数据不一致等。

(2)不合适的集成造成脏数据进入数据仓库。数据仓库中的数据常常来自多个数据源，这是需要进行数据集成的。由于同一个实体的数据在不同的数据源中可能存在不同的描述，其数据结构、数据编码、数据定义、度量单位等可能存在差异，这时进行集成的难度较大，稍不留意就可能产生脏数据。

(3)数据仓库中以前输入的数据过期。数据仓库中的一些数据可能过期,这种过期的数据由于不能反映目前的实际而有可能成为脏数据。

(4)用户需求的改变或添加了对数据质量有不同要求的用户。由于数据仓库用户需求的变化,数据仓库中数据无法满足用户的需求,也可能使得数据仓库中的某些数据成为脏数据。

3.4.1.2　清理脏数据

清理脏数据就是清除或修正数据仓库中的错误数据、不一致数据,剔除重复数据,从而提高数据仓库中数据的质量。

数据清理一般包括以下步骤:

(1)数据分析

对数据进行分析,确定控制数据正确性的一般规则。比如字段的取值范围、相关的业务规则等。通过对数据的分析,可定义出数据清理的规则,并选择合适的清理算法。

(2)数据检测

数据检测是指根据数据分析阶段确定的清理规则及相关数据清理算法,检测数据是否正确,如是否满足字段的取值范围、数据间的关系是否符合业务规则、有无重复记录等。

(3)数据修正

手工或使用工具自动地修正检测到的错误数据、消除重复数据。

数据清理一般在数据抽取之后进行,也可以在数据抽取的同时进行。一般不能对源系统进行清洗,因为源系统数据正确性的标准可能与数据仓库系统的不一样,对源系统的数据进行任何的修改与删除都可能会影响源系统的正常运行。如果源系统本身有错误,则应该修改源系统并清理源系统的错误数据。

3.4.2　过期数据的清理

在进行过期数据清理时,通常会问以前正确写入的数据是否应该更新。例如,假设在 2005 年,用一种方法将市场分割为不同的领域,销售的记录根据这种市场分割领域来进行。若到 2009 年市场重新分配了领域,则数据仓库中 2005 年的数据就可能"过期"了。尽管这些销售记录在 2005 年时被正确地记录了,而现在可能应该根据新的分割领域将原有的数据加以重构。

上述情形在公司的日常工作中会经常出现。在进行处理之前必须考虑以下几个问题。

(1)这种数据重构是否是永久的？市场是否再也不会回到2005年时的情形？

(2)破坏自2005年记录销售数据以来所产生的所有销售报告的基础，是否完全正确？也就是说，一旦2005年的数据被破坏，将来是否会发生数据不一致现象？

(3)能否根据2009年的领域划分重新构造2005年的销售数据？某些时候可以很容易地重构，某些时刻却并不是很容易。

即使能够对过期数据进行重构，我们也还应考虑有没有足够的资源来实现重构。如果只有少量的数据需要重构，那么资源消耗不是问题；但是当大量的历史数据需要重构时，我们可能不得不采用其他策略来管理过期的数据，包括简单地删除过期数据。

本章小结

确保一个良好运作的数据仓库系统需要对数据仓库进行管理。在数据仓库管理中最关键的是对数据的管理。休眠数据管理、元数据管理以及数据质量管理是数据仓库管理中的基本内容。

数据仓库管理员所能做的用来提高性能的一件最具有深刻意义的事情，就是对休眠数据的管理。随着数据仓库的增大，休眠数据量也增大。对于一个小的数据仓库来说，没有或只有少量的休眠数据，但是对大的数据仓库来说，休眠数据的比率会快速增加。

休眠数据进入数据仓库的方式多种多样。最一般的方式是由于过高估计所需要的历史数据的时间长度。分析员制订需要24个月的数据，但一旦装载24个月的数据到数据仓库中，就发现大部分处理真正所需要的只是3或4个月的数据。休眠数据进入数据仓库的另一种方式是由于创建概括表格，第三种进入方式是由于所制订的大量数据列在分析中从来都没有被使用。

可以使用活动监视器来查找休眠数据，这种活动监视器用来查看传递进或传递出数据仓库的每一项活动。根据这种信息，可以估计出哪些数据是休眠的(也就是，没有访问可能性的数据)。

数据仓库系统结构中各个组成部分所使用的商业工具十分丰富，其中每一个工具都是元数据的消费者和产生者。这需要做大量的管理工作。元数据的共享以及实现元数据管理自动化是保持元数据一致性的重要条件。

传统的元数据管理方法的雏形是数据词典。数据词典具有提供数据属性描述，简单协调数据方案，随后也能够跟踪应用访问数据库。

早期实现的数据仓库对元数据的需求类似于数据词典，但终端用户信息与技术信息是割裂的。终端用户访问技术信息有一定难度。

企业级中心知识库是集成企业范围内的不同开发工具和知识库，共享元数据环境。建立企业级的中心知识库是实现元数据管理的基本途径和关键。

数据仓库中脏数据是一种现实。脏数据进入数据仓库通过四种来源：数据源系统中的脏数据进入数据仓库、不合适的集成和转换程序、数据仓库中的数据过期和由于用户需求的改变。一般在源数据系统中脏数据不会被正常清理，数据清理一般在数据集成和转换时进行。为了发现数据仓库中的脏数据，需要一个数据监视器来审查数据。

在进行过期数据清理时，我们要考虑以前正确写入的数据是否需要更新。

习　题

1. 数据仓库管理的关键是什么？有哪三类基本管理内容？
2. "休眠数据"的定义是什么？它是通过哪几种方式进入数据仓库的？
3. 休眠数据的处理是如何进行的？
4. 什么是企业级中心知识库的元数据管理方法？
5. 脏数据进入的四种方法是什么？
6. 脏数据的清理是如何进行的？过期数据应该考虑什么问题？

第 4 章

联机分析处理

学习目标

· 了解 OLAP 的基本概念及 OLAP 产品应满足的技术特性
· 了解 OLAP 的技术术语
· 了解 OLAP 的基本分析操作
· 了解 OLAP 与 OLTP 的区别
· 了解 OLAP 的两种实现方式:ROLAP 和 MOLAP
· 了解 OLAP 的新发展

本章关键词

联机分析处理(On-Line Analytical Processing)
联机事务处理(On-Line Transaction Processing)
多维联机分析处理(Multidimensional Online Analytical Processing)
关系联机分析处理(Relational On-Line Analytical Processing)

建立数据仓库的目的是为了对数据仓库中的数据进行灵活多样的查询分析。数据仓库中数据的组织方式为进行这种查询分析提供了可能,但是仅仅依靠数据仓库本身并不能完成这种复杂的数据查询分析。为了对数据仓库中数据进行多角度、多视图的查询,方便地获得概括性的或详细的信息,就必须依靠其他的技术和工具。联机分析处理(OLAP)就是这样的一种技术。

4.1 概 述

数据仓库的建立为有效利用数据资源帮助进行管理决策奠定了基础,但对数据仓库中的数据进行分析必须要有功能强大的工具的支持。联机分析处理就是一个得到广泛使用的基于数据仓库的数据分析技术。它能够根据分析人员的要求,快速灵活地对大量数据进行复杂的查询处理,并以直观和易于理解的方式提供给使用者。

4.1.1 OLAP 的定义

联机分析处理 OLAP(On-Line Analytical Processing)是由关系数据库之父 E. F. Codd 于 1992 年首先提出来的,其目的是解决如何利用联机事务处理系统产生的大量数据为组织的决策提供信息。1993 年,E. F. Codd 及其同事发表了一份题为"Providing OLAP (On-Line Analytical Processing) to User-Analysts:An IT Mandate"的白皮书。在该 OLAP 白皮书中包括了 12 条广为人知的准则,1995 年又增加了 6 条,Codd 将它们划分为四组。一般认为,一个好的 OLAP 产品应该支持这些特性(features)。这些准则包括:

(1)基本特性 B

F1:多维概念视图(原准则 1)。这一准则被公认为是 OLAP 的核心。

F2:直观的数据操纵(原准则 10)。

F3:可存取性。OLAP 是一种中介(原准则 3),位于异构的数据源和 OLAP 前端工具之间。

F4:分批提取 VS 解释(新增)。该准则要求 OLAP 产品既提供自己的中间数据存储能力又可以即时访问外部数据。

F5:OLAP 分析模型(新增)。要求 OLAP 产品支持白皮书中提出的四种分析模型(Categorical,Exegetical,Contemplative and Formulaic)。

F6:客户/服务器结构(原准则5)。

F7:透明性(原准则2)。该准则要求 OLAP 产品能够让用户从 OLAP 引擎获得所有的数据而不必知道这些数据究竟来自何处。即用户使用一个带插件的电子表格就可以通过 OLAP 服务器引擎即时访问异构的数据源。

F8:支持多用户(原准则8)。

(2)特殊特性 S

F9:处理非规范化数据(新增)。

F10:保存 OLAP 结果,且与源数据分离(新增)。

F11:抽取遗漏的数据(新增)。

F12:处理遗漏数据(新增)。不管来源如何,遗漏的数据将被 OLAP 分析器忽略。

(3)报表特性 R

F13:灵活的报表生成能力(原规则11)。

F14:稳定的报表生成性能(原规则4)。

F15:自动调节物理模式的能力(取代原规则7)。

(4)维控制特性 D

F16:维的等同性准则(原规则6)。每一个维在结构上和操作能力上应该是等价的。

F17:不受限制的维和聚集层次(原规则12)。实际上这是不可能的,很少应用需要多于8到10个维,聚集层次一般不会超过6个。

F18:不受限制的跨维操作(原规则9)。

1995年,一个独立于厂商的 OLAP 专门研究机构 OLAP Report 提出了一个关于 OLAP 的简明定义,该定义正被越来越多的人所接受。这就是所谓的 FASMI(Fast Analysis of Shared Multidimensional Information),即共享多维信息的快速分析。

其中 Fast 意指系统必须能够快速响应用户的分析查询要求。对于用户的大部分分析要求系统应该能够在5秒钟之内作出反应,简单的分析要求响应时间不超过1秒,极少数的分析查询要求其响应时间可能超过20秒。研究表明,如果响应时间超过30秒用户就可能认为处理过程失败了,如果系统没有给出提示用户就会按"Alt+Ctrl+Delete",即使系统给出警告指出需要较长的处理时间,用户也会心烦意乱,思维被打断,从而影响分析的质量。如果数据量很大,为了达到合适的响应速度就需要采取一些措施,如:专门的数据存储形式、大量的事先运算,或采用特别的硬件设备等。即便如此,调查表明响应时间太慢仍然是 OLAP 产品存在的一个普遍问题。

Analysis 意指 OLAP 系统能够处理任何与用户和应用有关的业务逻辑分析和统计分析,并且这对目标用户来说不会太难。系统除了包括事先定义好的各种统计分析运算外,还应该允许用户无需编程就可以为分析和生成报表定义一些新的特殊运算。数据分析可以是在 OLAP 系统内进行,也可以使用连接的外部产品如电子表格软件来完成。分析操作包括时间序列分析、成本分配、货币换算、目标搜寻、维结构改变、非过程建模、例外报警、数据挖掘以及其他一些依赖于具体应用的操作运算。

Shared 意指 OLAP 系统能够实现在多用户环境下的安全保密要求和并发控制。

Multidimensional 即多维性,OLAP 系统必须提供多维概念视图,包括对维的多重层次的完全支持。多维分析是对组织业务的最合理的分析方式,也是 OLAP 的核心所在。

Information 是指 OLAP 系统管理数据和获得信息的能力。OLAP 系统都应该能够管理大量的数据,并即时地获得用户所需的信息。

4.1.2 OLAP 的基本概念

OLAP 是基于多维数据模型的,为了更好地理解 OLAP,必须首先了解相关的概念。

(1)度量值

度量值是人们观察事务的焦点。如,对于企业来说,最关心的是其产品的销售量、销售额、利润等情况。销售量、销售额、利润就是度量值。度量值一般应具有可加性。在多维数据集中,度量值存放于多维数据集的事实数据表中,而且通常为数字。换句话说,度量值是最终用户浏览多维数据集时重点查看的数字数据。度量值的选择取决于最终用户所请求的信息类型。

(2)维

维(Dimension)是指人们观察事务的角度。例如,企业的决策者非常关注其产品随着时间推移而在销售数量上的变化情况,这时,时间就是决策者观察事务的一个角度,因此时间就是一个维;有时,决策者希望了解产品在不同地区的销售情况,这时,地区成为决策者观察事务的一个角度,地区也成为一个维。

人们观察数据的某个特定角度(即某个维)还可以存在细节程度不同的

多个描述层次,我们称这些描述层次为维的层次。例如,时间维可以分为日期、周、月份、季度、年等不同维层次,地区维可以分为街道、城市、省、地区、等不同的维层次。

维的一个取值称为该维的一个维成员。如果维已经分成了多个层次,则维成员就是不同维层次取值的组合。例如:假定某公司的销售数据的地理维分为省、市、县三个层次,则"浙江省杭州市淳安县"就构成地理维的一个维成员。

(3)多维数据集

所有同质的度量值及其关联的维的维成员构成一个多维数据集。当维数为 3 时,多维数据集表现为一个数据立方体;当维数超过 3 时,多维数据集表现为超立方体。多维数据集能支持各种各样的查询,是 OLAP 的核心。

每一个多维数据集都可以用一个多维数组表示。维成员成为该多维数组的"下标",度量值即为多维数组对应元素(也称其为数据单元)的取值。

多维数据集模型可形式化地表示为:(维 1,维 2,…,维 n,度量属性)。

数据单元表示为:(维 1 维成员,维 2 维成员,…,维 n 维成员,度量属性的取值)。

例如:在 4.2 节的图 4.6 中,在销售地区、时间、产品维度上分别取'上海'、'一季度'、'糕点',则可以唯一确定销售额这一度量属性的值为 200,因此该数据单元应该为(上海,1 季度,糕点,200)。

多维数据集可以用多维数据库实现,也可以用关系数据库实现,这将在本章后续小节中介绍。

(4)虚拟维度(Virtual Dimension)

虚拟维度是基于物理维度内容的逻辑维度。这些内容可以是物理维度中的现有成员属性,也可以是物理维度表中的列。使用虚拟维度,可以基于多维数据集中的维度成员的成员属性对多维数据集数据进行分析,并且不需占用额外的磁盘空间或处理时间。

例如,假定 Customer 维度的 LName 级别具有成员属性 Yearly Income(年收入),则可以创建一个带有 Yearly Income 成员属性的虚拟维度,然后从年收入这个角度,来对客户的购买行为进行分析。

由于虚拟维度是基于一个维度所提供的成员属性或列的,所以只有在所涉及的维度包括在多维数据集中时,才能将此虚拟维度添加到同一多维数据集中。

最终用户可以像使用任何其他维度一样使用虚拟维度。如果虚拟维度基于成员属性,那么它将使最终用户可以基于成员属性来分析多维数据集数据。此外,虚拟维度根据其级别个数而定的深度取决于用于定义该虚拟维度的成员属性的个数。

与常规维度或下面要谈到的父子维度不同,虚拟维度没有聚合数据,所以将虚拟维度添加到多维数据集中并不会增大多维数据集的大小。虚拟维度也不会影响多维数据集的处理时间,因为它们的计算是需要时在内存中进行的。尽管如此,使用虚拟维度的查询仍可能会比使用常规维度或父子维度的查询要慢一些。

Microsoft® SQL Server™ 2000 Analysis Services 提供维度向导以方便地创建基于成员属性的虚拟维度。

(5) 父子维度

父子维度基于两个维度表列,这两列一起定义了维度成员中的沿袭关系。一列称为成员键列,标识每个成员;另一列称为父键列,标识每个成员的父代。所谓父代,即层次结构中的上一层节点。这两列必须有相同的数据类型,而且在同一个表内,可用于创建父子链接。

例如,在下面的 Employee 表中,标识每个成员的列是 Employee_Number。表示每个成员父代的列是 Manager_Employee_Number(该列存储了每个员工上级经理的员工号)。

表 4.1 Employee 表

Employee_Name	Employee_Number	Manager_Employee_Number
刘东	1	1
丁晓剑	2	1
苏寅	3	1
王猛	4	1
叶良	5	2
朱力常	6	2

这些列可用于定义包含以下成员层次结构的父子维度(该层次结构反映了 Employee 表中成员的组织机构图)。

默认情况下,任何成员的父键只要等于其自身的成员键、空、0(零)或一个未出现在成员键列中的值,则该成员将被认为是顶层中的成员(不包括"(全部)"级别)。

例如,在图 4.1 中,唯一的顶层成员是"刘东"。"刘东"的 Manager_

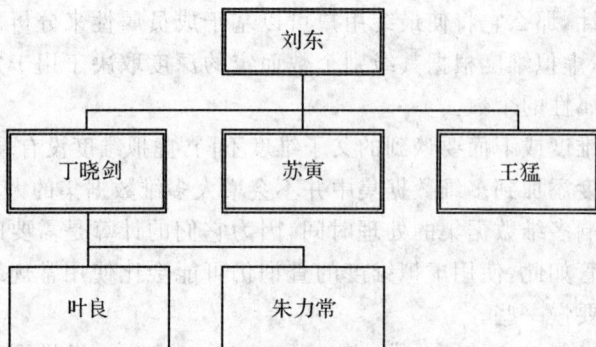

图 4.1 父子维度实例

Employee_Number 值和 Employee_Number 值都是 1。这两个值相等是因为将刘东指定为刘东的经理。

父子维度的深度随其层次结构的分支而变化。例如在上面的组织图中，"丁晓剑"分支有更低级别的成员，而"苏寅"和"王猛"分支则没有。所以父子维度的层次结构通常是不均衡的。

常规维度和虚拟维度在定义时的级别数目就决定了最终用户所看到的级别数目；而父子维度则不同，它是用特殊类型的单个级别定义的，该特殊类型通常会产生最终用户所看到的多个级别。存储成员键和父键的列的内容将决定显示出的级别数目。当更新该维度表并进而处理使用该维度的多维数据集时，级别数目可能会更改。

4.1.3　OLAP 的基本分析操作

OLAP 的基本操作主要包括对多维数据进行切片、切块、旋转、钻取等分析操作。这些分析操作使得用户可以从多个角度、多个侧面观察数据库中的数据，从而更加深入地了解包含在数据中的信息。

下面我们以对订货数据的分析为例，详细说明 OLAP 的各种分析操作。

4.1.3.1　切片(Slicing)

切片操作就是在某个或某些维上选定一个属性成员，而在其他维上取一定区间的属性成员或全部属性成员来观察数据的一种分析方式。

如：在时间维上选定成员 2002，产品维和地区维取全部属性成员的切片操作如图 4.2 所示。

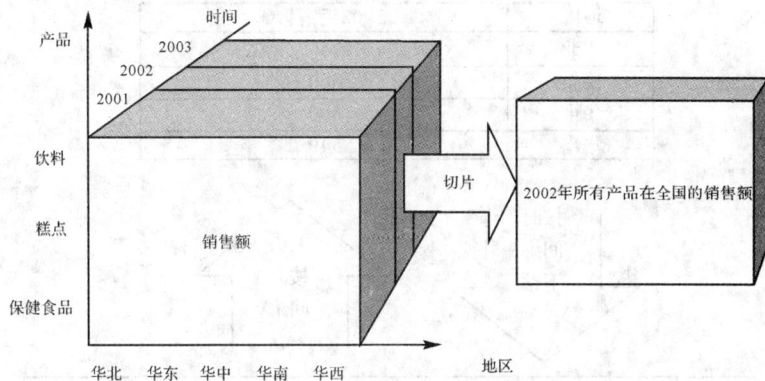

图 4.2　切片操作

4.1.3.2　切块(Dicing)

切块就是在各个维上取一定区间的成员属性或全部成员属性来观察数据的一种分析方式。可以认为切片是切块的特例,切块是切片的扩展。

如:在时间维上选定成员 2001 年至 2002 年,产品维和地区维取全部属性成员的切片操作如图 4.3 所示。

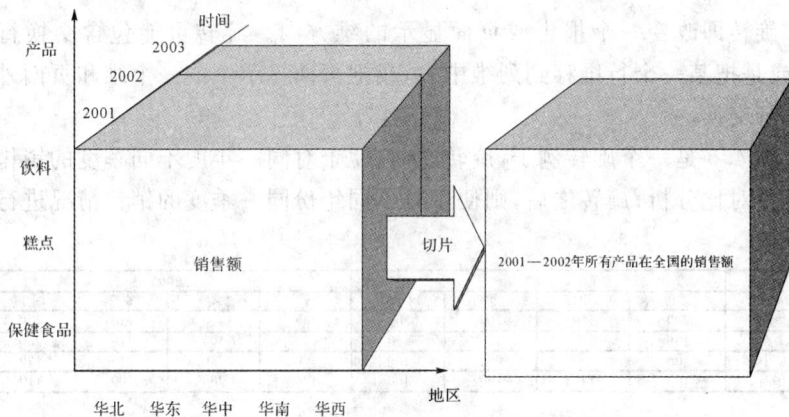

图 4.3　切块操作

4.1.3.3　钻取(Drilling)

钻取包含向下钻(Drill-down)和上钻(Drill-up)/上卷(Roll-up)操作。下钻指从概括性的数据出发获得相应的更详细的数据,上钻则相反。钻取的深度与维所划分的层次相对应。

图 4.4 为按时间进行钻取操作的示意图。

地区	2002年销售额
华北	950
华东	600
华中	800
华南	540

按时间维下钻

按时间维上钻

地区	2002年			
	1季度	2季度	3季度	4季度
华北	200	350	200	150
华东	100	200	150	150
华中	200	300	200	100
华南	100	240	100	100

图 4.4　钻取操作

4.1.3.4　旋转(Pivoting)

旋转即改变一个报告或页面显示的维方向。旋转可能包含交换行和列,或是把某一个行维移到列维中去,或把页面显示中的一个维和页面外的维进行交换。

图 4.5 是一个旋转例子,旋转之前,便于对同一年度不同季度的销售情况进行对比分析;旋转之后,则便于对不同年份同一季度的销售情况进行对比分析。

地区	2002				2003			
	1季度	2季度	3季度	4季度	1季度	2季度	3季度	4季度
华北	200	350	200	200	200	400	210	250
华东	100	200	150	150	120	300	170	200
华中	200	300	200	100	200	280	210	120
华南	100	240	100	100	120	280	100	110

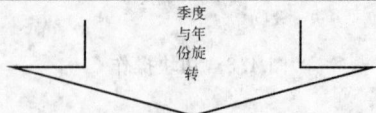

季度与年份旋转

地区	1季度		2季度		3季度		4季度	
	2002	2003	2002	2003	2002	2003	2002	2003
华北	200	200	350	400	200	210	200	250
华东	100	120	200	300	150	170	150	200
华中	200	200	300	280	200	210	100	120
华南	100	120	240	280	100	100	100	110

图 4.5　旋转操作

4.1.4 OLAP 和 OLTP 的比较

OLTP 称作联机事务处理（On-Line Transaction Processing），OLAP 是继 OLTP 之后发展起来的一种技术，它们的区别如下：

（1）OLAP 和 OLTP 产生的背景和目的不同。前者的目的是通过对现有数据进行分析处理，获得信息，支持决策。而后者的目的则是加速对业务数据的处理，支持企业的业务运作。

（2）使用的数据模型不同。OLTP 使用的是传统数据模型（关系模型），而 OLAP 则使用基于维表和事实表的星型多维数据模型。

（3）数据的综合程度不同。

（4）OLAP 中的数据不可更改，但需周期性的刷新；而 OLTP 中的数据可以更改。

（5）对数据的处理不同。OLTP 对数据进行操作型处理，一般运用 SQL 命令进行追加、删除、修改、简单查询等处理。而 OLAP 则进行切片、切块、旋转、钻取等分析性处理。

4.2 多维 OLAP 和关系 OLAP

在实施 OLAP 时，有两种实施方案可供选取，一种是直接采用多维数据库进行联机分析处理，叫做多维联机分析处理，简称 MOLAP（Multidimensional On-Line Analytical Processing）。而如果采用关系数据库来存放多维数据进行联机分析处理则称之为关系联机分析处理，简称 ROLAP（Relational Online Analytical Processing）。一般而言，如果数据是存放在多维数据库中，用户可以直接从不同的角度查看数据的聚集，而如果数据是存放在关系数据库中，则必须事先访问数据并对各个维进行数据的聚集处理。在 ROLAP 方式下，数据处理既可以在关系数据库中进行，也可以在中间服务器或客户端进行。在两层客户/服务器方式下，用户递交 SQL 查询到数据库并获得所需的结果。在三层客户/服务器结构下，用户递交多维分析请求，ROLAP 引擎将请求转换为 SQL 递交给数据库，然后，ROLAP 引擎再将从数据库获得的结果转换为多维形式供客户端查看。为了提高效率，通常事先建立并存储一些经常要用到的查询，以避免临时建立查询而耗费时间。

4.2.1 数据存储

多维数据库可以直观地表达现实世界中多对多的关系。在存储方式上,多维数据库与关系数据库是不同的。请看以下例子:

表 4.2 和表 4.3 分别是用关系数据库和多维数据库存放某食品厂不同类别的食品在不同地区的销售情况。

表 4.2 关系数据库存储数据的方式

产品	销售地区	销售金额
糕点	北京	230
糕点	上海	840
糕点	浙江	780
饮料	北京	660
饮料	上海	650
饮料	浙江	970

表 4.3 多维数据库存储数据的方式

	北京	上海	浙江
糕点	230	840	780
饮料	660	650	970

该组数据涉及产品和销售地区两个维,对关系数据库来说,任何数据集均用二维表来存放。此时多维数据库也是用二维表格来存放的,但其存放方式和存放效率均有不同。

从结构上来说,在关系数据库中,产品维和销售地区维均对应表中的一列,作为度量值的销售额也对应一列。而在多维数据库中,表的最上面一行和最左边一列分别对应销售地区维和产品维,度量值则占据剩余的其他单元格。

从数据冗余方面来讲,关系模型存在较大的冗余,需要占用更多的空间。而多维数据库则基本没有冗余(但在有些情况下会形成稀疏矩阵,如只在北京有销售时会出现很多空的单元格)。

从查询效率来讲,进行单项查询时关系数据库的处理非常简单,但如果要查询糕点的销售总金额或北京地区的销售总金额时则关系数据库必须扫描整个表进行汇总。而多维数据库只要按行或按列进行统计即可,因此多维数据库具有更高的查询效率。

当然可以增加汇总数据,此时对存储空间的占用情况也不一样,见表4.4和表4.5。

表 4.4　增加汇总数据的关系数据库

产品	销售地区	销售金额
糕点	北京	230
糕点	上海	840
糕点	浙江	780
糕点	汇总	1850
饮料	北京	660
饮料	上海	650
饮料	浙江	970
饮料	汇总	2280
汇总	北京	890
汇总	上海	1490
汇总	浙江	1750
汇总	汇总	4130

表 4.5　增加汇总数据的多维数据库

	北京	上海	浙江	汇总
糕点	230	840	780	1850
饮料	660	650	970	2280
汇总	890	1490	1750	4130

若对上述数据集增加一个时间维——季度,采用关系数据库存储时仍然使用二维表,如表4.6所示。而多维数据库则采用数据立方体这样的三维数组来存储,如图4.6所示。

表 4.6　增加时间维的关系数据库

产品	销售地区	时间(季度)	销售金额
糕点	北京	1	50
糕点	北京	2	40
糕点	北京	3	60
糕点	北京	4	80
糕点	上海	1	200
糕点	上海	2	120
糕点	上海	3	210
糕点	上海	4	310
糕点	⋮	⋮	⋮
糕点	浙江	4	250
饮料	北京	1	140
⋮	⋮	⋮	⋮
饮料	浙江	4	260

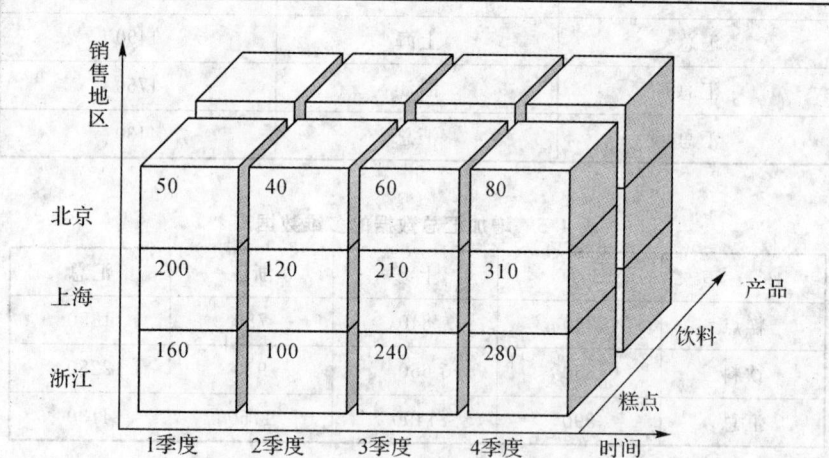

图 4.6　多维数据库数据立方体

当维数超过三维时,关系数据库仍然采用二维表结构保存数据集;而多维数据库则成为超级立方体,需采用多维数组结构来保存。

4.2.2　MOLAP 和 ROLAP 的特征

由于存在 MOLAP 和 ROLAP 两种联机分析的实现技术,人们在应用 OLAP 时,将遇到究竟是选择 MOLAP 还是 ROLAP 的问题。下面我们分别从查询性能、空间占用、分析能力等方面来分析这两种模式的特点,以帮助针对具体的应用,选择合适的 OLAP 实现模式。

(1)查询性能

从上一小节的分析可知,由于 MOLAP 直接处理存放在多维数组中的数据,这种数据已经反映了各种可能的组合,并且每一个数据单元都能被直接访问。因此,一般而言,MOLAP 的查询性能要优于 ROLAP,查询响应速度较快且较为稳定。而 ROLAP 的查询响应速度则不够稳定,有时很快,有时则比较慢。

(2)空间占用

如果所有的维成员组合都存在相应的度量值,则采用 MOLAP 时比较节省存储空间。但在实际应用中,许多维成员的组合不存在相应的度量值,从而形成所谓的稀疏矩阵,尤其当维的数目较多、维层次较多时更是如此。此时采用 MOLAP,由于大量维成员组合对应的空间没有实际的值,就造成空间的大量浪费。随着维数的增加,这种空间的浪费呈爆炸性的增长。

但使用关系数据库的 ROLAP 则不会出现上述情况,存储空间的使用效率较高。ROLAP 具有支持大量用户对大量数据进行分析访问的能力。

(3)分析查询能力

多维数据库的维层次的设置受到存储空间的约束而无法设置较多的层次,这一限制使得 MOLAP 的分析查询能力比 ROLAP 要差。因为 RO-LAP 采用下一小节所述的星型模型,其维表中可以包含很多列,即可以设置很多的维层次,从而可以实现诸多复杂的钻取操作。

一般认为,究竟选择 MOLAP 还是 ROLAP 主要要看应用的规模。如果要建立功能复杂、规模较大的企业级数据仓库,则一般选择 ROLAP 方式;而如果是建立功能单一、小型的数据集市则更宜采用 MOLAP 方式。

4.2.3　星型模式(Star Schema)

数据仓库采用多维数据模型。当用关系数据库来实现多维数据模型时,普遍采用星型模式来建模。星型模式以模式图中的实体像星星一样排列而得名。在星型模式中,包含两类表,事实表和维表。事实表在模式图中处于中心位置,存放的是业务数据,这些数据的取值通常是可度量的、连续性的,具有可加性(即可以进行算术运算),且数据量非常大。事实表中的数据可以从多个角度去观察,如销售事实表中的数据可以从销售时间、销售地区、产品等几个角度去观察,每一个角度叫做一个维度,每一个维度对应一张维表,维表包含对相应维的描述信息。维表中的信息用作对事实表进行查询时的约束条件,其取值一般是离散的、描述性的、不具有可加性的。这样,一张事实表与多张维表相连,就构成了星型模式,如图4.7所示。

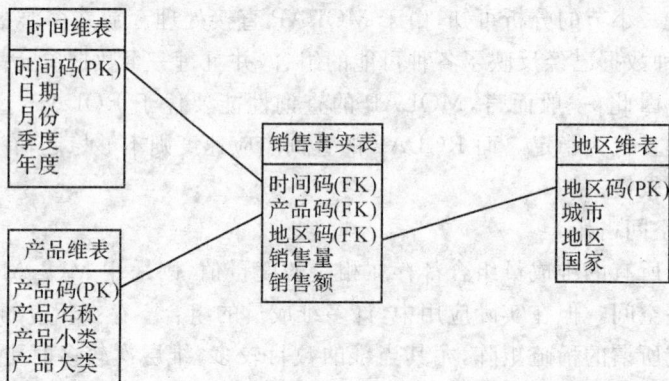

图 4.7　星型模式

在实际应用中,由于事实表和维表的变化,星型模式可变化出以下几种较复杂的形式:

(1)星系模式(Star Galaxy Schema)

如果星型模式中包含多个不同的事实表,且这些事实表连接的维表不完全相同,但共享多个维表,则这种星型模式变化为星系模式,如图4.8所示。

(2)星座模式(Star Constellation Schema)

所谓星座模式就是由一系列同质而不同综合程度(粒度)的事实表共享一系列维表而形成的星型模式,如图4.9所示。

(3)雪花模型(Snowflake Schema)

当维的层次较多时,用一个维表来描述一个维可能会形成大量的数据冗余从而浪费太大的存储空间。为了避免这种情况的出现,可以使用多个表来描述一个维,形成二级维表结构。例如,将时间维表划分为月维表、季维表、年维表,地区维表划分为国家维表、省维表、城市维表等,这样,将星型模型中的每一个维表展开为二级维表形成的数据模式就被称为雪花模式,

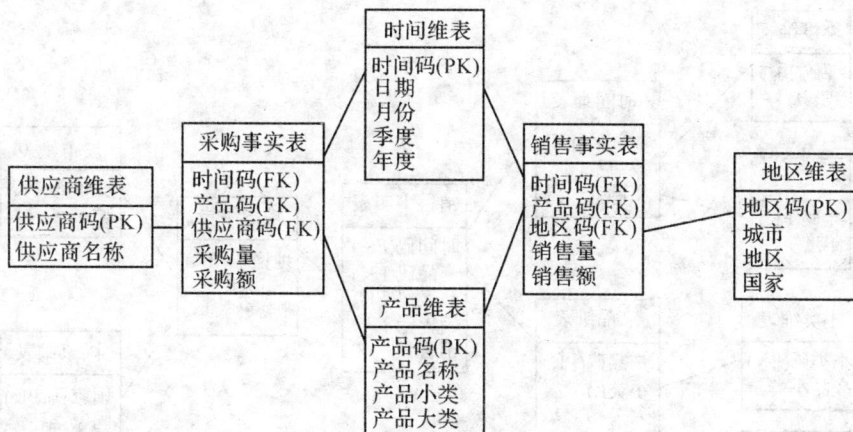

图 4.8 星系模式

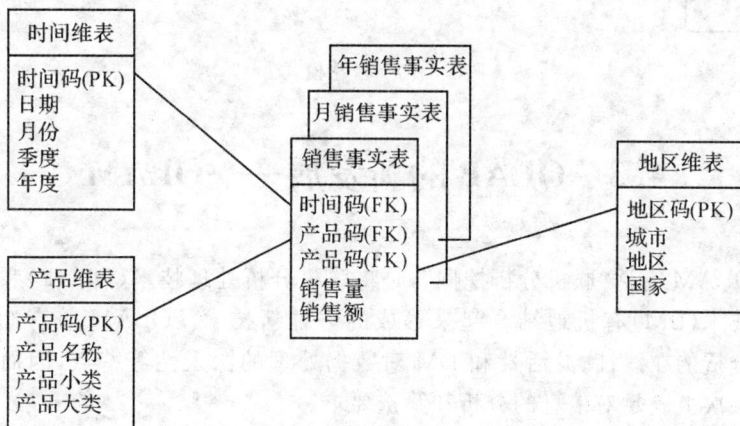

图 4.9 星座模式

如图 4.10 所示。

在雪花模型中,每一张维表都具有标准化的形式,可以最大限度地减少数据冗余,节省存储空间,这是雪花模型的最大优点。但是,采用雪花模型增加了维表的数量,也就增加了用户必须处理的表的数量,从而增加了某些查询的复杂性。在实际数据仓库的建模过程中,通常可以采取折中的方法,即不是将所有的维表都标准化,而是将部分维表标准化,以取得空间与时间(复杂度)之间的平衡。

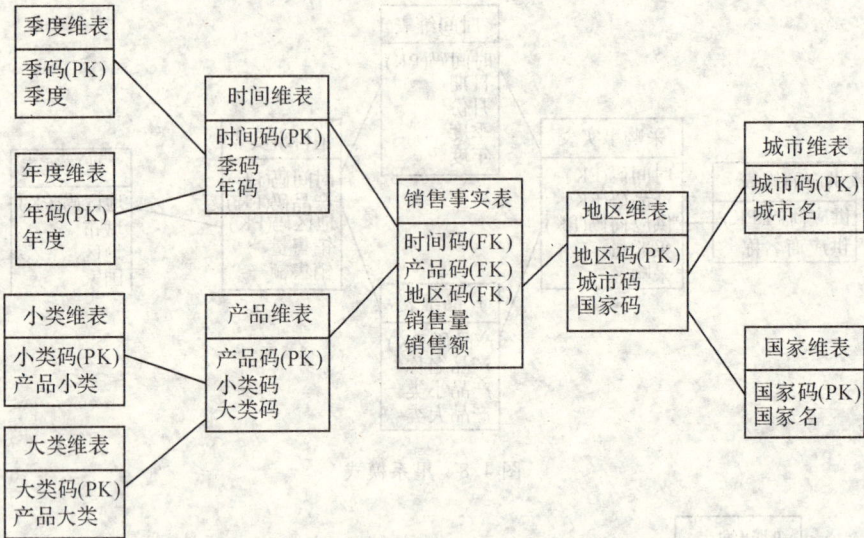

图 4.10　雪花模式

4.3　OLAP 的新发展——OLAM

OLAM 简称"联机分析挖掘",是将联机分析处理技术(OLAP)和数据挖掘技术(DM)有机地结合起来形成的一种新技术。OLAM 兼有 OLAP 多维分析的在线性、灵活性和 DM 对数据处理的深入性等特点,因而可在更高层次上满足对信息的分析和筛选要求。

下面介绍 OLAM 的特性。

4.3.1　OLAM 应该具有的功能特征

到今天为止,尚未见公开推出的 OLAM 产品。一般来说 OLAM 产品应该具有以下几点特征:

(1)OLAM 应具有极大的挖掘能力。借助 OLAP 的支持,OLAM 能挖掘任何需要的数据。

(2)OLAM 能提供灵活的挖掘算法选择机制,并提供与外部挖掘算法的通用接口。

(3)OLAM 的挖掘算法是基于多维数据模型的,可以和 OLAP 的操作灵活结合,并具有算法的回溯功能。

(4)基于客户/服务器体系结构,具有较高的执行效率和较快的响应速度,并且能够协调执行效率和挖掘结果的准确性。这主要是指在与用户交互时执行效率要高,而一旦用户选定了挖掘算法和数据空间后,则应保证最终结果的正确性。

(5)OLAM 应该具有直观灵活的可视化工具和良好的扩展性。

4.3.2 OLAM 的主要发展方向

由于 Web 技术和 OLAM 一样也是基于客户/服务器体系结构的,具有更大的开放性和界面的一致性,并且互联网上拥有取之不尽的数据资源。因此基于 Web 的 OLAP,OLAM 成为 OLAM 今后的主要发展方向是毋庸置疑的。

基于 Web 的 OLAM 的体系结构包括浏览器、WWW 服务器、OLAM 服务器和数据库/数据仓库服务器。一次典型的 OLAM 数据挖掘过程大致如下:

(1)客户在浏览器端通过表单递交数据挖掘请求至 WWW 服务器;

(2)WWW 服务器调用相应的服务器端应用程序,接受挖掘请求,并将挖掘请求传递给 OLAM 服务器;

(3)OLAM 服务器将挖掘请求解释为具体的挖掘操作与数据库/数据仓库服务器交互完成挖掘过程;

(4)OLAM 服务器将挖掘结果传给 WWW 服务器,WWW 服务器将结果生成 Web 页反馈给浏览器端的用户。

4.3.3 基于 Web 的 OLAM 须解决的问题

基于 Web 的 OLAM 必须解决以下几个问题:

(1)数据描述语言的标准化。因特网上的数据形式多样,结构性较差,采用的描述语言各不相同,从 SGML,HTML 到 DHTML,XML,缺乏统一的标准,这对 OLAM 的应用是一个很大的障碍。

(2)网络响应速度问题。

(3)OLAM 服务器的执行效率问题。

本章小结

OLAP 是数据仓库的一种典型应用。本章从理论上介绍了 OLAP 的基本概念,并解释了与 OLAP 相关的一些基本概念和术语。如:多维数据模型、度量值、维、OLAP 的基本操作等。另外,对 OLAP 与 OLTP 的联系与区别也进行了讨论。目前,OLAP 有两种典型的实现方式,MOLAP 和 ROLAP。本章讨论了这两种实现方式的特点、数据存储模型,并从查询效率、空间占用、分析能力等方面对这两种实现方式进行了对比。本章最后还简单介绍了 OLAP 的一个新发展——OLAM。

习 题

1. 什么是 OLAP ? OLAP 的体系结构及特征是怎样的?

2. 简述 OLAP 的评价准则。

3. 试解释度量值、维、多维数据集的概念。

4. 多维数据结构一般包括哪些内容? 常用的多数据分析方法有哪些?

5. 试对 MOLAP 与 ROLAP 进行比较。

6. 试述星型模型及其变型。

7. OLAP 有哪几种常用的操作?

8. 什么叫 OLAM?

第 5 章

SQL Server 数据仓库的应用与开发

学习目标

- 了解运用 SQL Server 2000 建立数据仓库的方法
- 了解运用 SQL Server 2000 进行 OLAP 数据分析的方法
- 了解运用 SQL Server 2000 建立数据挖掘模型进行数据挖掘的方法

本章关键词

SQL Server 数据库(SQL Server Database)
联机分析处理(On-Line Analytical Processing)
数据挖掘(Data Mining)

目前市场上有很多数据仓库产品,著名的数据仓库产品提供商有 Oracle,IBM,Sybase,Informix,NCR,Microsoft,SAS,CA 等。这些产品大致可分为三大类:单点产品、提供部分解决方案的产品、提供全面解决方案的产品。Microsoft 公司的 SQL Server 2000 已经在性能和可扩展性方面确立了世界领先的地位,它是一套完全的数据库和数据分析解决方案。基于 SQL Server 2000,用户可以快速创建下一代可扩展电子商务和数据仓库解决方案。Microsoft 将 OLAP 功能集成到 Microsoft SQL Server 中,并且提供可扩充的基于 COM 的 OLAP 接口。

5.1 概 述

5.1.1 Microsoft SQL Server 2000 功能简介

Microsoft SQL Server 2000 支持数据仓库的创建和应用,并提供了许多功能强大的工具和服务以帮助完成数据仓库的建立、维护,进行 OLAP 联机分析和数据挖掘。这些工具包括:关系数据库、数据转换服务、数据库复制、Analysis Services、English Query、Meta Data Services 等。这些工具的用途如下:

(1)关系数据库:SQL Server 2000 具有强大的、全功能的关系数据库引擎,并且使用关系数据库技术作为数据仓库实现的基础。

(2)数据转换服务:数据转换服务 DTS(Data Transformation Services)可以访问各种不同的数据源,提供数据输入/输出和自动调度功能,在数据传输过程中可以完成数据的验证、清洗和转换等操作。并且通过与 Microsoft Repository 集成,可以共享有关的元数据。

(3)数据库复制:数据库复制是具有许多用途的强大工具。数据库复制通常用于分发数据和协调联机事务处理系统(OLTP)中分布式数据的更新,数据库复制也可用于数据仓库。例如,将数据从中央数据仓库分发到数据集市,以及从数据准备区更新数据仓库数据,等等。

(4)Analysis Services:SQL Server 2000 Analysis Services 提供联机分析处理(OLAP)技术,用以组织大量的数据仓库数据供客户端工具进行快速分析,并提供先进的数据挖掘技术以分析和发现隐含在数据仓库数据中的信息。

　　(5)English Query：English Query 提供用英语对数据仓库进行访问的机制。English Query 是用于创建客户端应用程序的开发工具,使客户端应用程序可以将英语转换为 SQL 语法以查询关系数据库,或者转换为多维表达式(MDX)语法以查询 OLAP 多维数据集。可以开发专用的数据仓库的 English Query 模型,以便将高级复杂的 SQL 或 MDX 查询简化为简单的英文问题。

　　(6)Meta Data Services：在 SQL Server 2000 的多种不同工具中,有许多可将中央知识库的元数据存储到 msdb 系统数据库中。SQL Server 2000 Meta Data Services 提供用于查看这些元数据的浏览器,并提供用于开发自定义元数据应用程序的应用程序接口。

5.1.2　Analysis Service 的安装与启动

　　本章主要讲述如何使用 Analysis Service 创建及使用数据仓库的方法和步骤。为此首先简单介绍 Analysis Service 的安装和启动。

　　为了使用 SQL Server 2000 的数据仓库进行在线数据分析,除了安装数据库服务器外,还必须安装 Analysis Service。使用 SQL Server 2000 安装盘,选择安装组件,即可进入以下界面(见图 5.1)。按照提示即可完成安

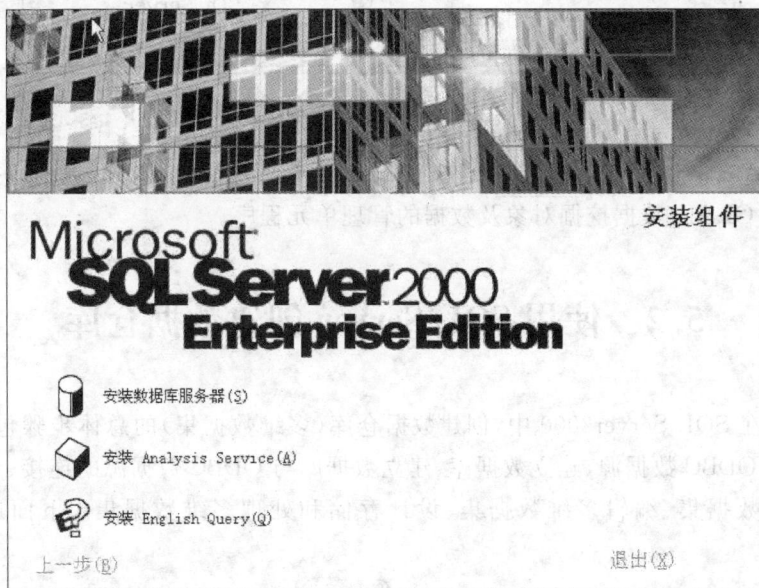

图 5.1　Analysis Service 的安装

装过程。

要启动 Analysis Service,单击"开始","程序","Microsoft SQL Server","Analysis Service","Analysis Manager",即可进入 Analysis Manager 的工作界面,如图 5.2 所示。

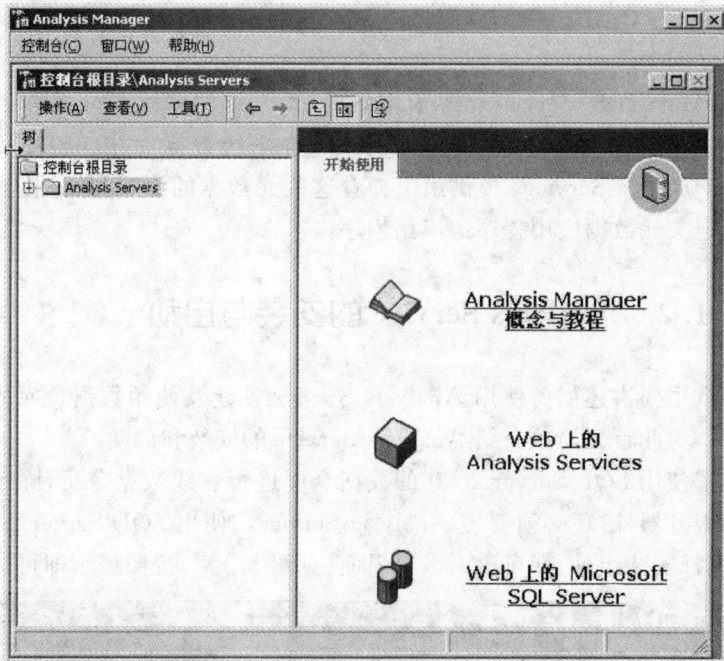

图 5.2　Analysis Manager 的工作界面

Analysis Manager 是一个在 Microsoft 管理控制台（MMC）上运行的管理 OLAP、数据挖掘对象及数据的管理单元程序。

5.2　使用 SQL Server 创建数据仓库

在 SQL Server2000 中,创建数据仓库（多维数据集）的总体步骤包括:设置 ODBC 数据源、建立数据库、建立数据库与 ODBC 数据源的连接、建立多维数据集、编辑多维数据集、设计存储和处理多维数据集。下面逐一介绍。

5.2.1　设置 ODBC 数据源

Microsoft SQL Server 2000 的 Analysis Service 提供了一个样本数据集,存放在名为 foodmart2000.mdb 的 ACCESS 数据库中,而且,在安装时已经自动建立了数据源。如果是用户自己建立的数据集,则在开始使用 Analysis Manager 之前,必须首先在 ODBC 数据源管理器中设置相应的系统数据源,以便 Analysis Service 能够通过系统数据源与源数据连接,从而进行联机分析处理。但如果源数据本身就是存放在 SQL Server 中的,则不需要本过程。

下面以样本数据集 foodmart2000.mdb 为例,介绍设置系统数据源的方法。

(1) 进入数据源管理器。

对于 Windows NT 4.0 的用户:单击"开始"按钮,指向"设置",单击"控制面板",然后双击"数据源（ODBC）"。

对于 Windows 2000 的用户:单击"开始"按钮,指向"设置",单击"控制面板",然后双击"管理工具",再双击"数据源（ODBC）"。

(2) 在"系统 DSN"选项卡上单击"添加"按钮。

(3) 选择相应的驱动程序,本例中为"Microsoft Access Driver (∗.mdb)",然后单击"完成"按钮,弹出新的对话框。

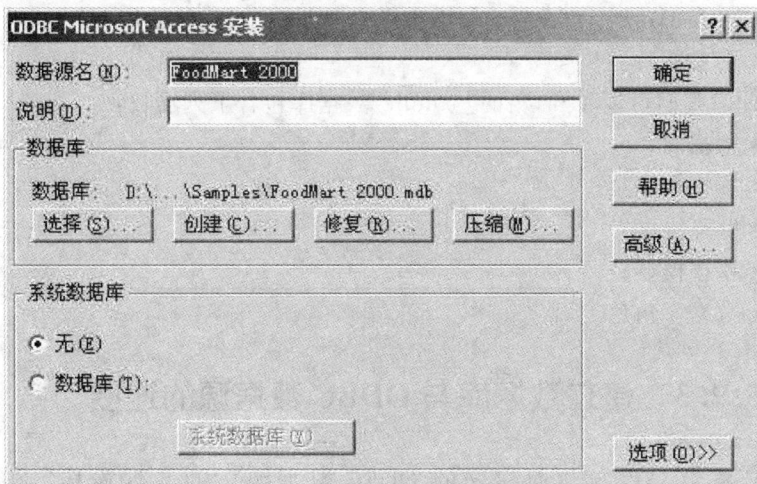

图 5.3　配置 ODBC 数据源

(4) 在"数据源名"框中,输入用户自定的数据源名称(此处为 "FoodMart2000"),然后在"数据库"下,单击"选择"。

(5) 在"选择数据库"对话框中,浏览到"D:\Program Files\Microsoft Analysis Services\Samples"(此处假定 Analysis Services 的安装目录为 D:\Program Files \ Microsoft Analysis Services),然后单击 "FoodMart2000.mdb"。单击"确定"按钮,如图 5.3 所示。

(6) 单击"确定"按钮。在"ODBC 数据源管理器"对话框中再一次单击 "确定"按钮,完成数据源的设置。

5.2.2 建立数据库

在设计多维数据集前,需要建立一个数据库结构。此处的数据库是指在其中存放多维数据集、角色、数据源、共享维度和挖掘模型的一种结构。然后需要和早期在 ODBC 数据源管理器中建立的数据源连接。

建立数据库结构的操作步骤:

(1) 在 Analysis Manager 树视图中展开"Analysis Services"。

(2) 单击服务器名称,即可建立与 Analysis Services 的连接。

(3) 右击服务器名称,然后单击"新建数据库"命令。

(4) 在"数据库"对话框中的"数据库名称"框中,输入要建立的数据库的名称(此处假定为 sample),然后单击"确定"按钮。

(5) 在 Analysis Manager 树窗格中展开服务器,然后展开刚才创建的 "sample"数据库。

此时我们可以看到,新的"sample"数据库包含下列项目:

- 数据源;
- 多维数据集;
- 共享维度;
- 挖掘模型;
- 数据库角色。

5.2.3 建立数据库与 ODBC 数据源的连接

要将数据库与前面建立的 ODBC 数据源中的数据连接,必须在 Analysis Manager 中建立一个数据源,通过它将数据库连接到在 ODBC 数据源管理器中建立的系统数据源名称(DSN)上。以后多维数据集中的数据都将来自这个数据源。

在 Analysis Manager 中建立数据源的步骤如下：

（1）在 Analysis Manager 树窗格中，右击"sample"数据库下的"数据源"文件夹，然后单击"新数据源"命令。

（2）在"数据链接属性"对话框中，单击"提供者"选项卡，然后单击"Microsoft OLE DB Provider for ODBC Drivers"，如图 5.4 所示。

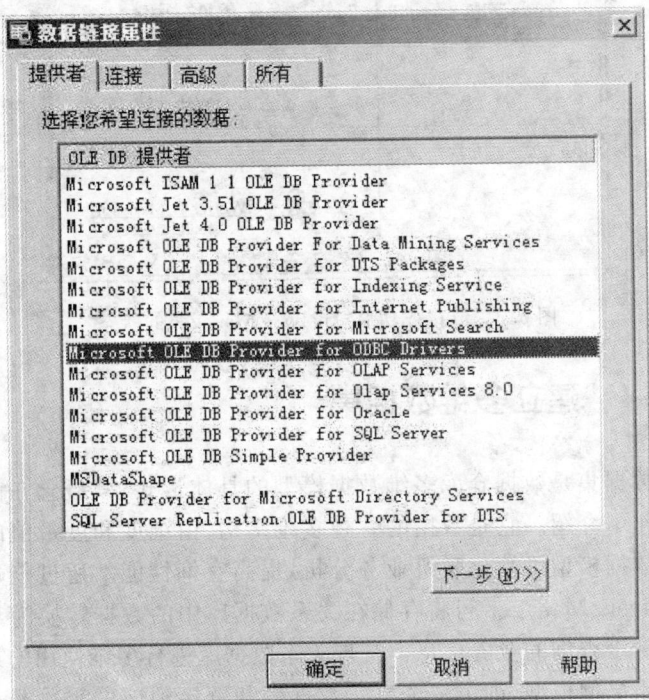

图 5.4　选择数据链接的提供者

（3）单击"连接"选项卡，然后从"使用数据源名称"列表中单击"foodmart 2000"。

（4）单击"测试连接"以确保一切工作正常。在"Microsoft 数据链接"对话框中应出现一条消息，说明连接成功。在消息框中单击"确定"按钮。

（5）单击"确定"按钮关闭"数据链接属性"对话框。

此时，Analysis Manager 的状态应该如图 5.5 所示。

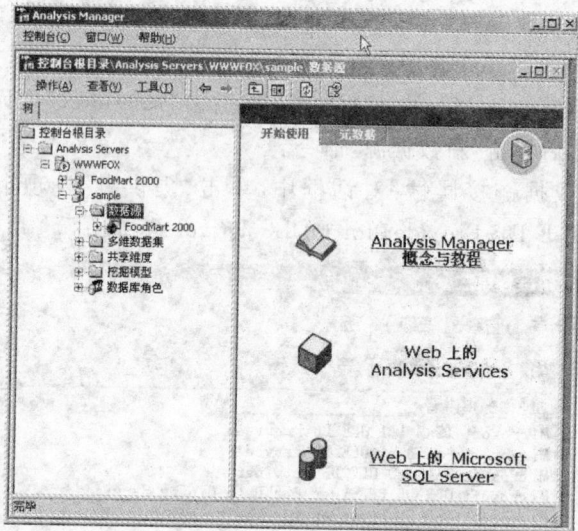

图 5.5　链接成功后 Analysis Manager 的状态

5.2.4　建立多维数据集

多维数据集是数据仓库多维数据模型的具体形式,其概念在前面的章节中已经作了介绍。它是数据的一种多维结构,由维度和度量值的集合构成。多维数据模型可简化联机业务分析,提高查询性能。通过创建多维数据集,Analysis Manager 可将存储在关系数据库中的数据转换为具有实际含义并且易于查询的业务信息。管理关系数据库进行多维使用的最常用的方式是使用星型模型,即由一个事实数据表和链接到该事实数据表的多个维度表组成的结构。

例如,样本数据库中的数据来源于一家大型的连锁店 FoodMart,该连锁店在美国、墨西哥和加拿大有销售业务。市场部想要按产品和顾客两个方面来分析 1998 年进行的所有销售业务数据。使用存储在公司数据仓库中的数据建立多维数据集,可以使市场分析人员查询数据库时获取快速的响应。

多维数据集可以使用多维数据集向导来建立,步骤如下:

(1)启用向导

在 Analysis Manager 树窗格中,"sample"数据库下,右击"多维数据集"文件夹,单击"新建多维数据集"菜单,然后单击"向导"命令,出现如图 5.6 所示的对话框。

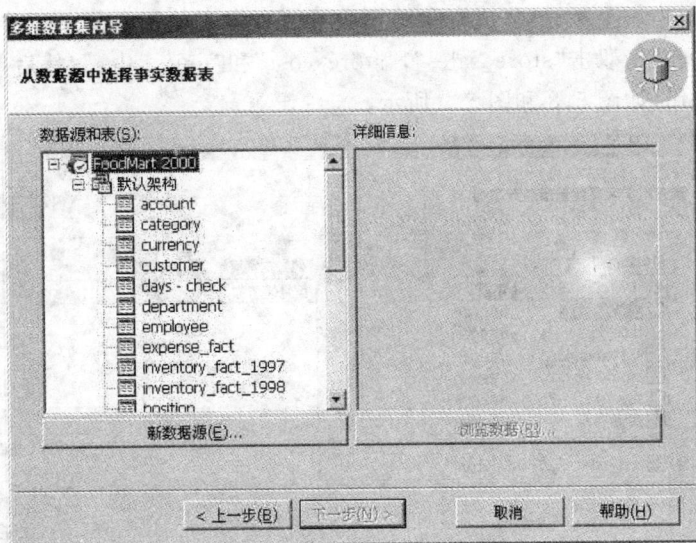

图 5.6　多维数据集向导——选择事实表

（2）建立事实表

事实表中包含各种度量度量值。按下述步骤建立事实表，增加度量值。

在"从数据源中选择事实数据表"步骤，展开"FoodMart 2000"数据源，然后单击"sales_fact_1998"。单击"浏览数据"按钮可以查看"sales_fact_1998"表中的数据。数据浏览完毕后，关闭"浏览数据"窗口，然后单击"下一步"按钮，如图 5.7 所示。

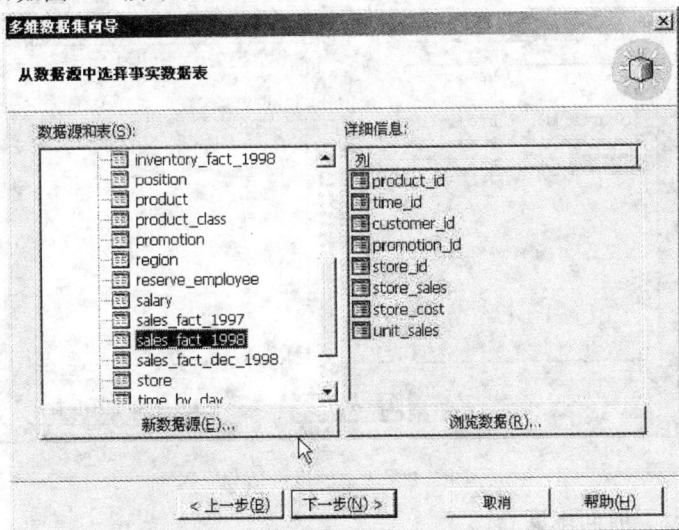

图 5.7　选定事实表

选择销售金额、销售成本和销售数量为事实表的度量值,在"事实数据表数据列"下,双击"store_sales","store_cost"和"unit_sales",然后单击"下一步"按钮,如图5.8和图5.9所示。

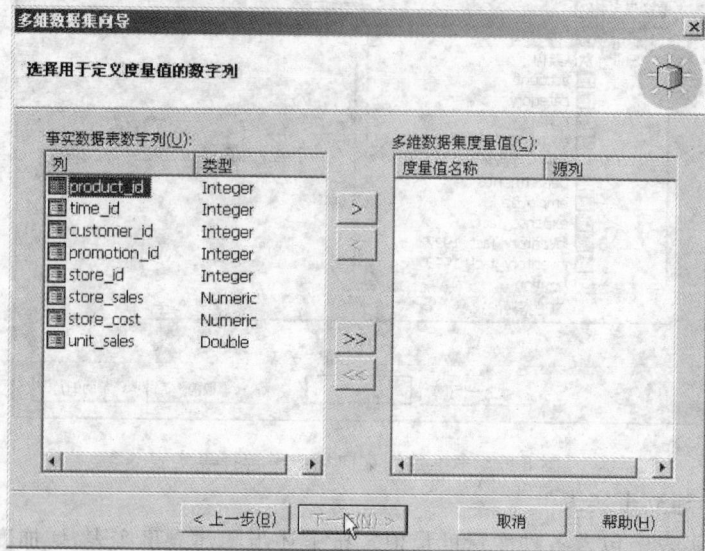

图5.8 选择事实表的度量值列

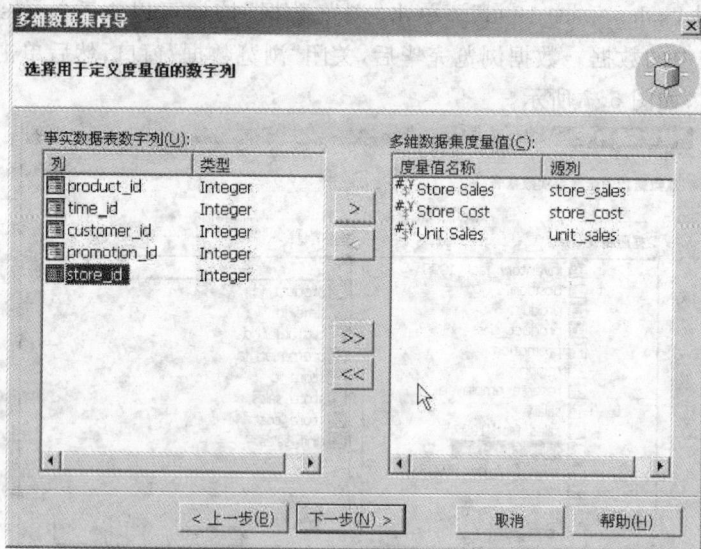

图5.9 选定的度量值列

(3)建立时间维度表

在向导的"选择多维数据集的维度"步骤,单击"新建维度"命令。此操作将调用维度向导,如图 5.10 所示。

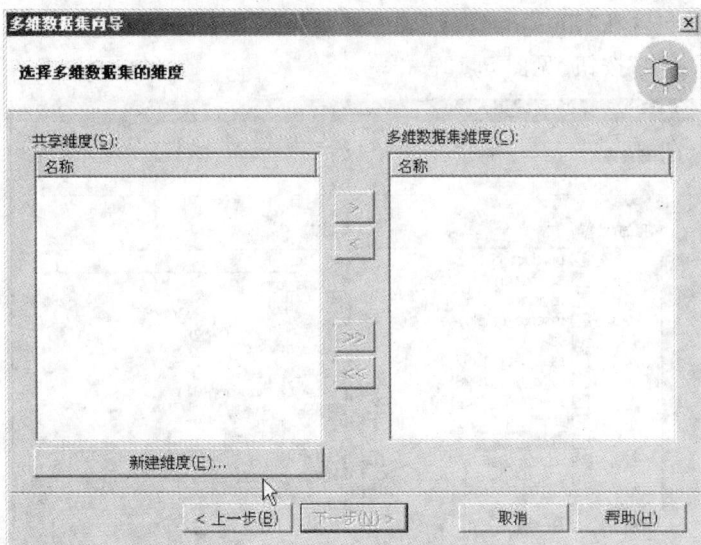

图 5.10　新建维度

在维度向导的"欢迎"步骤,单击"下一步"按钮。

在"选择维度的创建方式"步骤,选择"星型架构:单个维度表"选项,然后单击"下一步"按钮,如图 5.11 所示。

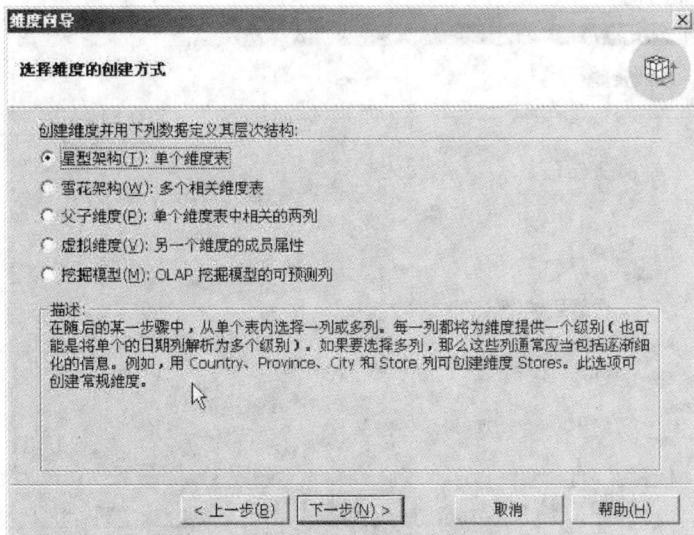

图 5.11　维度向导——选择维度创建方式

在"选择维度表"步骤,单击表"time_by_day"。再单击"浏览数据"按钮可以查看包含在"time_by_day"表中的数据。查看完"time_by_day"表后,单击"下一步"按钮,见图 5.12。

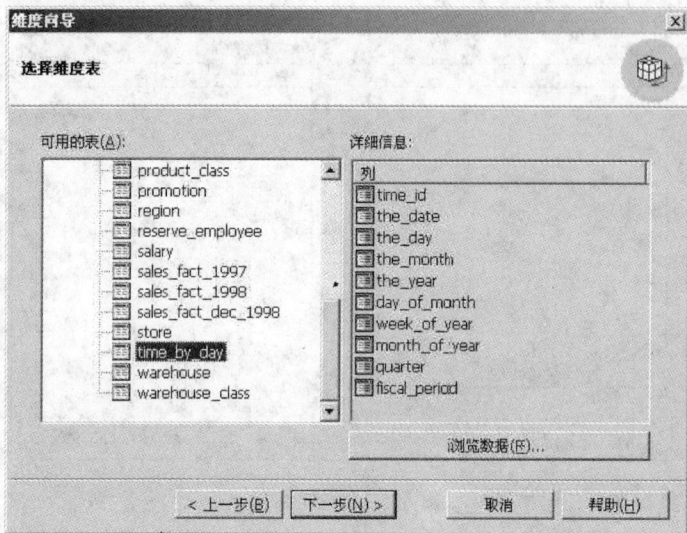

图 5.12　选择维度表

在"选择维度类型"步骤,选择"时间维度"选项,然后单击"下一步"按钮,见图 5.13。

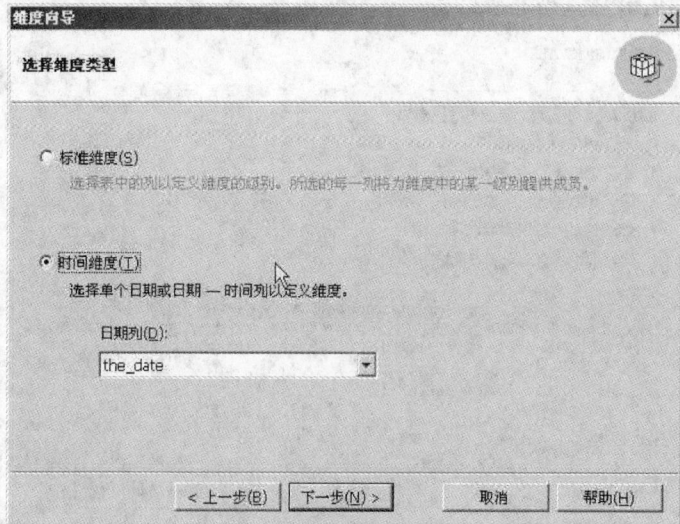

图 5.13　选择维度类型

接下来,将定义维度的级别。在"创建时间维度级别"步骤,单击"选择时间级别",单击"年、季度、月",然后单击"下一步"按钮,见图 5.14。

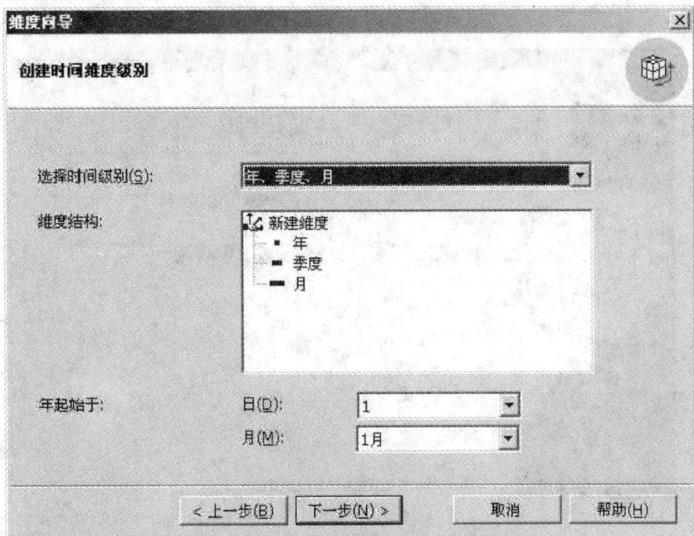

图 5.14   创建时间维度级别

在"选择高级选项"步骤,单击"下一步"按钮,见图 5.15。

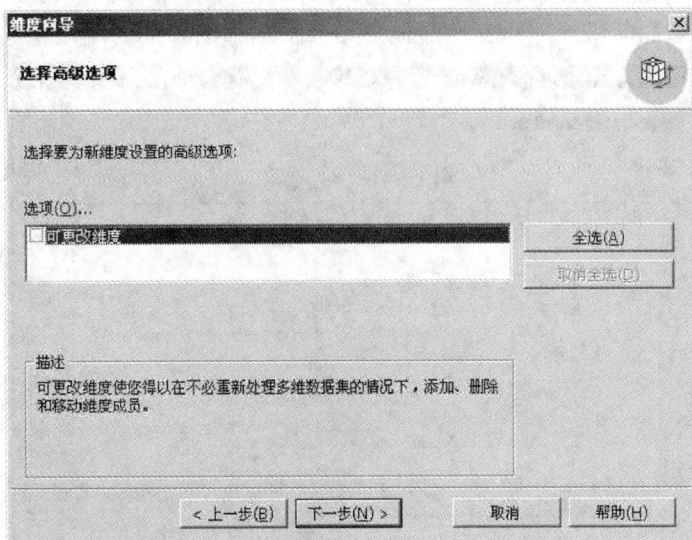

图 5.15   选择高级选项

在向导的最后一步,输入"Time"作为新维度的名称,见图 5.16。

注意:在使用"与其他多维数据集共享此维度"复选框时,可以指定此维度是共享的,还是专用的。该复选框位于屏幕的左下角。保持该复选框的选中状态,使该维度成为共享维度。

图 5.16 指定维度名称和共享属性

单击"完成"返回到多维数据集向导。现在,在多维数据集向导中,应能在"多维数据集维度"列表中看到"Time"维度,如图 5.17 所示。

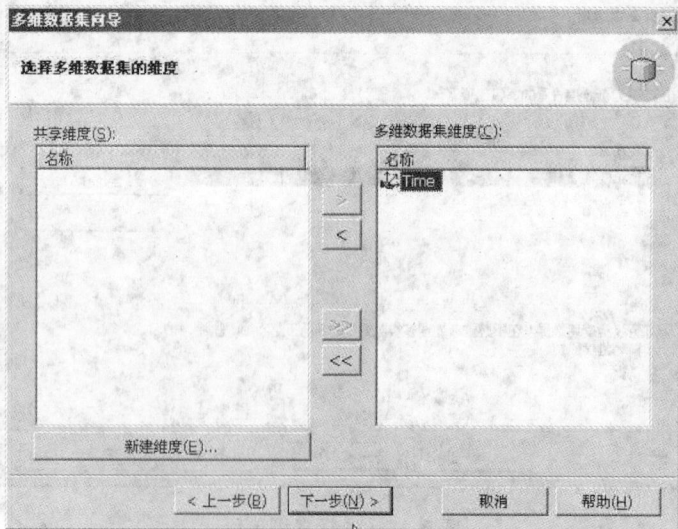

图 5.17 创建好的时间维度

（4）建立产品维度

在建立时间维度之后，再次单击"新建维度"命令。在"欢迎进入维度向导"步骤，单击"下一步"按钮。

在"选择创建维度的方式"步骤，选择"雪花架构：多个相关维度表"选项，然后单击"下一步"按钮。

在"选择维度表"步骤，双击"Product"和"product_class"将它们添加到"选定的表"中。单击"下一步"按钮。

在维度向导的"创建和编辑联接"步骤，显示在上一步选定的两个表以及它们之间的联接。单击"下一步"按钮，见图 5.18。

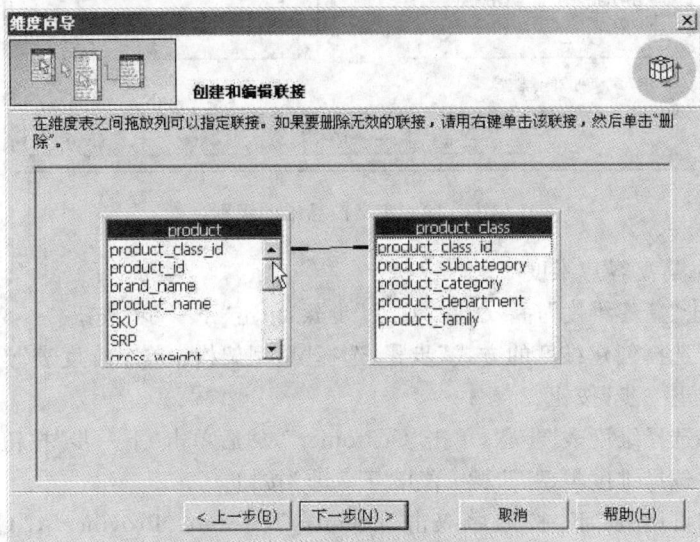

图 5.18 创建和编辑联接

在产品维度中。我们要定义三个维度级别，依次是产品类、产品子类和品牌。为此，在"可用的列"下，按顺序双击"product_category"，"product_subcategory"和"brand_name"。双击每列后，其名称显示在"维度级别"下。在选择了所有三列后，单击"下一步"按钮。操作结果如图 5.19 所示。

在"指定成员键列"步骤，单击"下一步"按钮。

在"选择高级选项"步骤，单击"下一步"按钮。

在向导的最后一步，在"维度名称"框中，输入"Product"，并保持"与其他多维数据集共享此维度"复选框为选中状态。单击"完成"按钮。现在应能在"多维数据集维度"列表中看到"Product"维度。

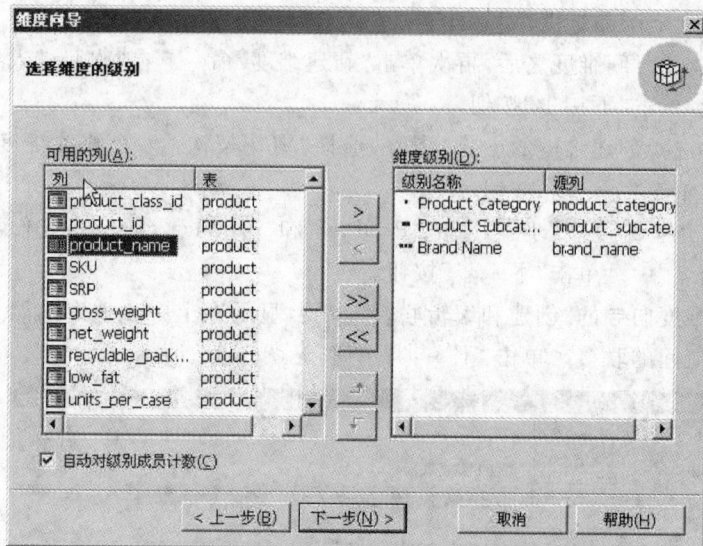

图 5.19 定义产品维的级别

（5）建立客户维度

单击"新建维度"命令。在"欢迎"步骤，单击"下一步"按钮。

在"选择创建维度的方式"步骤，选择"星型架构：单个维度表"选项，然后单击"下一步"按钮。

在"选择维度表"步骤，单击"Customer"，然后单击"下一步"按钮。

在"选择维度类型"步骤，单击"下一步"按钮。

在"可用列"下，按顺序双击"Country"，"State_Province"，"City"和"lname"列，定义客户维度的级别。双击每一列后，其名称将显示在"维度级别"下方。选择完所有四个列之后，单击"下一步"按钮。

在"指定成员键列"步骤，单击"下一步"按钮，见图 5.20。

在"选择高级选项"步骤，单击"下一步"按钮。

在向导的最后一步，在"维度名称"框中，输入"Customer"。保持"与其他多维数据集共享此维度"复选框的选中状态。单击"完成"按钮。现在应能在多维数据集向导中的"多维数据集维度"列表中看到"Customer"维度。

（6）建立商店维度

单击"新建维度"命令。在"欢迎"步骤，单击"下一步"按钮。

在"选择创建维度的方式"步骤，选择"星型架构：单个维度表"选项，然后单击"下一步"按钮。

在"选择维度表"步骤，单击"Store"，然后单击"下一步"按钮。

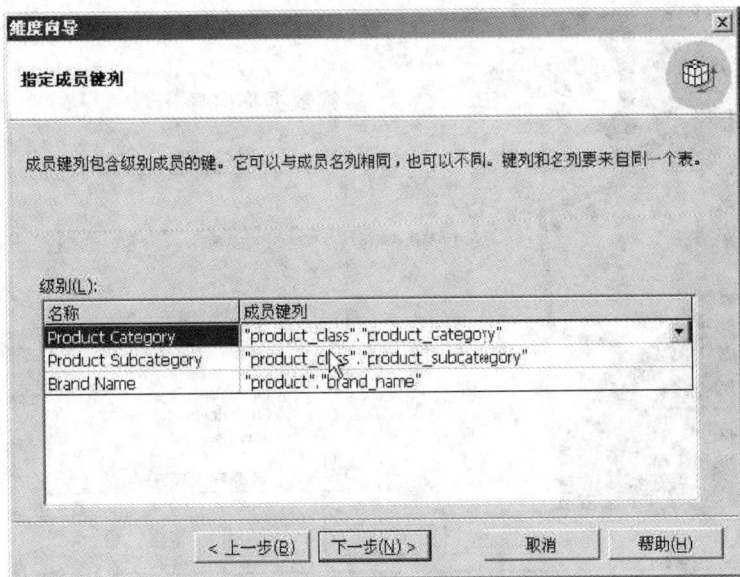

图 5.20　指定成员键列

在"可用列"下,按顺序双击"store_country"、"store_state"、"store_cit-y"和"store_name"列,定义商店维度的级别。双击每一列之后,其名称将显示在"维度级别"框下。选择了所有四个列之后,单击"下一步"按钮。

在"指定成员键列"步骤,单击"下一步"按钮。

在"选择高级选项"步骤,单击"下一步"按钮。

在向导的最后一步,在"维度名称"框中,输入"Store",并保持"与其他多维数据集共享此维度"复选框的选中状态。单击"完成"按钮。此时,应该能够在多维数据集向导的"多维数据集维度"列表中看到"Store"维度。

(7) 生成多维数据集

在建立四个维度之后,在多维数据集向导中,单击"下一步"按钮。

在"事实数据表行数"提示对话框出现时,单击"是"按钮,见图 5.21。

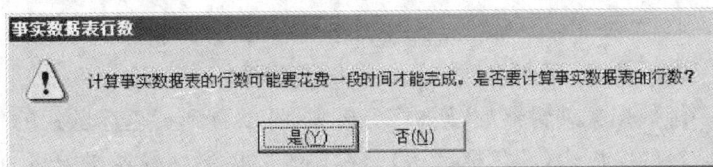

图 5.21　计算事实表的行数

多维数据集生成后,将出现如图 5.22 所示的对话框。

将多维数据集命名为"Sales",然后单击"完成"按钮。

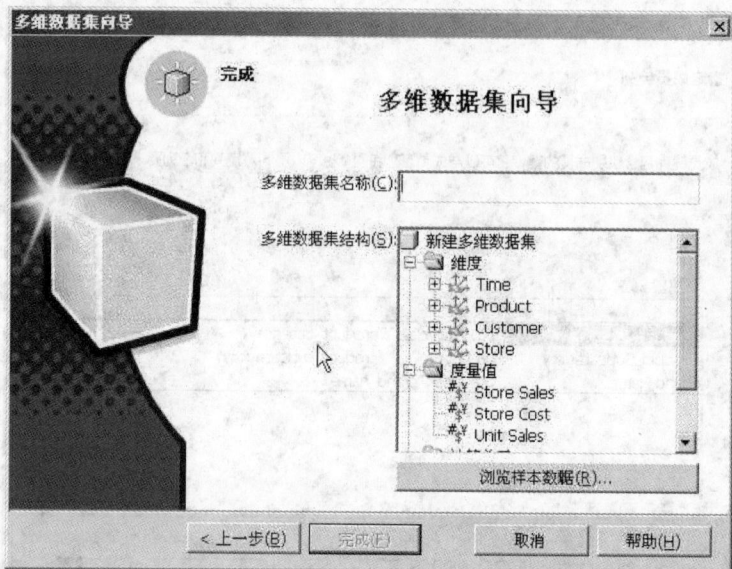

图 5.22　完成多维数据集的创建

向导将关闭并随之启动多维数据集编辑器,其中包含刚刚创建的多维数据集。蓝色标题栏的是维度表,黄色标题栏的是事实表。对表进行排列,使其符合图 5.23 所示的样子。

此时,已进入多维数据集编辑器。如果不想马上编辑,请在关闭多维数据集之前先保存更改,并在出现其他提示时,一律选择"否"。

5.2.5　编辑多维数据集

多维数据集创建之后,仍然可以使用多维数据集编辑器对现有多维数据集进行更改,包括删除、添加维度,新建、删除度量值等。

若已经在多维数据集编辑器中(如图 5.23 所示),则可以马上开始编辑工作,否则,在 Analysis Manager 树窗格中右击一个现有的多维数据集,然后单击"编辑"命令,可以启动多维数据集编辑器。

在多维数据集编辑器的"架构"窗格中,可以看到黄色标题栏的事实数据表及联接的维度表(蓝色标题栏)。在多维数据集编辑器树窗格中,可以在层次树中预览多维数据集的结构。当选中树窗格中的某项目时,单击左窗格底部的"属性"按钮,可以查看或编辑多维数据集相应的属性。

现在介绍如何使用多维数据集编辑器向现有多维数据集添加维度。

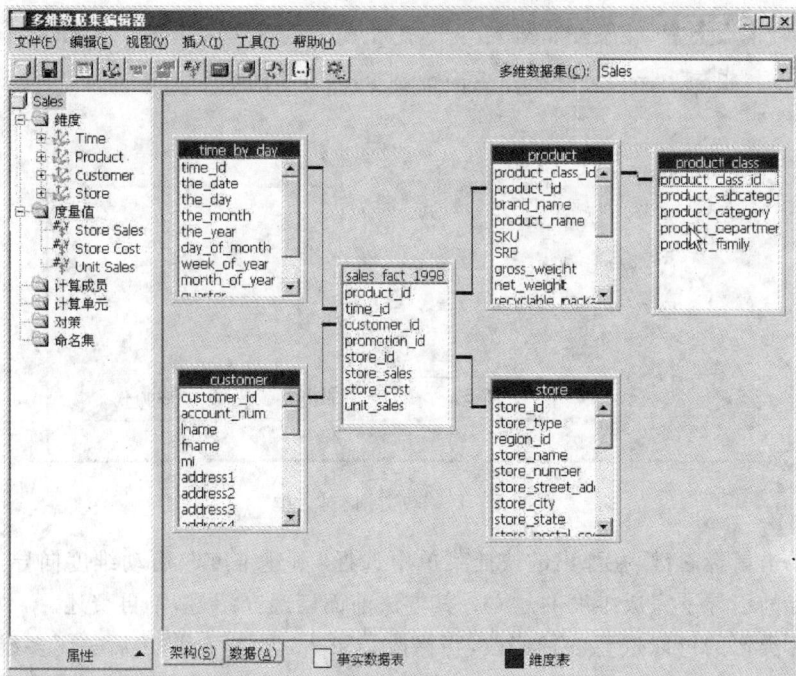

图 5.23　建立的多维数据集

假定我们需要添加一个新维度以提供有关产品促销的数据，则可以按如下步骤完成。

（1）在多维数据集编辑器中，在"插入"菜单上单击"表"命令。

（2）在"选择表"对话框中，单击"promotion"表，单击"添加"按钮，则"promotion"表成为一个新的维度表。之后可单击"关闭"按钮。

（3）要将"promotion"表中的"promotion_name"列定义为新的维度，可以双击该列，此时会出现如图 5.24 所示的"映射列"对话框。

（4）在"映射列"对话框中选择"维度"选项，然后单击"确定"按钮，则树视图中出现了一个新的维度"Promotion Name"。

（5）右击树视图中的"Promotion Name"维度。在快捷菜单中选择"重命名"命令，将该维度的名称改为"Promotion"。

注意：默认情况下，使用本方法生成的维度为专用维度，即只能用于当前所处理的多维数据集，而不能与其他多维数据集共享。它们不显示在 Analysis Manager 树视图中的"共享维度"文件夹中。当通过维度向导创建此类维度时，可以使其在多维数据集之间共享。

新建维度的另一种方法是在多维数据编辑器的树视图的"维度"文件夹

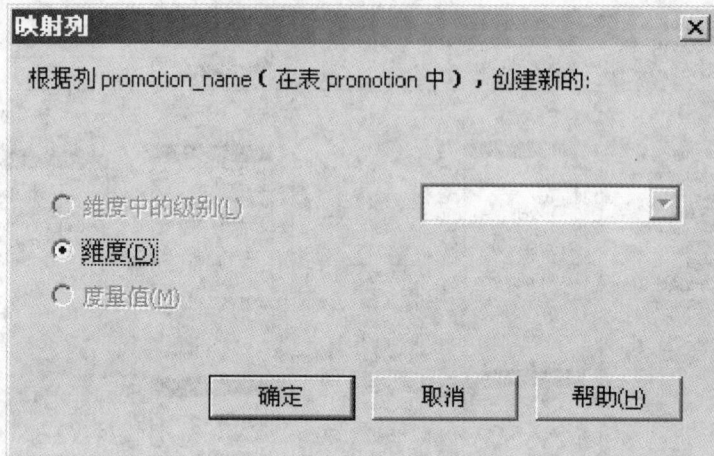

图 5.24 "映射列"对话框

中单击鼠标右键,在弹出的快捷菜单中选择"新建维度",启动维度向导,在向导的引导下完成维度的建立。其方法前面已经介绍过,不再赘述。

类似的可以进行各种修改,当修改结束后,应该存盘,然后关闭多维数据集编辑器。当系统提示您是否设计存储时,单击"是",可以马上进入多维数据集存储模式的设计;单击"否",可以以后设计存储。

5.2.6 设计存储和处理多维数据集

Microsoft SQL Server 2000 Analysis Services 支持三种存储模式:多维 OLAP(MOLAP)、关系 OLAP(ROLAP)或混合 OLAP(HOLAP)。Analysis Services 允许设置聚合,即预先计算好的汇总数据,利用这些数据可以极大地提高查询的效率,缩短查询的响应时间。

多维数据模型建立好之后,必须指定多维数据集中的数据和聚合的物理存储选项,进行相应的数据处理,计算为多维数据集所设计的聚合,并为多维数据集装载已计算的聚合和数据。之后才能使用或浏览多维数据集中的数据,进行数据分析。

下面我们介绍选择 MOLAP 作为存储模式,创建 Sales 多维数据集的聚合设计,然后处理该多维数据集的步骤。处理 Sales 多维数据集时将从 ODBC 数据源中装载数据并按照聚合设计中的定义计算汇总值。

使用存储设计向导设计存储。

(1)在 Analysis Manager 树窗格中,在"sample"数据库下展开"多维数

据集"文件夹,右击"Sales"多维数据集,然后单击"编辑"命令。

(2)选择"工具"菜单中的"设计存储",弹出设计存储向导,单击"下一步"按钮。

(3)选择"MOLAP"作为数据存储类型,然后单击"下一步"按钮。

(4)在"设置聚合选项"下单击"性能提升达到"。在此框中输入欲达到的查询性能提升百分比,此处我们输入"40",指示 Analysis Services 将性能提升 40%,而不管需要多大的磁盘空间。在实际实施时,可以通过设置一个合适的值,来取得查询性能需求和存储聚合数据所需磁盘空间大小之间的平衡。

(5)单击"开始"按钮,则 Analysis Services 自动设计聚合,并且在右侧显示"性能与大小"的曲线图,从中可以看出增加性能提升对使用额外磁盘空间的需求,如图 5.25 所示。

完成设计聚合的进程之后,单击"下一步"按钮。

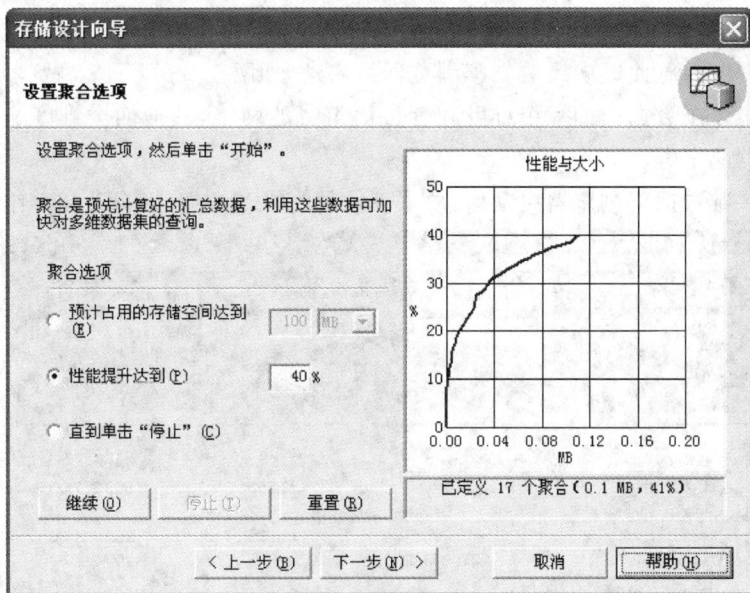

图 5.25　存储设计向导

在"您希望做什么?"下选择"立即处理",然后单击"完成"按钮,则 Analysis Manager 开始处理聚合并显示相应的进程,这需要花费一些时间。处理完成之后,单击"关闭"按钮,返回 Analysis Manager。

5.3 使用 SQL Server 进行联机分析处理

经过前面的处理,就可以对多维数据集中的数据进行分析处理了。分析工作使用多维数据集浏览器来完成。可以用不同的方式查看数据,如筛选出可见的维度数据量(切片/切块),可以下钻以查看数据的细节,还可以上钻以查看较为概括的数据,等等。

下面将介绍如何使用多维数据集浏览器对 Sales 多维数据集进行各种分析操作。

5.3.1 启动或关闭多维浏览器

在 Analysis Manager 树窗格中,右击"Sales"多维数据集,然后单击"浏览数据"命令,此时多维数据集浏览器被启动,如图 5.26 所示。浏览器中显示了由多维数据集的一个维度和度量值组成的网格,其他四个维度显示在浏览器的上方。

多维数据集浏览器启动后,单击下方的"关闭"按钮,即可关闭多维数据

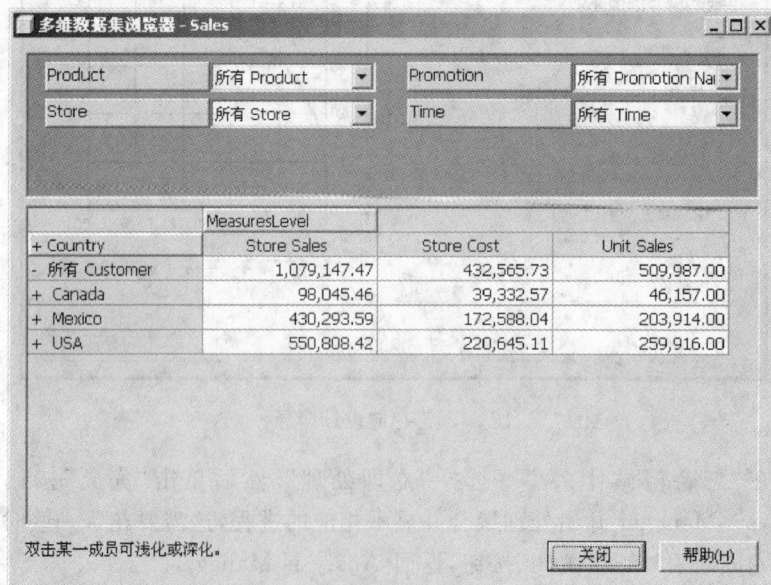

	MeasuresLevel		
+ Country	Store Sales	Store Cost	Unit Sales
- 所有 Customer	1,079,147.47	432,565.73	509,987.00
+ Canada	98,045.46	39,332.57	46,157.00
+ Mexico	430,293.59	172,588.04	203,914.00
+ USA	550,808.42	220,645.11	259,916.00

图 5.26 多维数据集浏览器

集浏览器。

5.3.2 替换网格中的维度(旋转)

要用另一个维度替换网格中的维度,拖动上方框中的维度到网格中要与其交换的维度列上,当鼠标指针的形状为双向箭头时,松开鼠标即可。

如果想将维度添加到网格,而不是与另一个维度进行替换,则将该维度拖动到网格的中间即可。

使用这种拖放方法,选择"Product"维度按钮并将其拖动到网格上,然后直接放在"Measures"上方。"Product"维度和"Measures"维度在多维数据集浏览器中将交换位置。

5.3.3 筛选数据(切片/切块)

通过在维度框中选择相应的维度值,即可筛选出相应的数据。例如:要查看 1998 年第一季度的数据,可以单击"Time"维度旁边的箭头,展开"所有 Time"和"1998"节点,然后单击"Quarter 1",则网格中的数据被筛选为仅反映该 1998 年第一季度情况的数字,见图 5.27。

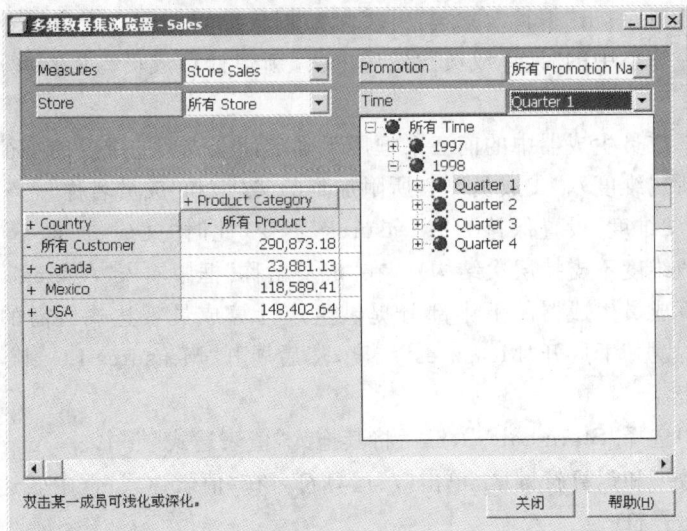

图 5.27 在多维数据浏览器中进行切片操作

5.3.4 如何深化或浅化观察数据(下钻/上钻)

双击前面带"＋"号的维度成员,则其下级成员被"展开",从而可以观察到更详细的数据,这叫做"深化"(下钻)。双击前面带"－"号的维度成员,则其下级维度成员被"折叠",观察到的是更概括的数据,这叫做"浅化"(上钻)。

5.3.5 创建和使用计算成员

可以将多维数据集数据、算术运算符、数字和/或函数组合起来创建自定义的度量值或维度成员,这些度量值和维度成员称为计算成员。使用计算成员可以将原始数据建模为有意义的业务指示符来增加分析的价值。计算成员的数据值并不保存,每次分析需要计算成员时才进行计算。

例如 Sales 多维数据集中并没有每个商店售出产品的平均产品价格数据,若想观察这种数据就可以创建一个计算成员。创建的方法如下:

平均产品价格＝Store_sales/ unit_sales

在 Analysis Manager 树窗格中,右击"sample"数据库下的"Sales"多维数据集,然后单击"编辑"命令打开多维数据集编辑器。右击多维数据集编辑器的左窗格中的"计算成员",然后单击"新建计算成员"进入计算成员生成器。

计算成员生成器中的前三个框用于确定计算成员的维度的特征:"父维度"(其所属维度)、"父成员"(其所附加到的父代)和"成员名称"。

将"父维度"设置保持为"Measures"不变(此时"父成员"框不可用,因为度量值维度不支持层次结构)。在"成员名称"框中输入"Average price"。

计算成员生成器的下半部分提供生成计算成员表达式所需的全部组件。在"数据"下展开"Measures"维度,然后展开"Measures Level",出现度量值列表。

从中选择"Store Sales",然后将其拖入"值表达式"框中。

在数字和运算符键区,单击"/"运算符。在"值表达式"框中表达式的末尾出现运算符。

在"数据"下选择"Unit sales"度量值,然后拖至"值表达式"框中表达式的末尾。则表达式为"[Measures].[Store Sales]/[Measures].[Unit Sales]"。

单击"确定"按钮,完成计算成员的定义,回到多维数据编辑器中。此时可以看到新创建的计算成员 Average price 已经出现在"计算成员"文件夹中。计算成员定义好后,可以像度量值一样被查看,如图 5.28 所示。

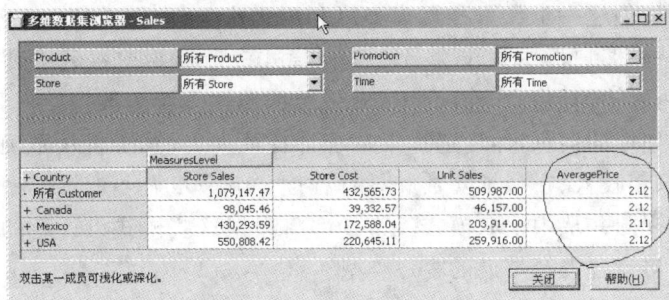

图 5.28　创建计算成员

综合运用上述方法,可以从不同的角度、不同的层次观察分析数据,有助于获得有价值的信息,从而起到辅助决策的作用。

5.4　使用 SQL Server 进行数据挖掘

数据挖掘对查找和描述特定多维数据集中的隐藏模式(知识)非常有用。因为多维数据集中的数据增长很快,所以完全依靠人工对数据进行分析来发现隐藏的知识可能非常困难。数据挖掘技术提供的算法允许软件自动进行模式查找(知识发现)及交互式分析,是充分利用企业积累的大量数据,从中寻找知识以辅助企业经营决策的有力工具。

进行数据挖掘必须创建数据挖掘模型,它是一种包含运行特定数据挖掘任务所需的全部设置的模型。

SQL Server 的 Analysis Service 可以对关系数据库和多维数据集中的数据进行数据挖掘。而且,由于 SQL Server 具有可扩展性,第三方工具也能够与 SQL Server 的数据挖掘工具组装使用。

下面通过两个例子,说明 SQL Server 建立、使用数据挖掘模型进行数据挖掘的过程。这两个例子基于如下背景材料:

FoodMart 公司的市场部希望通过采取以下两个措施来提高客户满意度和客户保有率。其一是对会员卡方案重新进行定义,以便更好地为客户提供服务并且使所提供的服务能够更加接近客户的期望。其二是创办《每周赠券》杂志,将杂志送给客户群,以鼓励他们光顾 FoodMart 商店。为了重新定义会员卡方案,市场部想通过分析当前销售事务来找出客户统计信息(婚姻状况、年收入、在家子女数,等等)和所申请的会员卡之间的模式。然后根据这些信息和申请会员卡的客户的特征重新定义会员卡。

我们将创建一个数据挖掘模型以利用销售数据,并使用"Microsoft 决策树"算法在客户群中找出会员卡选择模式。请将要挖掘的维度(事例维度)设置为客户,再将 Member_Card 成员的属性设置为数据挖掘算法识别模式时要使用的信息,然后选择人口统计特征列表,算法将从中确定模式:婚姻状况、年收入、在家子女数和教育程度。下一步需要训练模型,以便能够浏览树视图并从中读取模式。市场部将根据这些模式设计新的会员卡,使其适应申请各类会员卡的客户类型。

5.4.1 运用决策树数据挖掘技术创建揭示客户模式的数据挖掘模型

(1)创建数据挖掘模型——客户决策树

在 Analysis Manager 树视图中,展开"多维数据集"文件夹,右击"Sales"多维数据集,然后选择"新建挖掘模型"命令,打开挖掘模型向导。在"选择数据挖掘技术"步骤中的"技术"框中选择"Microsoft 决策树",如图 5.29 所示。

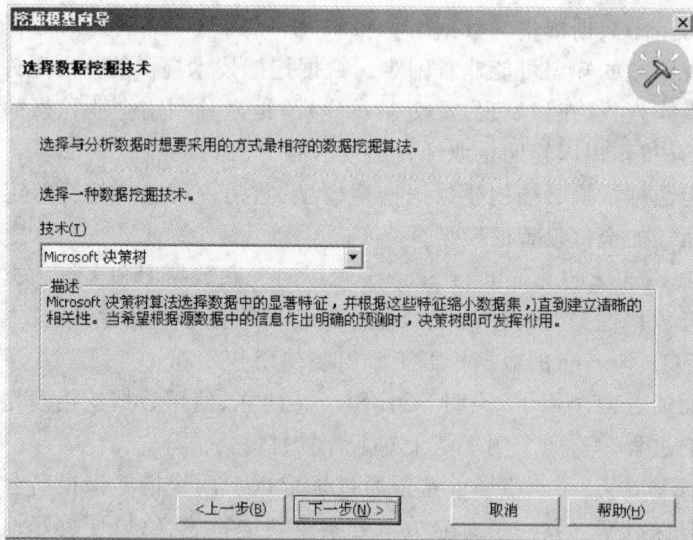

图 5.29 挖掘模型向导——决策树

单击"下一步"按钮,在"选择事例"步骤中,在"维度"框中选择
"Customer"。在"级别"框中,确保选择了"Lname"。单击"下一步"按钮,见
图 5.30。

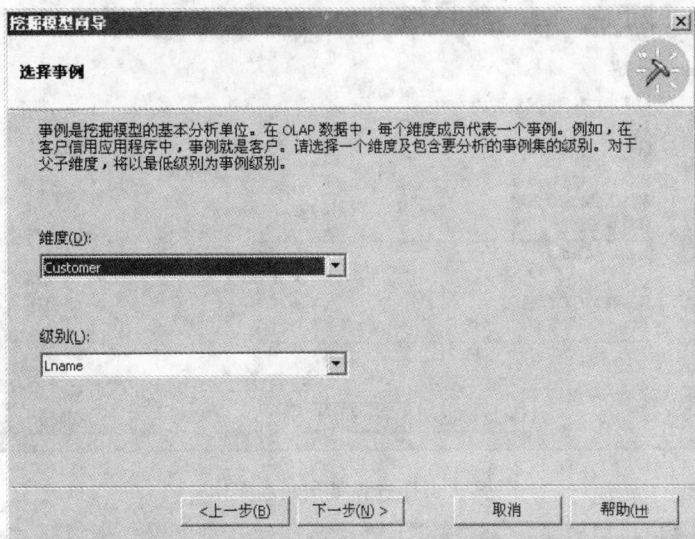

图 5.30　选择事例

在"选择被预测实体"步骤中,选择"事例级别的成员属性"。然后在"成
员属性"框中选择"Member Card",见图 5.31。

单击"下一步"按钮。在"选择训练数据"步骤中,滚动到"Customer"维
度,清除"Country","State Province"和"City"框(因为不需要在聚集级别上
而只需要在单独的客户级别上确定客户模式)。单击"下一步"按钮。

在"创建维度和虚拟多维数据集(可选)"步骤中,在"维度名称"框中输
入"Customer Patterns"。然后在"虚拟多维数据集名称"框中输入"Trained
Cube"。单击"下一步"按钮。

在最后的步骤中,在"模型名称"字段中键入"Customer patterns
discovery"。确保选择了"保存并开始处理"。单击"完成"按钮。这时出现
一个窗口,显示模型正在处理之中。处理完成之后,出现"已成功完成处理"
的提示消息,然后单击"关闭"按钮。

(2)使用数据挖掘模型——浏览客户决策树

OLAP 挖掘模型建立好后,可以使用编辑器编辑模型属性或者浏览其
结果。在 OLAP 挖掘模型(编辑器)中,决策树显示于右面的窗格中,其中
包括四个窗格,见图 5.32。

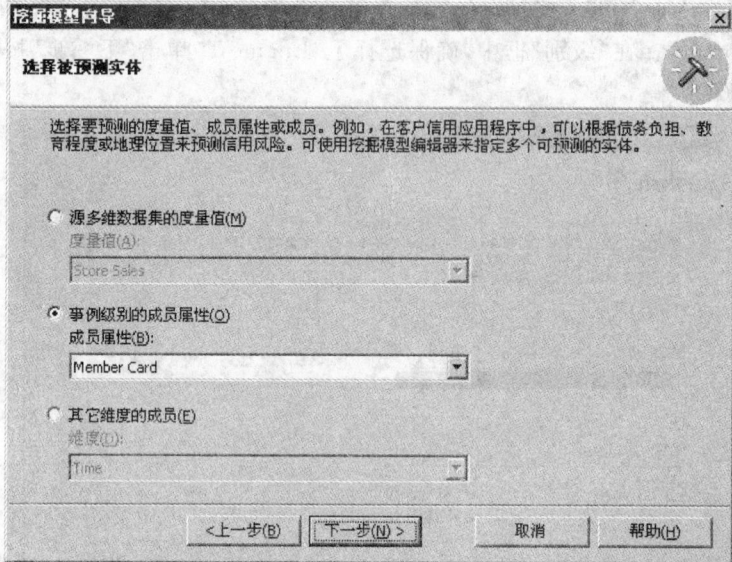

图 5.31 选择被预测的实体

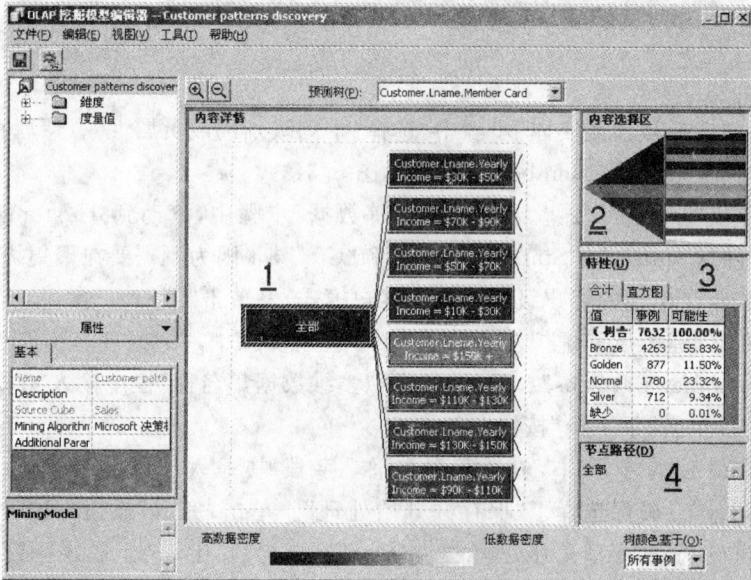

图 5.32 浏览客户决策树

"内容详情"窗格 1 显示焦点所在的决策树的部分。

"内容选择区"窗格 2 显示树的完整视图。该窗格使您可以将焦点设置到树的其他部分。

其他的两个窗格分别是"特性"窗格 3（特性信息可以用"合计"选项卡以数值方式查看或者用"直方图"选项卡以图形方式查看）和与焦点所在节点相关联的"节点路径"区域 4。

在"内容详情"窗格的决策树区域中，颜色代表"事例"的密度（在本事例中为客户的密度）。颜色越深则节点中包含的事例就越多。单击"全部"节点。该节点为黑色，因为它代表了所有的（7632）事例，密度为 100%。7632 代表 1998 年的活动客户数目（即 Sales 多维数据集中有事务记录的客户）。这个数字也说明在 1998 年并非所有的客户都是活动的，因为我们从"Customer"维度的"Lname"级别中所包含的 9991 个客户中只得到 7632 个事例。

特性窗格显示"全部"节点中所有事例的 55.83%（或者说 4263 个示例）可能选择铜卡（Bronze）；11.50% 可能选择金卡（Golden）；23.32% 可能选择普通卡（Normal）；9.34% 可能选择银卡（Silver）。如果没有显示百分比，则可以调整"特性"窗格中"合计"面板的"可能性"列的大小。

如果选择了树的不同节点，此百分比将会更改。让我们调查一下哪些客户可能选择金卡。若要执行此操作，则需要重新画出树以便勾画出金卡的高密度区。在右下角的"树颜色基于"字段中选择"Golden"。该树显示另一种颜色模式。可以看出"Customer. Lname. Yearly Income = $150K+"节点的密度高于其他任何节点，见图 5.33。

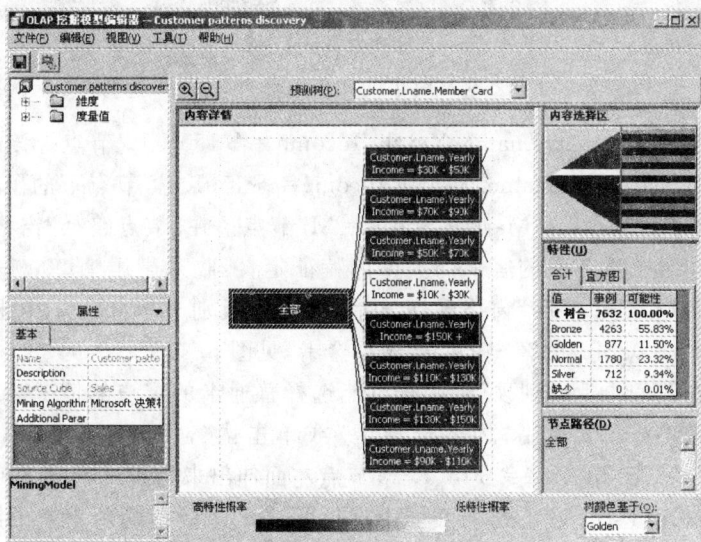

图 5.33　金卡用户的年收入特征

　　树的第一个级别由年收入"yearly income"属性决定。树的组织由算法决定,其基础是该属性在输出中的重要性。这意味着在决定客户可能选择什么类型的会员卡时,"yearly income"属性是最重要的因素。选择"Customer. Lname. Yearly Income= $ 150K+"节点,此时特性窗格显示收入较多的客户中,45.09%的客户可能会选择金卡,如图 5.34 所示。

　　这个百分比要比"全部"节点中的(11.50%)高得多。当继续在树中做进一步调查时,让我们调查一下这些百分比是如何演化的。

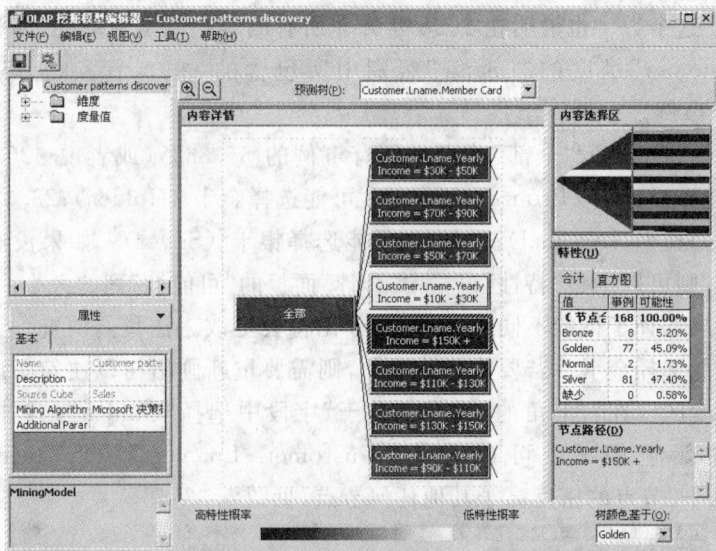

图 5.34　年收入在 $ 150K 以上的客户 45.09%会选择金卡

　　双击"Customer. Lname. Yearly Income= $ 150K+"节点。该树现在只显示"Customer. Lname. Yearly Income= $ 150K+"节点下的子树。选择"Customer. Lname. Marital Status=M"节点。在"节点路径"窗格中,可以看到包含于该节点的客户的完整的特征定义:收入高于 150000 美元且已婚的客户。该"特性"窗格现在显示:与上一级别(45.09%)相比,较高百分比(81.05%)的客户可能会选择金卡,见图 5.35。

　　现在我们再返回到顶层,调查可能选择普通卡的客户的情况。若要返回顶层节点,可以使用"内容选择区"或单击内容详情区从"Customer. Lname. Yearly Income= $ 150K+"节点左面伸出来的线。

　　在"树颜色基于"下拉列表框中选择"Normal"。树刷新节点的颜色之后,可以看到"Customer. Lname. Yearly Income= $ 150K+"节点的颜色非常浅,这意味着这些客户选择普通卡的可能性非常小。另一方面,可以看到

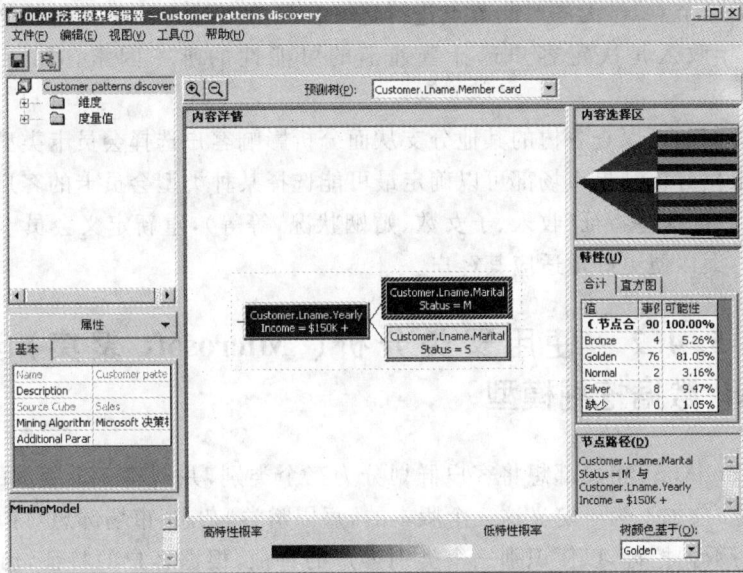

图 5.35　年收入在＄150K 以上的已婚客户 81.05％会选择金卡

"Customer. Lname. Yearly Income＝＄10K—＄30K"节点的颜色非常深，这意味着这些客户选择普通卡的可能性非常高。"特性"窗格显示在此年收入范围内的客户中，91.92％ 的客户可能会选择普通卡。树还显示该节点

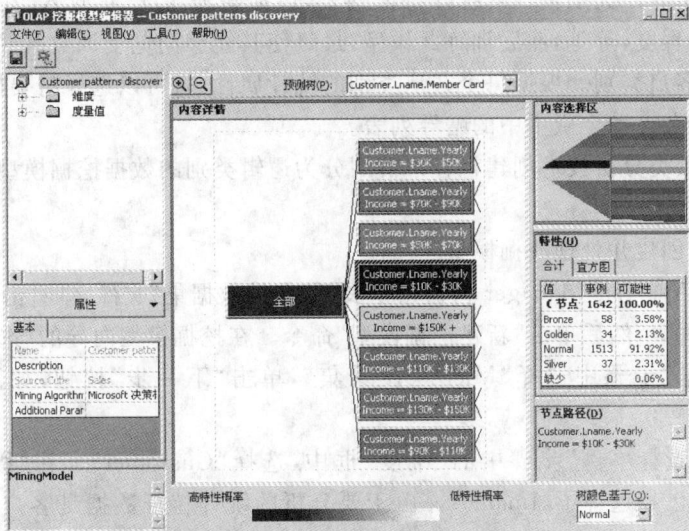

图 5.36　调查选择普通卡的客户特征

没有后续节点,已无法对此节点进行进一步调查。这意味着在树的这个分支中,年收入是决定客户选择普通卡的可能性的唯一因素。如图 5.36 所示。

类似的可以查看树的其他分支从而分析影响客户选择会员卡类型的因素。根据分析结果市场部可以确定最可能选择某种类型会员卡的客户的特征,再根据这些特征(收入、子女数、婚姻状况,等等),重新定义会员卡的服务和方案以便更好地适应其客户。

5.4.2 使用聚类分析(Microsoft 聚集)创建 OLAP 数据挖掘模型

FoodMart 市场部想将客户群划分为三个类别,并创建三个版本的《每周赠券》杂志。为了定义这三个版本的《每周赠券》杂志,市场部想对销售数据进行数据挖掘,以便识别三个类别客户的特征,根据客户的特征,市场部可以选择赠券的类型,插入各个版本的《每周赠券》杂志。这样市场部能够知道哪一类客户应该接收哪一个版本的杂志。

为此,可以使用"Microsoft 聚集"算法将客户群划分为三个类别。客户是要调查的维度(事例维度)。Store Sales(商店销售)度量值将被设置为数据挖掘算法划分 Customer(客户)维度的依据。接下来,选择想要在算法中表示各个客户类别特性的统计特征列表,包括婚姻状况、年收入、在家子女数、教育程度,等等,然后训练此模型,最终使其能够浏览受训数据并从中分析三种客户类别。根据每个客户类别的统计属性,就可以选择将要插入《每周赠券》杂志各个版本中的赠券列表。

用聚类分析技术创建将客户群划分为逻辑类别的数据挖掘模型的步骤如下:

(1)创建并处理挖掘模型

在 Analysis Manager 树窗格中展开"多维数据集"文件夹,右击"Sales"多维数据集,然后单击"新建挖掘模型"命令。在挖掘模型向导的"选择数据挖掘技术"步骤中选择"Microsoft 聚集",单击"下一步"按钮,如图 5.37 所示。

在"选择事例"步骤中的"维度"框中,选择"Customer"。在"级别"框中,确保已经选择了"Lname"。由于要分析的统计特征数据是客户的婚姻状况、年收入、在家子女数、教育程度等,所以,必须事先在 Lname 下建立相应的成员属性,创建虚拟维度。单击"下一步"按钮,如图 5.38 所示。

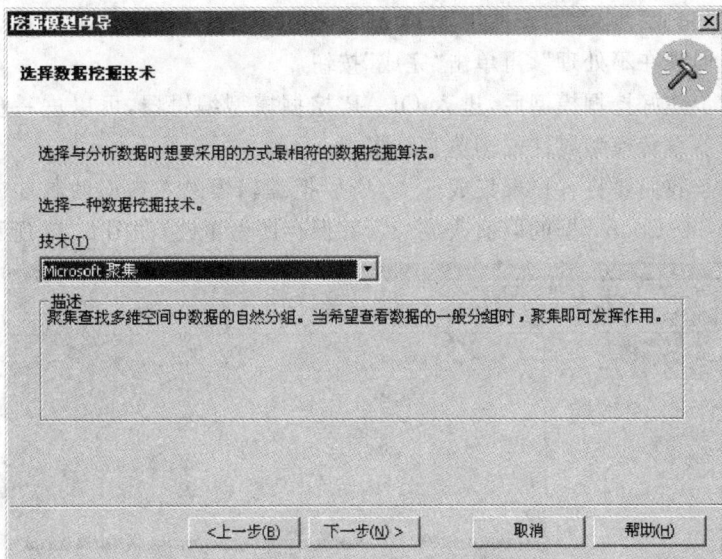

图 5.37 选择聚类分析技术创建数据挖掘模型

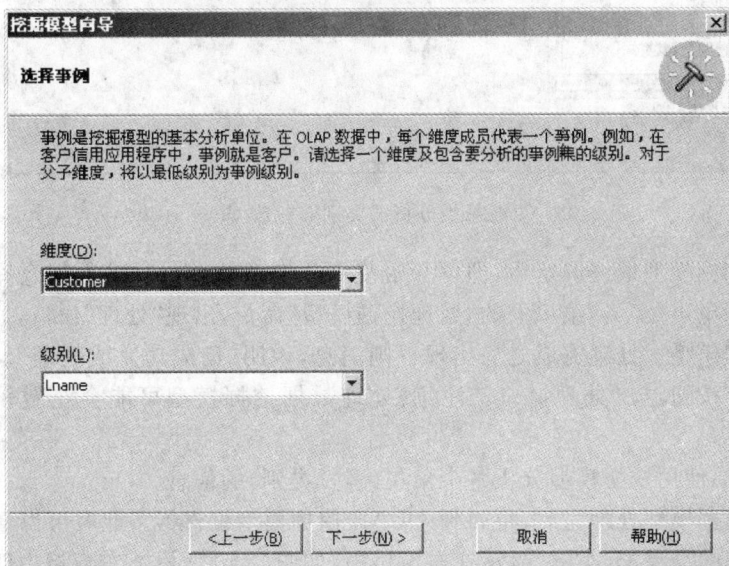

图 5.38 选择事例

在"选择训练数据"步聚中,在"Customer"维度中清除"Country"、"State Province"和"City"复选框,因为没有必要使用汇总级别划分客户群。然后,在"Measures"维度中只选择"Store Sales",单击"下一步"按钮。

在"完成"步骤中,输入"Customer segmentation"作为模型名称。选择"保存,但现在不处理",再单击"完成"按钮。

初步建好挖掘模型后,进入 OLAP 挖掘模型编辑器,可以进一步使用此编辑器编辑模型属性或浏览其结果。

由于我们要将客户聚集成三类,所以把编辑器的左窗格的属性窗格中的"Cluster Count"框的取值改成"3",并保存所做更改,如图 5.39 所示。

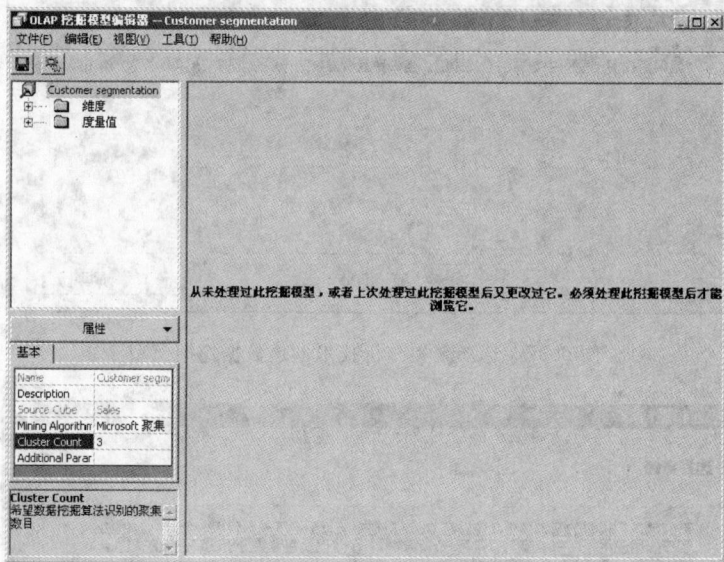

图 5.39　更改聚类分析的类别数参数 Cluster Count

挖掘模型最终确定后,即可开始使用此模型处理(训练)数据仓库中的数据。单击"工具"菜单上的"处理挖掘模型"命令,出现"处理"窗口,显示正在处理模型。处理完成之后出现一则消息,说明"已成功完成处理"。单击"关闭"按钮退出处理窗口。注意:处理数据挖掘模型可能会花费较长的时间。

(2)使用挖掘模型分析各个聚集(客户类别)的信息

挖掘模型处理完后,将回到 OLAP 挖掘模型编辑器。此时可以看到聚集处理的结果"分类树"显示在右窗格中,如图 5.40 所示。右窗格由四个窗格组成。

中间的"内容详情"窗格 1 显示焦点所在的分类树的部分。

"内容选择区"窗格 2 显示树的完整视图。该窗格使您可以将焦点设置到树的其他部分。

其他的两个窗格分别是"特性"窗格 3(特性信息可以用"合计"选项卡

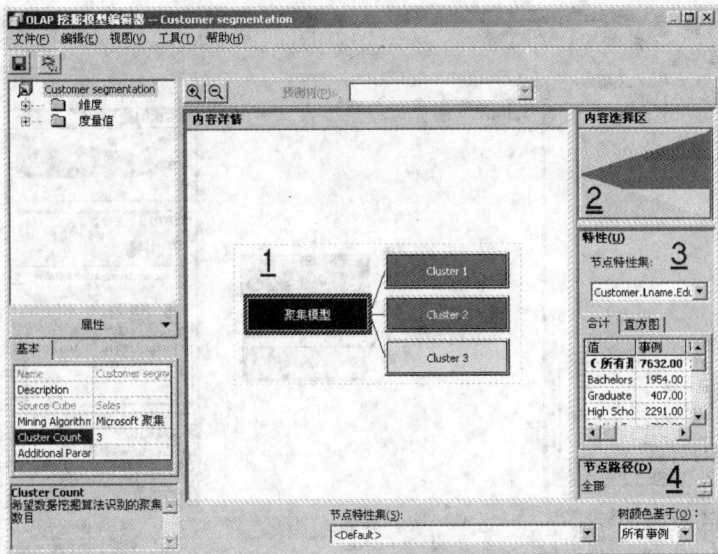

图 5.40　处理后的挖掘模型

以数值方式查看或者用"直方图"选项卡以图形方式查看)和与焦点所在节点相关联的"节点路径"区域 4。

分类树中每个节点的颜色代表事例的密度,在本模型中事例为客户,因此节点颜色越深,表明此节点所代表的客户类别中的客户数越多。"全部"节点的颜色为黑色,因为它代表 100% 的事例(客户)。

单击第一个客户类别"Cluster 1"。通过特性窗格可以查看该类客户的统计特性。特性窗格包括一个下拉列表和一个网格。下拉列表用于选择特定的客户类别的统计特征,网格显示当前类别基于该统计特征的各个值的客户分布比率。

例如:对于"Cluster 1",选择"节点特性集"框中的"Customer. Lname. Marital Status",然后转到"特性"网格。网格显示"Cluster 1"包括 2878 个事例,对于"婚姻状况"特征,事例分布如下:21.12% 的客户已婚,其余 78.88%单身,如图 5.41 所示。

再在"节点特性集"框中,选择"Customer. Lname. Yearly Income"。网格中的分布显示 0% 的客户年收入在 1 万～3 万美元范围之内;41.62% 的客户收入在 3 万～5 万美元范围之内;24.01% 的客户收入在 5 万～7 万美元范围之内。结果显示该聚集的 65% 以上的客户在中等收入(年收入为 3 万～7 万美元)范围之内,如图 5.42 所示。

现在可以知道客户类别"Cluster 1"主要由中等收入的客户构成而且主

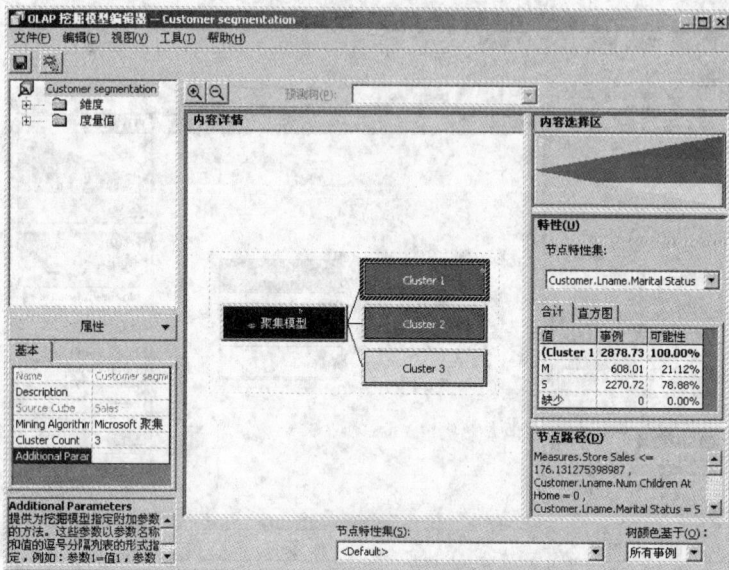

图 5.41　查看客户类别 Cluster 1 的婚姻状况统计特性

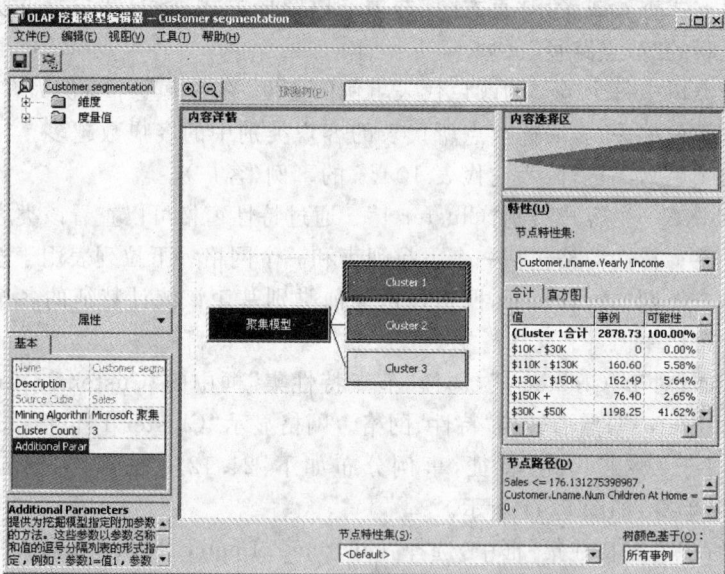

图 5.42　查看客户类别 Cluster 1 的年收入统计特征

要由单身客户构成。在节点特性集列表中选择"Customer. Lname. Num
Children At Home",结果显示该聚集中平均在家子女数为零。此项选择显
示一个平均数而不是重新分区,因为源数据库的"Num of Children at

Home"字段中包含连续的值。当算法发现源数据中包含不连续的值,它将显示包含这些值的重新分区;当算法发现源数据中包含连续的值(即非预定义数字),它将计算并显示平均值,如图 5.43 所示。

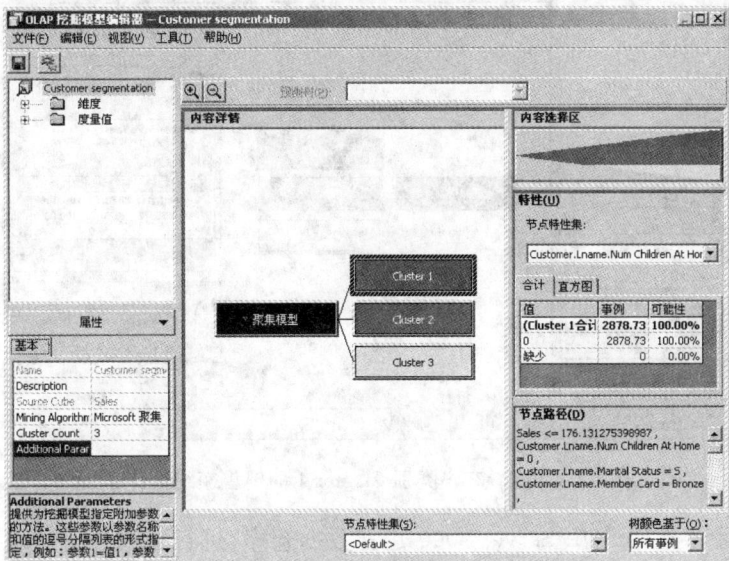

图 5.43　查看客户类别 Cluster 1 的在家子女数统计特征

在"节点特性集"框中,选择"Measures. Stores Sales"。网格显示在"Cluster 1"中对每个客户的平均销售额为 72.42 美元,见图 5.44。

据此可以了解到"Cluster 1"主要由中等收入的单身客户构成,这些客户家中没有子女,每年在 FoodMart 商店平均花费 72.42 美元。根据这种情况,市场部可以确定在周刊中应该插入哪种赠券了。用同样的方法,可以查看"Cluster 2"和"Cluster 3"客户类别的统计特征。

本章小结

Microsoft 公司的 SQL Server 2000 提供了完整的数据库和数据分析解决方案。基于 SQL Server 2000,不仅可以建立基于数据库的应用,也可以建立基于数据仓库的应用,包括联机分析处理 OLAP 和数据挖掘 DM。Microsoft SQL Server 通过 Analysis Services 提供了创建数据仓库、进行联机分析处理和创建数据挖掘模型进行数据挖掘的工具。本章从实例入

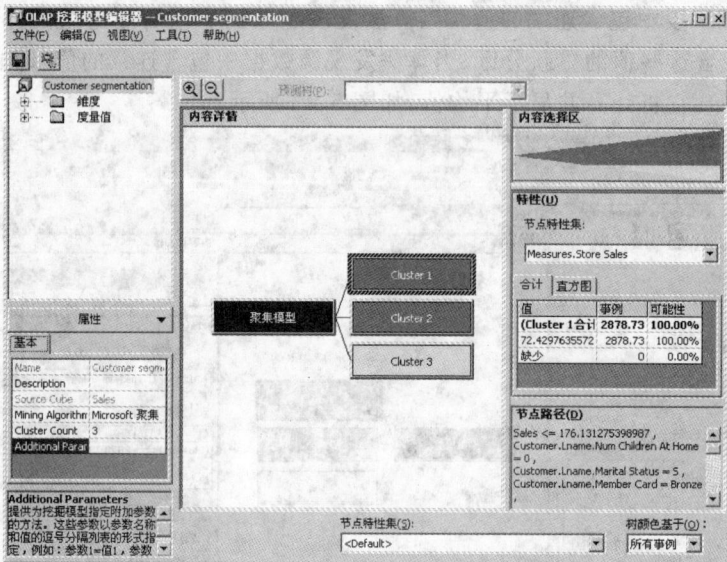

图 5.44　查看客户类别 Cluster 1 的销售额统计特征

手,介绍了运用 SQL Server 2000 建立数据仓库,进行在线分析处理,建立数据挖掘模型进行数据挖掘的方法和步骤。学习本章后,学员应该能够使用 SQL Server 2000 创建自己的数据仓库,进行联机分析处理和数据挖掘。

习　题

1. 简述数据仓库系统设计过程。

2. SQL Server 在 Analysis Service 中创建的数据仓库中的数据库与 SQL Server 或其他作为数据仓库数据源的数据库有何区别和联系?

3. 在 SQL Server 2000 中如何创建多维数据集?

4. 在 SQL Server 2000 中怎样使用多维数据浏览器观察数据,进行切片、切块、钻取和旋转操作?

5. 共享维度和专用维度有何区别? 怎样建立共享维度和专用维度?

6. 虚拟维度怎样建立,其与普通维度相比有何特点?

7. 如何用 SQL Server 建立数据挖掘模型? 模仿最后一节的第二个例子,将客户划分为四个类别,总结各个类别所具有的统计特征。

8. 举出几种可以运用 Microsoft 决策树建立数据挖掘模型的例子。

第 6 章

数据挖掘与知识发现

学习目标

· 了解知识发现与数据挖掘的基本概念
· 了解数据挖掘方法和技术
· 了解数据挖掘的知识表示

本章关键词

知识发现（Knowledge Discovery in Data）
知识表示（Knowledge Representation）
数据挖掘（Data Mining）
方法（Method）
技术（Technology）

21世纪人类对数据的存储已远远超过了以往任何一个时代,当今数据库的容量已经达到上万亿的水平(T)——1 000 000 000 000个字节。在这些如汪洋大海一样的数据中隐藏了很多我们所需要的具有决策意义的信息。那么这些有用的信息知识如何取得呢?计算机科学技术的迅猛发展使得这个问题的回答越来越趋于完美,其中数据挖掘这门新兴的科学技术极大地帮助了人们有效地获取所需的知识。

传统的数据分析手段已不能适应人们的要求,以往的关系数据库只能获得数据的表层信息,而不能获得数据属性的内在管理和隐含的信息,即淹没了包含的知识,造成了资源的浪费。正如John Naisbett所说"我们已被信息所淹没,但是却正在忍受缺乏知识的煎熬"。这种数据的丰富性及知识的贫乏性的矛盾,导致了数据库中的知识发现(Knowledge Discovery in Data,KDD),也称为数据挖掘(Data Mining,DM)技术的出现。

数据挖掘是KDD中一个具体却是关键的步骤,同时也是技术的难点所在,它主要研究发现知识的各种方法和技术。数据挖掘算法的好坏将直接影响到所发现知识的准确性。目前KDD研究大部分集中在数据挖掘算法和应用技术上。

6.1 知识发现与数据挖掘的概念

1989年8月在美国底特律市召开了第一届KDD国际学术会议,在会议中数据库中的知识发现(KDD,Knowledge Discovery in Data)一词被首次采用。KDD是一个综合的过程,它包括数据录入、迭代求解、用户交互以及许多定制要求、决策设计等,它强调了知识是数据发现的最终产品。在1998年第四届知识发现与数据挖掘国际会议上不仅对此进行了学术讨论,并且有30多家软件公司展示了数据挖掘软件产品,这些产品已在北美、欧洲等国家得到较大的应用。

KDD研究领域兴起于20世纪80年代初,它是一个众多学科诸如人工智能、机器学习、模式识别、统计学、数据库和知识库、数据可视化等相互交叉、融合所形成的一个新兴的且具有广阔前景的领域。KDD研究的问题有:①定性知识和定量知识的发现;②知识发现方法;③知识发现的应用等。

KDD是基于数据库的知识发现,指的是从大型数据库中或数据仓库中提取人们感兴趣的知识,这些知识是隐含的、事先未知的、易被理解的模式。

Fayyad,Pialelsky-Shapiro和Smyth在KDD'96国际会议上对KDD

理解为:KDD 指从数据库中获取正确、新颖、有潜在应用价值和最终可理解的模式的非平凡过程。他们把数据定义为一系列事实的集合,模式是指用语言 L 来表示的一个表达式 E,它可用来描述数据集的特性,E 所描述的数据是集合 F 的一个子集 F_E。过程是在 KDD 中包含的步骤,如数据的预处理、模式搜索、知识表示、知识评价等;非平凡是指它已经超越了一般封闭形式的数量计算,而将包括对结构、模式和参数的搜索。

KDD 的过程图如图 6.1 所示。

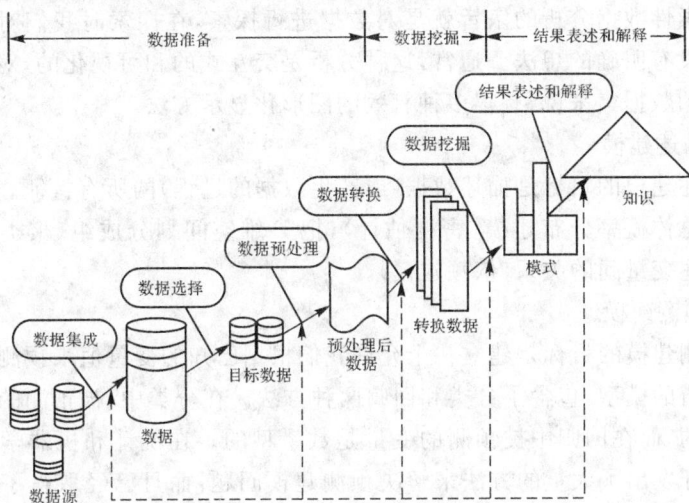

图 6.1 知识发现过程

KDD 过程可以概括为三部分:数据准备、数据挖掘及结果的解释和评估三部分。

(1)数据准备

数据准备一般包括三个子步骤:数据集成、数据选择和数据预处理。数据集成将多文件或多数据库运行环境中的数据进行合并处理,解决语义模糊性、处理数据中的遗漏、清洗"脏数据"等。数据选择的目的是辨别出需要分析的数据集合,即目标数据(target data),是以用户需求驱动的从原始数据库中抽取的一组数据,它使处理范围缩小,提高数据挖掘的质量。数据预处理一般包括消除噪声、推导计算缺值数据、消除重复记录和完成数据类型转换。数据转换的主要目的是消减数据维数或降维(dimension reduction),即从初始特征中找出真正有用的特征以减少数据挖掘时要考虑的特征或变量个数(如把连续型数据转换为离散型数据,以便于神经网络计算)等。预处理的目的是为了克服目前数据挖掘工具的局限性。

(2)数据挖掘

数据挖掘阶段首先要决定挖掘的任务或目标,确定了任务或目标之后我们才能决定使用什么样的挖掘方法。要注意的是,在实际选择方法时还要考虑到数据特点与采用方法的匹配问题。根据数据分析工作者的不同任务我们大致分为五类数据挖掘方法。这种分类并不是唯一的,但它总结了数据挖掘活动的各个类型。

• 探索性数据分析

探索性数据分析的宗旨就是对数据进行探索,在探索时我们对要寻找什么并没有明确的想法。通常,这种分析是交互式的和可视化的,对于维数比较低的数据集来说,有很多种有效的图形化显示方法。

• 描述建模

描述建模的目标是描述数据(或产生数据的过程)的所有特征。例如为数据的总体概率分布建模(密度估计),把 P 维空间划分成组(聚类分析),以及描述变量间的关系(依赖建模)。

• 预测建模

预测建模的目标是建立一个允许我们根据已知的变量值来预测其他某个变量值的模型,包含了分类和回归两种方法。在分类中,被预测的变量是范畴型的,而在回归中被预测的变量是数量型的。在统计和机器学习中人们已经开发出了大量的方法来解决预测建模问题,而且已经取得了重大理论进展。人们可以用分类树系统对天空数字图像中的上百万星体和星系进行自动分类。

• 寻找模式和规则

寻找模式和规则致力于模式探测。例如人们采用基于关联规则的算法来发现在交易数据库中频繁出现的商品组合。

• 根据内容检索

根据内容检索情况下,用户有一种感兴趣的模式并且希望在数据集中找到相似的模式。

(3)结果的解释和评估

经过数据挖掘阶段后,获得了一些模式结果,但通常存在冗余或无关的模式。有可能这些模式不满足用户要求,这时则需退回到发现过程的前面阶段,可能需要获取新的数据,采用新的数据预处理方法,换一种挖掘方法,等等。有时,结果往往是非常抽象化的,而用户需要的是一种容易理解的表示方法。因此,可能要对发现的模式进行可视化,或者把表示方式转换成平常熟悉的标准语言。

数据挖掘质量的好坏有两个影响要素：一是所采用的数据挖掘技术的有效性，二是用于挖掘的数据质量和数量（数据量的大小）。整个挖掘过程是一个动态过程，需要按照用户的期望不断调整。一般我们对用于挖掘的数据质量和数据挖掘技术的有效性进行监测评估，贯穿在整个挖掘过程中。往往存在需要按照评估的反馈信息重复先前的过程，甚至重新开始。

由于人们需要在数据挖掘中有效理解各种数据信息，因此可视化技术在数据挖掘的每个阶段都起到了人与信息交互的重要沟通作用。特别是在数据准备阶段，用户可以用散点图、直方图等统计可视化技术来初步显示数据样本的基本特征，从而为下一步目标数据的选取打好基础。在挖掘阶段，用户可以用可视化工具对各种算法进行简单操作。而在表示结果阶段，仍需用可视化技术来展示和解释发现的知识。

6.1.1　数据挖掘的任务

数据挖掘的任务可分为：关联分析、时序模式、聚类、分类、偏差检测及预测。

（1）关联分析

关联分析（Association Analysis）用来发现关联规则，这些规则展示属性-值频繁地在给定数据集中一起出现的条件。它是从数据库中发现知识（KDD）的一类重要方法。例如，两个或多个数据项的取值之间重复出现且概率很高时，就存在某种关联，可以建立起这些数据项的关联规则。关联分析广泛用于购物篮或事务数据分析。

关联规则可表示为 $X \rightarrow Y$，即"$A_1 \wedge \cdots \wedge A_m \rightarrow B_1 \wedge \cdots \wedge B_n$"的规则，其中，$A_i (i \in \{1, 2, \cdots, m\})$，$B_j (j \in \{1, 2, \cdots, n\})$ 是属性-值对。关联规则 $X \rightarrow Y$ 解释为"满足 X 中条件的数据库元组多半也满足 Y 中条件"。

作为一家商场的市场部经理，需要知道哪些商品经常被一起购买。例如，买计算机的顾客有 90％的人还买了软件，这是一条关联规则。若商场将计算机和软件放在一起销售，将会提高它们的销量。

通过关联分析，我们对大型数据库中的关联规则进行筛选。一般用"支持度"和"可信度"两个阈值来评选。

"支持度"表示该规则所代表的事例（元组）占全部事例（元组）的百分比。如既买计算机又买软件的顾客占全部顾客的百分比。

"可信度"表示该规则所代表事例占满足前提条件事例的百分比。如既买计算机又买软件的顾客占买计算机顾客中的 90％，则可信度为 90％。

（2）时序模式

时间序列模式是用变量过去的值来预测未来的值。它采用的方法一般是在连续的时间流中截取一个时间窗口（一个时间段），窗口内的数据作为一个数据单元，然后让这个时间窗口在时间流上滑动，以获得建立模型所需的训练集。比如可以用前六天的数据来预测第七天的值，这样就建立了一个区间大小为 7 的窗口。

（3）聚类

聚类是把整个数据库分成不同的组群。它的目的是要群与群之间差别很明显，而同一个群内的数据尽量相似。划分出来的组群具有一定的意义，我们称为类。在同一类别中，个体之间的距离较小，而不同类别的个体之间的距离较大。

聚类方法包括统计分析方法、机器学习方法、神经网络方法等。

在统计分析方法中，聚类分析是基于距离的聚类，如欧氏距离等。这种聚类分析方法需要考察所有的个体才能决定类的划分。

在机器学习中，聚类是根据概念的描述来确定的，不依赖预先定义的类和带标号训练实例。由于这个原因，聚类是观察式学习，而不是示例式学习。

在神经网络中，自组织神经网络方法用于聚类。如 ART 模型、Kohonen 模型等，这是一种无监督的学习方法。当给定距离阈值后，各样本按照阈值进行聚类。

（4）分类

数据挖掘应用最多的任务要属分类。分类找出描述并区分数据类或概念的模型（或函数），以便能够使用模型预测类标记未知的对象类。一般用规则或决策树模式来表示类数据的整体信息，即该类的内涵描述。该模式能把数据库中的元组映射到给定类别中的某一个。

类的内涵描述分为：特征描述和辨别性描述。特征描述是对类中对象的共同特征的描述；辨别性描述是对两个或多个类之间的区别的描述。前者允许不同类中具有共同特征，后者则不允许不同类中具有相同特征。一般后者用得更多。

目前影响较大的分类方法有：判定树归纳的 ID3，C4.5；基于后验概率贝叶斯定理的朴素贝叶斯分类和贝叶斯信念网络；神经网络的后向传播算法；基于要求的最近相邻分类法等算法。

我们用预测的准确率、计算速度、强壮性、可伸缩性和可解释性来评估分类算法的好坏。但到目前为止尚未发现有一种方法对所有数据都优于其他方法,不同的分类方法各有其优势和劣势。

(5)偏差检测

所谓偏差检测就是在数据分析中发现有很多异常情况存在于数据库中,我们根据这种异常情况可以获得很多有用的信息。比如利用偏差检测可以发现信用卡欺骗。通过检测一个给定账号与正常的付费相比,以付款数额特别大来发现信用卡欺骗性使用。

偏差检测可以使用统计试验检测。它假定一个数据分布或概率模型,并使用距离度量,到其他聚类的距离很大的对象被视为孤立点。基于偏差的方法通过考察一群对象主要特征上的差别识别孤立点,而不是使用统计或距离度量。

(6)预测

预测可以利用历史数据或数据分布依据一定的模型计算出数值数据或识别出未来分布趋势等。

预测建模可以分为用于分类的预测和用于回归的预测。事实上分类的判定树模型、最近邻方法等算法,都是在预测数据对象的类标记。而用于回归的预测建模分为线性和非线性问题。线性模型和最小二乘法拟合是针对线性样本使用的模型。对非线性问题可以使用人工神经网络,同时许多非线性问题都可以通过预测变量上的变换,转换成线性问题。

6.1.2 数据挖掘的分类

数据挖掘是一个交叉学科的领域,受多个学科影响,如图6.2所示。

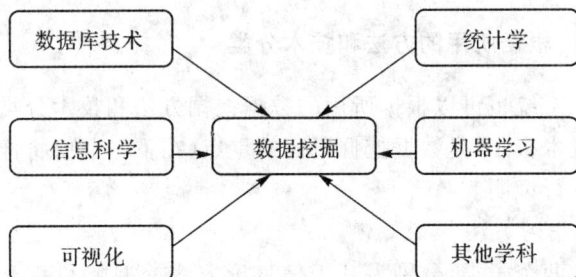

图 6.2 各类学科对数据挖掘的影响

基于不同用户的应用范围,有必要对数据挖掘系统给出一个清楚的分类。用户可以按照这种分类,确定出最适合其需要的数据挖掘系统。根据不同的角度,大致可把数据挖掘系统分为以下几类:

6.1.2.1 根据挖掘的数据库类型分类

我们可以按照不同的数据库类型对数据挖掘系统分类,通常每一类数据库匹配相应的数据挖掘技术。关系数据库匹配关系数据挖掘,历史数据库对应使用历史数据挖掘等。如果根据所处理的数据的特定类型数据库分类,我们有空间的、时间序列的、文本的或多媒体的数据挖掘系统,或 Web 数据挖掘系统。

6.1.2.2 根据挖掘的知识类型分类

数据挖掘系统可以根据所挖掘的知识类型分类,即根据数据挖掘的任务,如关联、时序、聚类、分类、偏差检测、预测分析等分类。通常某个具体的数据挖掘系统会集成多种数据任务功能。

此外,根据挖掘目标知识的粒度或者抽象层的不同也可以对数据挖掘系统进行区分。一个高质量的数据挖掘系统应当支持从概化知识(在高抽象层),到原始层知识(在原始数据层),或多层知识(考虑若干抽象层)的多层知识发现。

6.1.2.3 根据应用分类

数据挖掘系统可以根据其应用分类。在金融行业有专门应用的数据挖掘系统,在电信行业也有其特别的数据挖掘系统,等等。不同的行业特点需要有针对性的数据挖掘系统,所谓普通的、全能的数据挖掘系统可能并不适合特定领域的数据挖掘任务。

6.1.2.4 根据所用的方法和技术分类

数据挖掘系统也可以根据所用的数据挖掘方法和技术分类。目前数据挖掘方法和技术很多,是数据挖掘研究的重点(在下一节中将详细讨论),以下对其分类进行说明。

(1)归纳学习方法

该类分为两个子类,分别为基于信息论方法挖掘类和基于集合论方法挖掘类。基于信息论方法挖掘类是在数据库中寻找信息量大的属性来建立属性的决策树;基于集合论方法挖掘类是对数据库中各属性的元组集合之间关系(上、下近似关系,覆盖或排斥关系,包含关系等)来建立属性间的规则。各类中又包括多种方法,主要用于分类问题。

信息论方法(决策树方法)是利用信息论的原理建立决策树。一般文献中称为决策树方法。典型的信息论方法有 ID3 方法和 IBLE(Information-based Learning from Examples)方法。ID3 方法是 Quinlan 利用信息论中互信息(信息增益)寻找数据库中具有最大信息量的字段,建立决策树的一个结点,再根据字段的不同取值建立树的分枝,再由每个分枝的数据子集重复建树的下层结点和分枝的过程,这样就建立了决策树。在大型数据库中这种方法效果较好。随着 ID3 方法在国际上的广泛应用,其后续方法 ID4,C4.5 等方法也陆续问世。IBLE 方法是利用信息论中信道容量,寻找数据库中信息量从大到小的多个字段的取值建立决策规则树的一个结点,根据该结点中指定字段取值的权值之和与两个阈值比较,建立左、中、右三个分枝,在各分枝子集中重复建树结点和分枝的过程,这就建立了决策规则树。IBLE 方法比 ID3 方法在识别率上提高了 10 个百分点。

　　集合论方法是在粗集理论的发展基础上得到了迅速的发展。这类方法突出的有:覆盖正例排斥反例的方法、概念树方法和粗糙集方法。覆盖正例排斥反例方法是利用覆盖所有正例,排斥所有反例的思想来寻找规则。比较典型的有 Michalski 的 AQI1 方法,洪家荣改进的 AQI5 方法以及 AE5 方法。概念树方法是将数据库中记录的属性字段按归类方式进行合并,建立起来的层次结构。如对"班级"概念树的最下层是具体学生名字,它的直接上层是学院或系名,学院或系名的直接上层是学校。概念树的优点是极大地浓缩了数据库中的记录。对多个属性字段的概念树提升,将得到高度概括的知识基表,再将它转换成规则。粗糙集方法是在数据库中将行元素看成对象,列元素看成属性(分为条件属性和决策属性)。等价关系 R 定义为不同对象在某个(或几个)属性上取值相同,这些满足等价关系的对象组成的集合称为该等价 R 的等价类。条件属性上的等价类 E 与决策属性上的等价类 Y 之间有以下三种情况:

* 下近似:Y 包含 E;
* 上近似:Y 和 E 的交非空;
* 无关:Y 和 E 的交为空,对下近似建立确定性规则,对上近似建立不确定性规则(含可信度),无关情况不存在规则。

　　(2) 仿生物技术类

　　该类分为神经网络方法类和遗传算法类两个子类。这两个子类已经形成独立的研究体系。

　　神经网络方法模拟了人脑神经元结构,以 MD 模型和 Hebb 学习规则为基础,建立了三大类多种神经网络模型,分别为:以感知机、BP 反向传播模型、函数型网络为代表的前馈式网络;以 Hopfield 的离散模型和连续模型为代表的反馈式网络；以 ART 模型和 Kohonem 模型为代表的自组织网络。

遗传算法是模拟生物进化过程的算法，分别由繁殖、交叉、变异三个基本算子组成。繁殖又叫选择，是从一个旧种群（父代）选择出生命力强的个体产生新种群（子代）的过程。交叉又叫重组，是选择两个不同个体（染色体）的部分（基因）进行交换，形成新个体。变异又叫突变，对某些个体的某些基因进行变异（1 变 0，0 变 1）。

（3）公式发现类

该类对若干变量进行一定的数学运算，求得相应的数学公式，由物理定律发现系统 BACON 和经验公式发现系统 FDD 构成。

物理定律发现系统 BACON 是对数据项进行初等数学运算形成组合数据项，若它的值为常数项，我们就得到了组合数据项等于常数的公式。该系统有 BACON.1～BACON.5 五个版本。

经验公式发现系统 FDD 是对两个数据项交替取初等函数后与另一数据项的线性组合若为直线时，就找到了数据项（变量）的初等函数的线性组合公式。该系统有 FDD.1～FDD.3 三个版本。

（4）统计分析类

统计学原理应用到数据挖掘中，已形成一门独立的学科。它能得到各种不同的统计信息和知识，包括求目标数据的最大值、最小值、总和、平均值等的常用统计；求相关系数来度量变量间的相关程度的相关分析；求回归方程（线性或非线性）来表示变量间的数量关系的回归分析；从样本统计量的值得出差异，来确定总体参数之间是否存在差异（假设检验）的差异分析；直接比较样本中各样本之间的距离，将距离较近的归为一类，而将距离较远的分在不同类中的聚类分析；建立一个或多个判别函数，并确定一个判别标准，对未知对象利用判别函数将它划归某一个类别的判别分析。

（5）模糊数学类

模糊数学应用于数据挖掘各项任务中，形成了模糊数据挖掘类。如模糊聚类、模糊分类、模糊关联规则等。

（6）可视化技术类

可视化技术是对数据挖掘过程及结果的图形显示技术。可视化技术在数据挖掘中的广泛应用已形成了可视化数据挖掘类的多种方法。应用最多的有：提取几何图形、绘制、显示和演放。

6.1.3　数据挖掘的对象

原则上讲,数据挖掘可以在任何类型的信息存储上进行。这包括关系数据库、数据仓库、事务数据库、高级数据库系统、展开文件和 Web 数据。高级数据库系统包括面向对象和对象-关系数据库;面向特殊应用的数据库,如空白数据库、时间序列数据库、文本数据库和多媒体数据库。挖掘的挑战和技术可能因存储系统而异。

6.1.3.1　关系数据库

关系数据库具有较好的结构化数据,它是数据挖掘的主要对象。数据挖掘方法也主要是研究数据库中属性之间的关系,挖掘出多个属性取值之间的规则。有关关系数据库的介绍我们已经在前驱课程中学习过,在这里不再赘述。

6.1.3.2　文本

文本是以文字串形式表示的数据文件,通常有关键词或特征提取、相似检索、文本聚类、文本分类等文本分析。

(1)关键词或特征提取

关键词描述通常不是简单的关键词,而是长句子或短文,产品介绍、错误或故障报告、警告信息、汇总报告、笔记或其他文档。

文本中的特征如人名、地名、组织名等是某些文本中的主体信息,特征提取可迅速了解到文本内容的核心信息。

(2)相似检索

人们有时用关键词检索文本内容时,往往可以找到在逻辑上有一定联系关键词的文本。例如"中药"与"医学"两个关键词是有一定联系的,研究中药的文本一定属于医学的研究范围。

(3)文本聚类

对于文本标题中关键词(主题字)的相似匹配是对文本聚类的一种简单方法。定义关键词的相似度,将便利文本的简单聚类,类中文本满足关键字的相似度,而类间文本的关键词超过相似度。

(4)文本分类

每一类文本需要分到各文本类中,通常需要按文本中的关键字或特征的相似度来区分。这种技术包括分类器算法、近邻算法等。

6.1.3.3　图像与视频数据

多媒体数据库存放图像、音频和视频数据。它们用于基于图像内容的检索、声音传递、视频点播、WWW 和识别口语命令的基于语音的用户界面等方面。对于多媒体数据库挖掘,需要将存储和搜索技术与标准的数据挖掘方法集成在一起。比较前沿的方法包括构造多媒体数据立方体、多媒体数据的多特征提取和基于相似性的模式匹配。

6.1.3.4　Web 数据

Web 上有海量的数据信息,怎样对这些数据进行复杂的应用成了现今数据挖掘技术的研究热点。相对于 Web 的数据而言,传统的数据库中的数据结构性很强,即其中的数据为完全结构化的数据,而 Web 上的数据最大特点就是半结构化。所谓半结构化是相对于完全结构化的传统数据库的数据而言。显然,面向 Web 的数据挖掘比面向单个数据仓库的数据挖掘要复杂得多。

(1)异构数据库环境

从数据库研究的角度出发,Web 网站上的信息也可以看作一个数据库,一个更大、更复杂的数据库。Web 上的每一个站点就是一个数据源,每个数据源都是异构的,因而每一站点之间的信息和组织都不一样,这就构成了一个巨大的异构数据库环境。如果想要利用这些数据进行数据挖掘,首先,必须要研究站点之间异构数据的集成问题,只有将这些站点的数据都集成起来,提供给用户一个统一的视图,才有可能从巨大的数据资源中获取所需的东西。其次,还要解决 Web 上的数据查询问题,因为如果所需的数据不能很有效地得到,那么对这些数据进行分析、集成、处理就无从谈起。

(2)半结构化的数据结构

Web 上的数据与传统的数据库中的数据不同,传统的数据库都有一定的数据模型,可以根据模型来具体描述特定的数据。而 Web 上的数据非常复杂,没有特定的模型描述,每一站点的数据都各自独立设计,并且数据本身具有自述性和动态可变性。因而,Web 上的数据具有一定的结构性,但因自述层次的存在,只能是一种非完全结构化的数据,故也被称之为半结构化数据。半结构化是 Web 上数据的最大特点。

(3)解决半结构化的数据源问题

Web 数据挖掘技术需要解决半结构化数据源模型和半结构化数据模型的查询与集成问题。解决 Web 上的异构数据的集成与查询问题,就必须要有一个模型来清晰地描述 Web 上的数据。针对 Web 上数据半结构化的特点,寻找一个半结构化的数据模型是解决问题的关键所在。除了要定义一个半结构化数据模型外,还需要一种半结构化模型抽取技术,即自动地从现有数据中抽取半结构化模型的技术。面向 Web 的数据挖掘必须以半结构化模型和半结构化数据模型抽取技术为前提。

以 XML 为基础的新一代 WWW 环境是直接面对 Web 数据的,不仅可以很好地兼容原有的 Web 应用,而且可以更好地实现 Web 中的信息共享与交换。XML 可看作一种半结构化的数据模型,可以很容易地将 XML 的文档描述与关系数据库中的属性对应起来,实施精确的查询与模型抽取。

相信在今后,随着 XML 作为在 Web 上交换数据的一种标准方式的出现,面向 Web 的数据挖掘将会变得非常轻松。

6.1.4　数据挖掘与专家系统的区别

专家系统是将大量的专家知识和启发性知识编制在一个程序里,以解决困难的问题。完成人类专家完成的工作是专家系统最重要的目标。专家系统是一个计算机化的咨询程序,试图模仿人类专家解决特定类型问题的推理过程和知识。

专家系统的知识有两种:事实和启发性知识。事实是各种众所周知,并被该领域专家普遍承认的信息的集合。而启发性知识则是指一些不为众人所了解的、特殊而又有效的判断及推理规则。专家系统之所以被称为"专家",正是由于它能利用特定启发性知识进行推理。一个专家系统的功能强大与否取决于它的知识库的大小及其有效程度。

在研制一个专家系统时,知识工程师首要先从领域专家那里获取知识,这一过程实质上是归纳过程,是非常复杂的个人到个人之间的交互过程,有很强的个性和随机性。因此,知识获取成为专家系统研究中公认的瓶颈问题。

其次,知识工程师在整理从领域专家那里获得的知识时,用 IF-THEN 等类的规则表达时,约束性太大,用常规数理逻辑来表达社会现象和人的思维活动时,局限性太大,也太困难,勉强抽象出来的规则有很强的工艺色彩,差异性极大,所以,知识表示又成为一大难题。

此外,即使某个领域的知识通过一定手段获取并表达了,但这样做成的专家系统对常识和百科知识出奇地贫乏,而人类专家的知识是以拥有大量常识为基础的。

以上三方面的问题大大限制了专家系统的应用,使得专家系统目前还停留在构造诸如发动机故障论断一类的水平上。

可以看出,数据挖掘和专家系统的共同点是它们都是利用已有的信息来帮助人们解决问题。不同的是,数据挖掘是利用从大量已存在的数据中发现人们难以用直观或手工方法发现的有用信息来进行决策支持;而专家系统则是利用专家知识和启发性知识,按一定的推理规则来帮助人们解决问题。数据挖掘强调事实第一,而专家系统则强调经验第一;专家系统是"唯专家",而数据挖掘是"唯数据"。

6.2 数据挖掘方法与技术

数据挖掘是一个多学科领域,它从多个学科汲取营养。这些学科包括数据库技术、人工智能、机器学习、神经网络、统计学、模式识别、知识库系统、知识获取、信息检索、高性能计算和数据可视化。数据挖掘的核心模块技术经历了数十年的发展,到如今这些相对比较成熟的方法与技术,再加上高性能的关系数据库引擎以及广泛的数据集成,让数据挖掘技术在当前的数据仓库环境中进入了比较实用的阶段。

数据挖掘的方法和技术可以分为六大类,下面我们引导性地介绍各类方法和技术。在第 7 章和第 8 章中我们还将专门介绍。

6.2.1 归纳学习方法

在前一节我们已经述及归纳学习方法。从采用的技术上看,分为两大类:信息论方法(即所谓的决策树方法)和集合论方法。

6.2.1.1 信息论方法(决策树方法)

决策树方法是以信息论原理为基础的。信息论是 C. E. Shannon 为解决信息传递(通信)过程问题而建立的理论,也称为统计通信理论。ID3 等算法是该方法的典型算法,在学习这些算法之前应对信息论原理有所掌握。

(1)ID3 决策树方法

ID3(Interactive Dicremiser Version 3)是当前国际上最有影响的示例学习方法。它由 J. R. Quinlan 首创,其前身是 CLS(Concept Learning System)。ID3 方法检验所有的特征,选择信息增益(互信息)最大的特征点

A 为产生决策树节点,由该特征的不同取值建立分支,对各分支的实例子集递归,用该方法建立决策树节点和分支,直到某一子集中的例子属同一类。

(2)IBLE 决策树方法

IBLE 方法是利用信息论中信道容量的概念作为对实体中选择重要特征的度量。寻找数据库中信息量从大到小的多个字段的取值建立决策树的一个结点,根据该结点中指定字段取值的权值之和与两阈值的比较,建立左、中、右三个分支,在各分支子集中重复建树结点和分支的过程。IBLE 方法比 ID3 方法在识别率上提高了 10%。

6.2.1.2　集合论方法

基于粗糙集理论的方法、基于概念树的方法和覆盖正例排斥反例的学习方法统称为集合论方法。

(1)粗糙集理论方法

粗糙集理论是一种研究不精确和不确定性知识的数学工具。粗糙集理论和模糊集理论都是针对不确定性问题的,且它们既相互独立又相互补充。用粗糙集理论来处理不确定性问题的最大优点在于它不需要关于数据的预先或附加的信息,且粗糙集方法容易掌握和使用。它最早被用于医学和工业知识库中。

粗糙集理论中的一些概念和方法可以用来从数据库中发现分类规则,其基本思想是将数据库中的属性分为条件属性和结构属性,对数据库中的元组根据各个属性不同的属性值分成相应的子集,然后对条件属性划分的子集与结论属性划分的子集之间的上下近似关系生成判定规则。

(2)概念树方法

在数据库中,许多属性都是可以进行数据归类的,以形成概念汇聚点,各属性值和概念依据抽象程度不同可以构成一个层次结构,概念的这种层次结构通常称为概念树。概念树一般由领域专家提供,概念树与数据库中特定的属性有关,它将各个层次的概念按一般到特殊的顺序排列。

基于概念树的知识发现方法是一种归纳方法,它其实是一个元组合并的处理过程,用这种方法从数据库中发现规则知识的核心是执行基本的和面向各属性的归纳。其基本思想是:

• 一个属性的较具体的值被该属性的概念树中的父概念所替代。

• 对知识基表中出现的相同元组进行合并,构成更宏观的元组,并计算宏元组所覆盖的元组数目。如果数据库记录生成的宏元组数目仍然很大,那么将用这个属性的概念树中更一般的父概念去替代或者根据另一个属性进行概念树的提升操作。

• 生成覆盖面更广、数量更少的宏元组,并归纳所得的最后结果转换成逻辑规则。

(3)覆盖正例排斥反例方法

覆盖正例排斥反例方法是从已知的正例和反例中归纳出能够描述正例而排斥反例的一般规则,它在机器学习中称为示例学习(也称为通过例子学习)。在学习的过程中,它既需要正例集又需要反例集,数据库中的元组集合可以被视为示例集合。当要发现某一类而排斥其余类的一般规则时,可以将某一类元组作为正例集,其余类所有的元组作为反例集,这样依次指定正例集和反例集便可以发现描述知识基表中某一类元组而排斥其余类的一般规则,即分类规则。

6.2.2 仿生物技术

通常我们将神经网络方法和遗传算法归为仿生物技术,它们使计算机的行为表现出智能化的特征。神经网络方法是描绘人类行为的规则,然后用计算机表示的方式表达这些规则。遗传算法是一种抽象于生物进化过程的基于自然选择和生物遗传机制的优化技术。

6.2.2.1 神经网络方法

人工神经网络就是以神经生理学为基础,从神经生理学的基本观点和结论作为构造人工神经网络基本假设的前提。可以将神经网络模型分成感知机、Hamming 网络和 Hopfield 网络三大类。

(1)感知机

罗森勃拉特于 1957 年提出的感知机模型把神经网络的研究从纯理论探讨引向了工程上的实现,在神经网络的发展史上占有重要的地位。尽管它有较大的局限性,甚至连简单的异或(XOR)逻辑运算都不能实现,但它毕竟是最先提出来的网络模型,而且它提出的自组织、自学习思想及收敛算法对后来发展起来的网络模型都产生了重要的影响。甚至可以说,后来发展的网络模型都是对它的改进与推广。

最初的感知机是一个只有单层计算单元的前向神经网络,由线性阀值单元组成,称为单层感知机。后来针对其局限性进行了改进,提出了多层感知机。

感知机的输出直接根据网络的输入计算出来,并不涉及反馈。

(2) Hamming 网络

Hamming 网络是专门为求解二值模式识别问题而设计的(问题中输入向量的每个元素只能是两个可能值中的一个,在此取 -1 和 1 两个值)。在该网络中采用了前馈层和递归(反馈)层。Hamming 网络的目标是判定哪个标准向量最接近于输入向量。判定结果由递归层的输出表示。每个标准模式均对应递归层中的一个神经元,当递归层收敛后,递归层中只有一个神经元的输出值为非 0 值,该神经元指明了哪一个标准模式与注入向量最接近。

以 Hamming 网络为代表的竞争网络有两个主要特点:其一是它们计算出已存储的标准模式和输入模式之间的距离测度;其二是通过竞争决定哪一个神经元表示的标准模式是接近于输入模式的。

(3) Hopfield 网络

Hopfield 网络是有些类似于网络递归层的一种递归网络,但它能有效地实现 Hamming 网络的两层所完成的工作。Hopfield 递归网络最初是从统计力学的研究发展而来的。它们主要用于联想存储中,其存储的数据能由相关的输入数据回忆出来,而无需用一个地址对其访问。

6.2.2.2 遗传算法

遗传算法是一种抽象于生物进化过程的基于自然选择和生物遗传机制的优化技术。遗传算法可被看作寻优和优化过程。它首先将问题参数按某种形式进行编码,编码后的位串称作染色体(个体)。随机生成 N 个染色体构成初始种群,再根据预定的适应值函数对每个染色体分配适应值,使得性能较好的染色体具有较高的适应值。之后,选择出适应值高的染色体进行复制,通过遗传算子(选择、交叉、变异),产生一群新的更适应环境的染色体,形成新的种群。这样一代一代不断繁殖、进化,最后收敛到一群最适应环境的个体上,求得问题的最优解。

遗传算法是多学科结合与渗透的产物,遗传算法的研究工作主要集中在以下几个方面:

(1) 基础理论

这包括进一步发展遗传算法的数学基础,从理论和试验研究它们的计算复杂性。在遗传算法中,群体规模和遗传算子的控制参数的选取是非常困难的,同时它们又是必不可少的试验参数,这方面已有一些具有指导性的试验结果。遗传算法还有一个过早收敛的问题,怎样阻止过早收敛也是人们正在研究的问题之一。

（2）分布并行遗传算法

遗传算法在操作上具有高度的并行性，许多研究人员都在探索在并行机和分布式系统上高效执行遗传算法的策略。对分布并行遗传算法的研究表明，只要通过保持多个群体和恰当地控制群体间的相互作用来模拟并行执行过程，即使不使用并行计算机，也能提高算法的执行效率。

（3）分类系统

分类系统属于基于遗传算法的机器学习中的一类，它包括一个简单的基于串规则的并行生成子系统、规则评价子系统和遗传算法子系统。分类系统正被人们越来越多地应用在科学、工程和经济领域中，是目前遗传算法研究领域中的一个十分活跃的领域。

（4）遗传神经网络

遗传神经网络包括联接权、网络结构和学习规则的进化，遗传算法与神经网络相结合正成功地用于从时间序列分析来进行财政预算。在这些系统中，训练信号是模糊的，数据是有噪声的，一般很难正确地给出每个执行的定量评价。如果采用遗传算法来学习的话，就能克服这个困难，显著地提高系统的性能。Muhlenbein 分析了多层感知机网络的局限性，并猜想下一代神经网络将会是遗传神经网络。

（5）进化算法

模拟自然进化过程可以产生鲁棒的计算机算法。

6.2.3 公式发现

科学发展和社会进步离不开自然定律的应用，自然界除了已发现的规律外，还有无穷的规律需要人们去发现。科学家可以从大量的实验数据中进行深入的研究得到相应的自然规律，例如牛顿三大定律、万有引力定律等。工程师可以从大量的工程问题中得到带有一定误差的经验性规律。计算机的出现使数据拟合技术成为寻找近似公式的有力武器。但数据拟合方法只能解决一些实际问题，在寻找公式的范围方面是很有限的。对于科学发现的自然规律，用数据拟合的方法在计算机上运算是绝对得不到精练的公式的。BACON 系统是利用人工智能技术来解决这一问题的新途径。作为机器学习的公式发现是在大量数据中找出数据之间的函数依赖关系的数据挖掘方法。FDD 和 BACON 就是两类比较典型的数据公式发现系统。

(1)BACON 系统

BACON 系统完成了物理学中大量定律的重新发现。它的基本思想是对数据项进行初等数学运算(加、减、乘、除等)形成组合数据项,逼近常数,经过若干次运算,若组合数据项的值为常数项,就得到了组合数据项等于常数的公式。

总的来说,BACON 系统是一个较为完善的机器学习系统。但是,BACON系统存在的缺陷也是显而易见的,在 BACON 系统中,自动学习的能力比较弱,而强调人工干预的作用。基本上仍局限于一个再发现系统,需要在自动学习和可视化方面加以改进。

(2)FDD 系统

FDD 系统利用人工智能启发式搜索函数原型,寻找具有最佳线性逼近关系的函数原型,并结合曲线拟合技术及可视化技术来寻找数据间的规律性。它是对两个数据项交替取初等函数后与另一数据项的线性组合逼近直线,经过若干次运算,若得到直线,就找到了两个变换后的数据项的线性组合公式。

但 FDD 也存在着一定的不足,如自动化程度不很高,需要用户帮助指出基本原型。FDD 系统的可视化程度也比较低,而且只能对函数原型作图。另外,该系统的学习深度还有待加深,并且要加强输出结果的可读性。

6.2.4 统计分析方法

作为一位数据挖掘的研究者来说既需要理解统计学又需要理解计算科学。因为数据挖掘的很多算法是根据统计学的分析方法发展出来的,它需要用到例如随机变量、样本、假设检验、回归等一系列统计学概念和原理。数据挖掘技术中的一些经典技术(如 CART,CHAID 等)都来自统计技术,许多实际挖掘工具都是基于统计技术构造的。我们将这类方法归称为统计分析方法。本书的第 7 章将对统计类数据挖掘技术的具体方法进行详细和深入的介绍。

统计分析方法主要有以下几种。

(1)常用统计

用样本数据集中的频次、频率描述样本数据结构的基本特征;用茎叶图与直方图对刻度级样本数据的描述;用样本众数、中位数、均值对数据中心的描述;用极值、四分点与百分位点对样本数据离散特征点状描述;用极差、四分位距与离差对样本数据离散特征的区间描述;用样本方差对离散状的统计值描述以及用箱形图对样本数据特征的综合表述等。

（2）各种回归技术

回归又包括线性回归和非线性回归。

1）线性回归

线性回归是最简单的回归形式。双变量回归是将一个随机变量 y（称作响应变量）看作另一个随机变量 x（称为预测变量）的线性函数 $y=\alpha+\beta x$。

2）非线性回归

变量间的关系呈曲线形式（即非线形的），拟合一条曲线来反映变量间的关系。

非线性回归主要存在以下 7 种模型。

① 双曲线模型

$$y_i = \beta_1 + \beta_2 \frac{1}{X_i} + \varepsilon_i$$

② 二次曲线模型

$$y_i = \beta_1 + \beta_2 x_i + \beta_3 x_i^2 + \varepsilon_i$$

③ 对数模型

$$y_i = \beta_1 + \beta_2 \ln x_i + \varepsilon_i$$

④ 三角函数模型

$$y_i = \beta_1 + \beta_2 \sin x_i + \varepsilon_i$$

⑤ 指数模型

$$y_i = \alpha \beta_1 x_i + \varepsilon_i$$

$$\ln y_i = \beta_0 - \beta_1 - \beta_2 x_i - \varepsilon_i$$

⑥ 幂函数模型

$$y_i = \alpha x_i^b + \varepsilon_i$$

⑦ 修正指数增长曲线

$$y_i = \alpha + \beta x^{\lambda i} + \varepsilon_i$$

根据非线性回归模型线性化的不同性质，前述模型一般可细分成如下 3 种类型。

第 1 类：直接换元法。这类非线性回归模型通过简单的变量变换，可以直接化为线性回归模型，如双曲线模型、二次曲线模型、对数模型和三角函数模型。由于这类模型的因变量没有变形，可以直接采用最小平方法估计回归系数并进行检验和预测。

第 2 类：间接代换法。这类非线性回归模型经常通过对数变形的代换，间接地化为线性回归模型，如指数模型、幂函数模型。由于这类模型在对数变形代换过程中改变了因变量的形态,使得变形后模型的最小平方估计失去了原模型的残差平方和为最小的意义,从而估计不到原模型的最佳回归系数,造成回归模型与原数列之间的较大偏差。

第 3 类:非线性型。这类非线性回归模型属于不可线性化的非线性回归模型,如修正指数增长曲线。

(3)聚类挖掘技术

聚类分析方法作为统计学的分支,其多年的研究主要集中在距离的聚类分析上。这些方法已经在许多统计软件包中得到应用。在数据挖掘中,聚类分析主要集中在聚类方法的可伸缩性,对聚类复杂形状和类型的数据有效性,高维聚类分析技术以及针对大型数据库中混合数值和分类数据的聚类方法上。目前,聚类方法主要有分层聚类、划分聚类、密度聚类、网格聚类、模型聚类等。

(4)最近邻域数据挖掘

最近邻域数据挖掘工具是数据挖掘技术中最容易理解的技术之一,因为它用与人们思维方式相似的方法进行分析——检测最接近的匹配样本。

用最近邻域方法进行预测的基本概念是相互之间"接近"的对象具有相似的预测值。如果知道其中一个对象的预测值后,可以预测其最近的邻域对象。

6.2.5　模糊数学方法

在自然科学或社会科学研究中,存在着许多定义不很严格或者说具有模糊性的概念。这里所谓的模糊性,主要是指客观事物的差异在中间过渡中的不分明性,如某一生态条件对某种害虫、某种作物的存活或适应性可以评价为"有利、比较有利、不那么有利、不利";灾害性霜冻气候对农业产量的影响程度为"较重、严重、很严重",等等。这些通常是本来就属于模糊的概念,为处理分析这些"模糊"概念的数据,便产生了模糊集合论。

根据集合论的要求,一个对象对应于一个集合,要么属于,要么不属于,两者必居其一,且仅居其一。这样的集合论本身并无法处理具体的模糊概念。为处理这些模糊概念而进行的种种努力,催生了模糊数学。模糊数学的理论基础是模糊集。模糊集的理论是 1965 年美国自动控制专家查德(L. A. Zadeh)教授首先提出来的,近 10 多年来发展很快。

模糊集合论的提出虽然较晚,但目前在各个领域的应用十分广泛。实践证明,模糊数学在农业中主要用于病虫测报、种植区划、品种选育等方面,在图像识别、天气预报、地质地震、交通运输、医疗诊断、信息控制、人工智能等诸多领域的应用也已初见成效。从该学科的发展趋势来看,它具有极其强大的生命力和渗透力。

利用模糊数学理论进行数据挖掘的方法有:模糊聚类分析、模糊模式识别、模糊分类、模糊关联规则等。

6.2.6 可视化技术

人们把原始数据看作是形成知识的源泉,就像从矿石中采矿一样。原始数据可以是结构化的,如关系数据库中的数据,也可以是半结构化的,如文本、图形、图像数据,甚至是分布在网络上的不同构型数据。

数据挖掘的方法可以是数学的,也可以是非数学的;可以是演绎的,也可以是归纳的。通过数据挖掘可以发现多种类型的知识,包括反映同类事物共同性质的广义型知识;反映事物各方面特征的特征型知识;反映不同事物之间属性差别的差异型知识;反映一事物和其他事物之间依赖或关联的关联型知识;根据当前历史和当前数据推测未来数据的预测型知识;揭示事物偏离常规出现异常现象的偏离型知识。为了发现这些不同类型的知识,要采用多种发现知识的工具。为了使发现知识的过程和结果易于理解和在发现知识过程中进行人机交互,要发展发现知识的可视化方法。为了了解数据之间的相互关系及发展趋势,人们可以求助于可视化技术。

信息可视化不仅用图像来显示多维的非空间数据,使用户加深对数据含义的理解,而且用形象直观的图像来指引检索过程,加快检索速度。在科学计算可视化中,显示的对象涉及标量、矢量、张量等不同类别的空间数据,研究的重点放在如何真实、快速地显示三维数据场。而在信息可视化中,显示的对象主要是多维的标量数据。目前的研究重点在于,设计和选择什么样的显示方式才能便于用户了解庞大的多维数据及它们相互之间的关系,其中更多地涉及心理学、人机交互技术等问题。

6.3 数据挖掘的知识表示

数据挖掘各种方法获得知识的表示形式主要有 5 种:规则、决策树、知识基(浓缩数据)、网格权值和公式。

6.3.1 规　则

规则知识由前提条件和结论两部分组成。前提条件由字段项(属性)的取值的合取(与,∧)和析取(或,∨)组合而成,结论为决策字段项(属性)的取值或者类别组成。

我们用一个简单例子进行说明,如两类人群的 9 个元组(记录),见表 6.1。

表 6.1　两类人数据例表

类型	身高	头发	HR 附
第一类人	矮	金色	蓝色
	高	红色	蓝色
	高	金色	蓝色
	矮	金色	灰色
第二类人	高	金色	黑色
	矮	黑色	蓝色
	高	黑色	蓝色
	高	黑色	灰色
	矮	金色	黑色

利用上面介绍的数据挖掘方法,将能很快得到如下规则知识:

IF(发色＝金色∨红色)∧(眼睛＝蓝色∨灰色) THEN 第一类人

IF(发色＝黑色)∨(眼睛＝黑色) THEN 第二类人

即凡是具有金色或红色的头发,并且同时具有蓝色或灰色眼睛的人属于第一类人;凡是具有黑色头发或黑色眼睛的人属于第二类人。

6.3.2 决策树

数据挖掘的信息论方法所获得的知识一般表示为决策树。

如 ID3 方法的决策树是由信息量最大的字段(属性)作为根节点,它的各个取值为分支,对各个分支所划分的数据元组(记录)子集,重复建树过程,扩展决策树,最后得到相同类别的子集,以该类别作为叶节点。

例如:表 6.2 的数据库,按 ID3 算法得到的决策树如图 6.3 所示。

表 6.2 已设立的商店和同行的同类商店的详细情况表

商店个数	位置	规模	档次	经营效果
10	市中心	大	高	一般
15	市中心	大	一般	成功
8	市中心	一般	高	成功
6	城乡结合部	大	一般	一般
6	城乡结合部	一般	一般	成功
10	市中心	一般	一般	一般

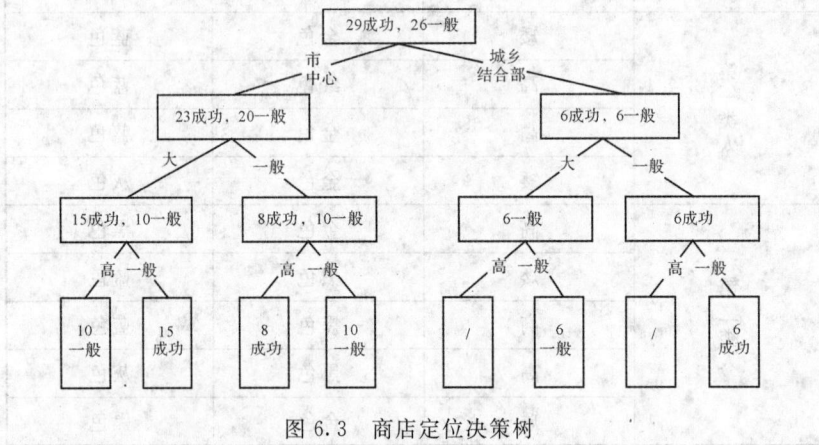

图 6.3 商店定位决策树

6.3.3 知识基(浓缩数据)

数据挖掘方法能计算出数据库中字段(属性项)的重要程度,对于不重要的字段可以删除。对数据库中的元组(记录)能按一定的原则合并。这样,通过数据挖掘的方法能大大压缩数据库的元组和字段项,最后得到浓缩数据,称为知识基。它是原数据库的精华,很容易转换成规则知识。

例如上例的人群数据库,通过计算可以得出身高是不重要的字段,删除它后,再合并相同数据元组,得到浓缩数据如表 6.3 所示。

表 6.3 知识基(浓缩数据)

类型	头发	眼睛
第一类人	金色	蓝色
	红色	蓝色
	金色	灰色
第二类人	金色	黑色
	黑色	蓝色
	黑色	灰色

6.3.4 网络权值

神经网络方法经过对训练样本的学习后,所得到的知识是网络连接权值和结点的阈值。一般表示为矩阵和向量。例如,异或问题的网络权值和阈值分别为:

$$\begin{bmatrix} w_{11} & w_{12} \\ w_{21} & w_{22} \end{bmatrix} = \begin{pmatrix} 1 & 1 \\ 1 & 1 \end{pmatrix}$$

$$\begin{pmatrix} \theta_1 \\ \theta_2 \end{pmatrix} = \begin{pmatrix} 0.5 \\ 1.5 \end{pmatrix}$$

$$(T_1, T_2) = (-1, 1)$$

$$\Phi = 0.5$$

网络权值如图 6.4 所示。

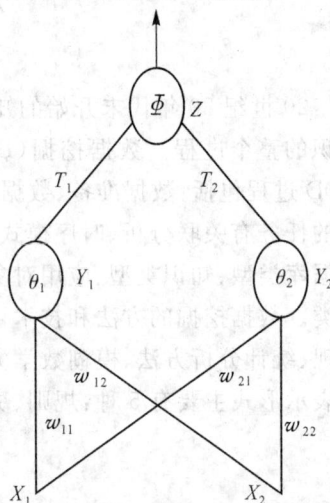

图 6.4 神经网络结构和权值

6.3.5 公 式

通常在大量实验数据(数值)中,它们蕴涵着一定的规律性,通过公式发现算法,可以找出各种变量间的相互关系,用公式表示。

例如,太阳系行星运动数据中包含行星运动周期(旋转一周所需时间,d),以及它与太阳的距离(围绕太阳旋转的椭圆轨道的长半轴,Gm),数据如表 6.4 所示。

表 6.4　太阳系行星数据

	水星	金星	地球	火星	木星	土星
周期 P/d	88	225	365	687	4343.5	10767.5
距离 d/Gm	58	108	149	228	778	1430

通过物理定律发现系统 BACON 和经验公式发现系统 FDD 均可以得到开普勒第三定律:$d^3/P^2=25$。

本章小结

20 世纪 80 年代末开始的知识发现(KDD)被认为是从数据中发现有用知识的整个过程。数据挖掘(DM)被认为是 KDD 的主要而关键的步骤。KDD 过程包括:数据准备、数据挖掘及结果的解释和评估三部分。数据挖掘的任务有关联分析、时序模式、聚类、分类、偏差检测和预测。我们可以按数据库类型、知识类型、应用对象、使用的方法和技术等几方面对数据挖掘分类。数据挖掘的方法和技术可以分为:归纳学习方法、仿生物技术、公式发现、统计分析方法、模糊数学方法、可视化技术。通常数据挖掘获得知识的表示形式主要有 5 种:规则、决策树、知识基、网络权值和公式。

习　题

1. 知识发现过程的定义是什么,包含哪些步骤?

2. 知识发现与数据挖掘有什么关系?

3. 数据挖掘任务有哪几项? 并作简要说明。

4. 数据挖掘的主题和挖掘的任务如何确定?

5. 数据挖掘的分类有哪些?

6. 数据挖掘方法和技术分类有哪些?

7. 数据挖掘对象有哪些?

8. 数据挖掘有哪些方法和技术?

9. 数据挖掘过程中需要涉及哪些过程?

10. 数据挖掘的知识有哪几种表示形式?

第 7 章

统计类数据挖掘技术

学习目标

· 了解统计与统计类数据挖掘技术的概况
· 了解数据的聚集与度量技术、各种回归技术
· 了解聚类挖掘技术和最近邻域挖掘技术
· 了解统计分析工具 SPSS 及其应用

本章关键词

统计学(Statistics)
聚集(Aggregation)
回归分析(Regression Analysis)
聚类分析(Cluster Analysis)
最近邻技术(Technology of Nearest Neighbors)

统计学是一门有着上百年历史并被广泛应用的技术。相对于 20 世纪 80 年代才发展起来的数据挖掘技术,统计学有着深厚而扎实的理论基础。由于在计算机科学技术上产生并迅速发展应用的数据挖掘技术与统计学这门传统技术有着共同的目标——发现数据中的结构,它们之间这种研究目标的重叠自然导致了迷惑。事实上,有时候还导致了反感。统计学有着正统的理论基础(尤其是经过本世纪的发展),而现在又出现了一个新的学科,有新的主人,而且声称要解决统计学家们以前认为是他们领域的问题。这必然会引起关注。更多的是因为这门新学科有着一个吸引人的名字,势必会引发大家的兴趣和好奇。

实际情况是数据挖掘还应用了其他领域的思想、工具和方法,尤其是计算机学科,例如数据库技术和机器学习,而且它所关注的某些领域和统计学家所关注的有很大不同。只是统计类数据挖掘技术是数据挖掘技术中较为成熟的一种,主要包括了数据的聚集与度量技术、各种回归技术、聚类挖掘技术、最近邻域挖掘技术等。本章将探讨一下统计与统计类数据挖掘技术它们之间的关系,较为详细叙述目前最常见的统计类数据挖掘的几种技术以及概括地介绍 SPSS 这种统计分析工具及其应用。

7.1　基本概念

统计学和数据挖掘有着共同的目标:发现数据中的结构。虽然它们的目标相似,但数据挖掘并不是统计学的分支。因为数据挖掘还应用了其他领域的思想、工具和方法。不过统计学作为数据挖掘的一种技术,在数据挖掘领域中有着不可忽略的地位。

7.1.1　统计学

统计学理论在 20 世纪二三十年代就基本完成,它是数据搜集和描述数学的一个分支。从理论成熟到目前为止,统计学方面的研究主要是在应用统计学。应用统计学指的是基于理论统计学的基本原理,应用于各个领域的数据处理方法,统计解析方法及统计推断方法。其特征有二:一是其数理性原理为各研究领域通用;二是具有对应于某特定领域的特有的分析方法。

在统计中总要涉及数据,处理数以万亿比特计的数据,必须借助于数学模型来对这些数据进行归纳、推断和预测,寻找数据间的模式。所谓数学模型,就是根据社会现象的内在、外在因素变量及其相互关系,进行抽象和假设,构造一个或一组反映数量关系的数学方程式。利用数学模型,揭示事物的内部结构,分析变量之间的相互关系,进行统计推断和预测。例如,用过去的资料来推测未来,利用局部资料来推断总体,利用相关总体的资料进行变量间关系的推断,等等。推断统计是描述统计的继续,是统计研究的深入和发展。由于各方面条件的约束,不可能也没有必要对每项统计调查,全面、系统地认识总体的全部单位,而只需要抽取少量单位的信息资料,对总体状况进行推断或估计。这样就可以有效地发挥统计的作用。统计研究中的抽样推断方法、相关与回归分析方法,统计推算与预测、统计假设检验等方法,都是模型推断方法的具体表现形式。这些方法主要从样本调查的结果推算总体,包括在一定的把握条件下,对总体的数量特征做出一定区间内的推测;也可用于推断两个不同总体之间某一数量特征是否具有明显的差异,在统计假设检验中,可以得到具体的应用。

7.1.2　统计类数据挖掘技术

统计作为数据挖掘中的一种技术,应用非常广泛,因为统计技术可以解决同样类型问题在同样情况下的应用,例如预测、分类和发现。

统计分析工具可以用于一系列的商业活动,例如使用统计工具进行数据分析,以寻求最佳机会,增加市场份额和利润,提高产品和服务的质量使顾客更加满意(利用全面质量管理程序),通过流水线产品制造和后勤服务的协调来增加利润。鉴于统计学理论的成熟性和统计学应用的普遍性,统计类数据挖掘技术已经成为目前最成熟的数据挖掘技术。它主要包括数据的聚集与度量技术、各种回归技术、数据的聚类挖掘技术和数据的最近邻技术等。

7.2　最简单的统计类挖掘技术

在统计分析类挖掘技术中,最简单的就是聚集函数和柱状图分析技术。这些技术在一般的关系数据库中都能被使用。

7.2.1 聚集函数与度量

数据库中包含常用的聚集函数有如下几个：

(1)count():统计对象的个数；

(2)sum():统计对象的总和；

(3)avg():统计对象的平均值；

(4)max():统计对象的最大值；

(5)min():统计对象的最小值。

这些函数在数据挖掘中主要发挥概要统计作用。譬如：为数据进行中心趋势的度量，可以采用算术平均值。

如果数据对象的值与某个权重有关，即值的大小需要考虑值的意义、重要性或频率，就不能简单地用算术平均值来度量数据对象的中心趋势，而需要采用加权算术平均值。

在数据对象是倾斜的情况下，数据中心的度量最好采用中位数。如果数据对象已经排好序，当数据对象的个数为奇数时，中位数就是有序数列的中间值；如果数据对象的个数为偶数时，中位数就是中间两个数的平均值。

7.2.2 柱状图

柱状图主要是用来总结数据的。从柱状图中可以得出数据库更高层次的理解。

图 7.1 是一次中小学英语学习实验测试(NEAT)等级成绩柱状图。从图中可以直观地反映出考试的等级分布情况。譬如,可以从图中对此次考试试卷做一些简单的评判,也可以看出此次考试成绩符合正态分布。

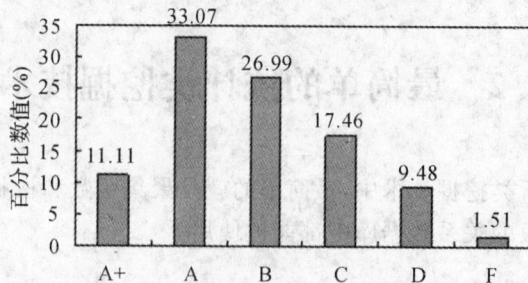

图 7.1   NEAT 实验测试二级考试成绩的柱状图

7.3　回归分析数据挖掘技术

回归分析可以说是统计分析中应用最多、最广泛的一个分支,它起源于19 世纪高斯的最小二乘法,20 世纪初形成了回归分析。然而它充满了活力,新的想法和技巧的不断引入,使它成为一种既古老,又年轻的分析方法。

回归是研究自变量与因变量之间关系的分析方法,其目的在于根据已知自变量来估计和预测因变量的总平均值。例如,企业的赢利与客户数、客户购买能力和销售成本有着依存关系。通过对这一依存关系的分析,在已知有关客户数、客户购买能力和销售成本的条件下,可以预测企业的平均赢利水平。在统计中有许多不同类型的回归,但是它们的基本思想都是创建的模型能够匹配预测属性中的值。

7.3.1　线性回归数据挖掘技术

回归最简单的形式是仅包含一个预测目标和一个预测属性的简单线性回归,称为一元线性回归,也称单因素回归。

一元线性回归是最简单、最基本的一种形式。将一个随机变量 y(称为响应变量)看作另一个随机变量 x(称为预测变量)的线性函数,即

$$y = \alpha + \beta x \tag{7.1}$$

其线性如图 7.2 所示。

其中,假定 y 的方差为常数,α 和 β 是回归系数,分别表示直线在 Y 轴的截距和直线的斜率。这些系数可用最小二乘法求解,这使得实际数据与该直线的估计之间误差很小。给定 s 个样本或形如 $(x_1, y_1), (x_2, y_2),\cdots, (x_s, y_s)$ 的数据点,回归系数 α 和 β 可用公式(7.2)和(7.3)计算。

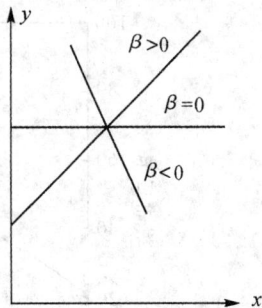

图 7.2　一元线性回归图

$$\beta = \frac{\sum_{i-1}^{s}(x_i - \bar{x})(y_i - \bar{y})}{\sum_{i-1}^{s}(x_i - \bar{x})^2} \tag{7.2}$$

$$\alpha = \bar{y} - \beta \bar{x} \tag{7.3}$$

其中,$\bar{x}$ 是 $x_1, x_2, \cdots, x_s$ 的平均值,而 $\bar{y}$ 是 $y_1, y_2, \cdots, y_s$ 的平均值。系数 α 和 β 通常给出在其他情况下复杂回归方程的较好的近似。

实例:表 7.1 中给出一组年薪数据。其中 x 表示大学毕业生毕业后工作的年数,而 y 表示对应的收入。这些数据之间的线性关系可用 SPSS 的图形描述工具表现出来(参见图 7.3)。

表 7.1　年薪数据表

工作年数 x	年薪 y(单位:1000 元)
3	30
8	57
9	64
13	72
3	36
6	43
11	59
21	90
1	20
16	83

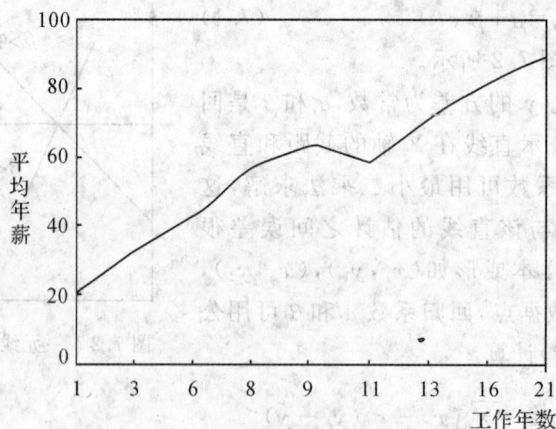

图 7.3　工作年数与年薪关系分析图

我们用方程 $y = \alpha + \beta x$ 表示年薪和工作年数之间的关系。根据给定数

据计算出 $\bar{x}=9.1, \bar{y}=55.4$，将这些值代入公式（7.2）和（7.3）方程中，得到

$$\beta = \frac{(3-9.1)(30-55.4)+(8-9.1)(57-55.4)+\cdots+(16-9.1)(83-55.4)}{(3-9.1)^2+(8-9.1)^2+\cdots+(16-9.1)^2}$$

$$=3.5$$

$$\alpha=55.4-(3.7)(9.1)=23.6$$

这样，得到方程式 $y=23.6+3.5x$。使用此方程，可以预计出有 10 年工作经验的大学毕业生的年薪为人民币 58600 元。

7.3.2 非线性回归数据挖掘技术

上述变量间关系是一条直线的情况，非常特别。在很多情况下，变量间的关系呈曲线形式，即非线性的，这时就应拟合一条曲线来反映变量间的关系。一元非线性回归主要包括：一元对数回归、一元幂函数回归、一元双曲线回归、一元指数回归、一元倒指数回归、一元 S 型回归和一元多次回归，其中一元多次回归最常用的是一元二次回归、一元三次回归和一元四次回归。

（1）一元对数回归 $\hat{y}=a+b\lg(x)$

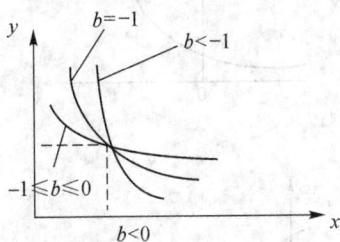

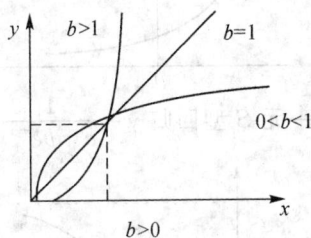

（2）一元幂函数回归 $\hat{y}=ax^b$

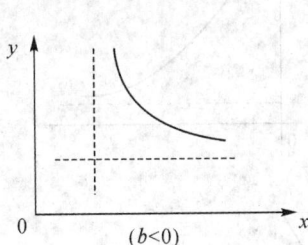

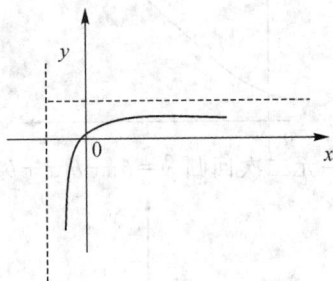

（3）一元双曲线回归 $\dfrac{1}{y}=a+\dfrac{x}{b}$

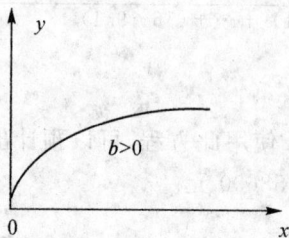

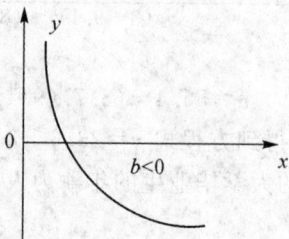

（4）一元指数回归 $\hat{y}=ae^{bx}$

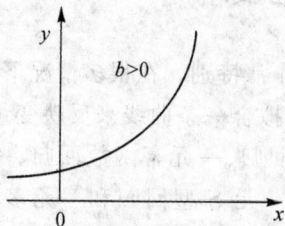

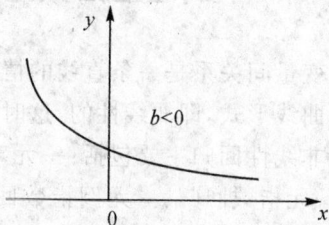

（5）一元倒指数回归 $\hat{y}=ae^{b/x}$

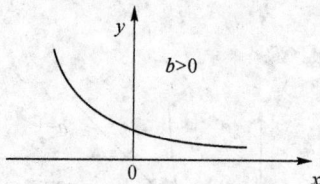

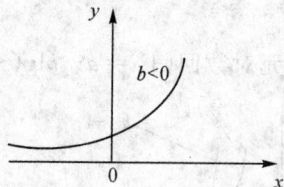

（6）一元 S 型回归 $\hat{y}=\dfrac{1}{a+be^{-x}}$

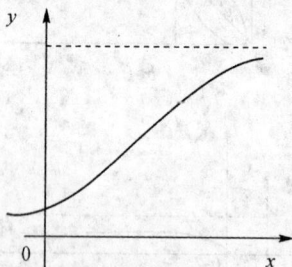

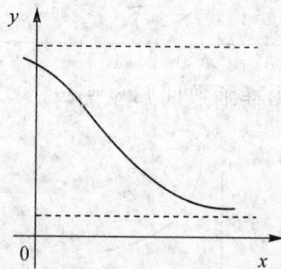

（7）一元二次回归 $\hat{y}=b_0+b_1x+b_2x^2$

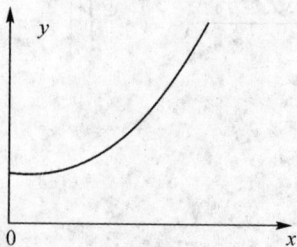

(8)一元三次回归 $\hat{y} = b_0 + b_1 x + b_2 x^2 + b_3 x^3$

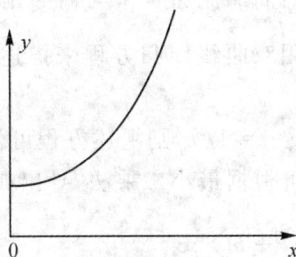

(9)一元四次回归 $\hat{y} = b_0 + b_1 x + b_2 x^2 + b_3 x^3 + b_4 x^4$

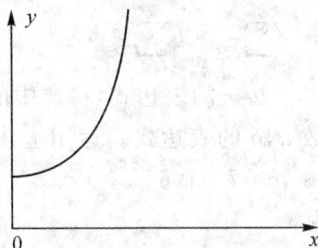

实例:某县某年各百货商店年商品销售额和商品流通费率有以下数据资料(见表7.2),试建立适当的回归预测方程,并预测该县某个百货商店的计划销售额扩大到28.5万元时,商品流通费率可降低至多少?

回归问题在几何上等价于寻求拟合散布点的曲线。我们运用表中的数据绘制散点图7.4,可以清楚地看出每年销售额逐渐增长,商品流通费率逐渐减少。

表7.2 某县某年各百货商店年销售额和商品流通费率

年销售额分组	~3	3~	6~	9~	12~	15~	18~	21~	24~
销售额(万元)	1.5	4.5	7.5	10.5	13.5	16.5	19.5	22.5	25.5
商品流通费率(%)	7.0	4.8	3.6	3.1	2.7	2.5	2.4	2.3	2.2

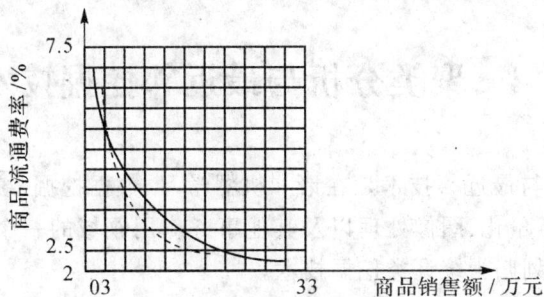

图7.4 商品销售额和商品流通费率关系

(——:实际值;……:预测值)

通过图 7.4 可以看出:商品流通费率与商品销售额之间呈 $\hat{y}=a+b\dfrac{1}{x}$ 型的双曲线形状,所以要用双曲线回归方程来描述它们之间的数据变化规律,并据此预测未来。

对于上述双曲线,可令 $z=1/x$,则上述方程可化为:$\hat{y}=a+bz$。

关于 z 的线性形状,可根据最小二乘法,导出如下方程:

$$\begin{cases} \sum_{i=1}^{n} y_i = na + b\sum_{i=1}^{n} z_i \\ \sum_{i=1}^{n} z_i y_i = a\sum_{i=1}^{n} z_i + b\sum_{i=1}^{n} z_i^2 \end{cases}$$

也可以直接根据 $\hat{y}=a+b/x$ 的表达式,将式中的 $1/x$ 变为 z,即得到双曲线回归方程的回归参数 a,b 的表达式。运用上述数据,进行变换代入上述方程解之得:$a=2.2258$,$b=7.6196$。

则双曲线回归方程为:

$$\hat{y}=2.2258+7.6196\frac{1}{x}$$

对所拟合的曲线回归方程进行统计检验,可以选取任意一种方法。若以以前的公式代入数据可得 $r=\pm0.967$。这里相关系数 r 应取负值,理由是商品销售额增加会相应地降低商品流通费率,两者呈负相关关系。查相关系数临界表得,$r_{min}=0.798$,则 $r>r_{min}$,这说明两者呈显著的负相关,用此曲线方程来描述两者之间的关系是极显著的。利用这个双曲线回归方程式就可以预测 y 值。如果某年该县某个百货商店的计划销售额扩大到 28.5 万元,那么该店预测商品流通费率可降低到:

$$\hat{y}=2.2258+7.6196\times\frac{1}{38.5}=2.47\%。$$

7.4 聚类分析与最近邻挖掘技术

聚类分析与最近邻技术是在诸如机器学习、数据挖掘、统计数据分析、数据压缩、向量量化、图像处理以及其他事务应用领域的一个重要应用,很多著作中把它划归为统计类挖掘技术。

7.4.1 聚类的概念

聚类(Clustering)是将物理或抽象对象进行分组并将相似对象归为一类的过程。数据聚类将物理的或抽象的对象分成几个群体,在每个群体内部,对象之间具有较高的相似性,而在群体之间相似性则比较低。一般讲,一个群体也就是一个类,即一个对象集合,我们事先并不知道对象所属的类。在机器学习中,聚类通常是指不监控学习(由于对象所属类不确定)或概念聚类(由于距离测量并不根据几何距离,而是以一组代表某一概念类的对象为基础)。这就需要定义一个衡量对象之间相似性的标准,并用来决定类。

聚类分析是计算机应用、自动控制、决策分析等领域经常使用的一种分析方法。聚类问题可一般性地描述为:待聚类样本空间 $x=x_l,x_{l+1},\cdots,x_n$,每个样本 x_i 由一组特征数据组成的 m 维向量 $x_i=\{x_{i1},x_{i2},\cdots,x_{im}\}$ 表示,x 的样本聚类即是 x 的一个划分 $A_1,A_2,\cdots,A_t$,且满足 $A_1\bigcup A_2\bigcup\cdots\bigcup A_n=x$ 并且 $A_i\bigcap A_j=\varnothing$($i$ 与每个划分 A_i 的元素的相互之间的距离都很小)。当 t 为定值时的聚类是静态聚类,即决策者已事先定出聚类的类别数;当 t 为变量时的聚类是动态聚类,即决策者事先不制订聚类数,t 的大小完全由样本空间的客观情况而定。

在机器学习中,我们称聚类分析为非监督分类,而数据分类则称为监督分类,两者所采用的方法相差甚远,并且数据聚类的时间复杂度要比数据分类大得多。

聚类分析在不同的应用领域分别以不同方法对各自不同侧重点加以研究。聚类的研究主要集中在两种方法:基于概率的方法(机器学习)和基于距离的方法(统计学)。

(1)基于概率的方法

这种方法主要基于这样的假设,即不同属性的概率分布是相互统计独立的。而实际上并非如此,属性之间的关系是存在的,而且有时这种关系正是我们所寻找的。聚类的概率表示使得聚类的修改和存储比较费事,特别是如果一个属性有许多值,因为复杂性不仅依赖于属性数量,而且依赖于每个属性的取值数。另一相关问题是通常用于标识聚类的概率树是非平衡的,如果扭曲输入数据则将导致一些戏剧性的变化。

(2)基于距离的方法

基于这样的假设,即所有数据点均是预先给出并可频繁扫描的。这里完全或部分忽视了这样一个事实,即并非所有点对于聚类都是同等重要的,数据点的接近和稠密应综合考虑而不是单个考虑。

最基本的聚类问题是将相似数据项聚集在一起。如果将数据集当作一个数据空间,每个数据对象当作空间上的一个点,给定一个大型多维数据点集,这些点一般不能一致地占有数据空间。作为一个数据挖掘任务,数据聚类即是在一个大型多维数据集合中根据某种距离,标识簇或稠密定位区域,从而发现数据集的整体分布模式。

7.4.2 最近邻技术

最近邻是一种与聚类十分相似的预测技术,该技术的本质是,为了决定一条记录的预测值,用户必须在历史数据库中寻找有相似属性值的记录,并把这条记录的属性值作为与未知记录最接近的属性的预测值。

最近邻技术的最大应用是在预测领域。大多数人天生就有把不同对象进行排序的能力,如桔子与苹果之间的关系比西红柿与苹果之间的关系更密切。这种对不同对象的排序能力帮助我们在时间和空间两个方面来理解周围的事物;也正是这种能力,使得我们得以建立起聚类——无论是在数据库中还是在日常生活中。对这种普遍存在的关系的理解使我们能够进行预测。

这里把最近邻预测算法简单地理解为:若干关系密切的对象有着相似的预测值。因此,如果你知道这些对象中其中一个的预测值,那么就可能把它作为与它有着密切关系的最近邻的预测值。

最近邻用于预测时最多的地方是文本检索。文本检索要解决的问题通常是,最终用户指定一篇他们感兴趣的文章(如一篇技术论文),让系统再找出更多的类似文章来。

7.4.3 聚类分析与最近邻技术的运用

当人们讨论最近邻和聚类预测技术时,通常会提到"n 维空间"。他们的意思是,为了空间上的远和近,定义一个空间有助于计算距离。一般地,这些空间和我们所熟悉的三维空间相似,两个对象之间的距离是用它们之间的距离(如几何距离)来计量的。

适用于三维空间的方法同样适用于多维空间,因为绝大多数现实问题包含三个以上的维数。实际上,数据库中的每一个字段或列都可以看成是一个新的维。例如在一个学校的学生成绩数据库中,有专业年级、姓名、学号、性别、课程名称、成绩这六个字段,就可以看成是六个维,这就是一个六维空间。引进了 n 维空间的概念有助于理解算法的工作原理。

从三维空间变为六维空间,中间的跳跃并不大,现实问题中有一些非常复杂的空间。例如,在信用卡行业,卡的发行人(债权人)通常有 1000 个以上的特征来生成一个 n 维空间。在文本检索过程中(如从大规模的数据库中寻找一篇有用的《华尔街日报》的文章或在 Internet 上寻找一个有用的 Web 地址),字段(也就是这里所说的维)就是文件记录中有代表性的单词或词组。一年的《华尔街日报》如使用 5 万以上个不同的单词,这时就是在 5 万维的空间来计算记录之间的距离。

利用聚类方法和最近邻来进行预测时要运用上述 n 维空间的概念。图 7.5 给出了一个指定数据库中的数据。

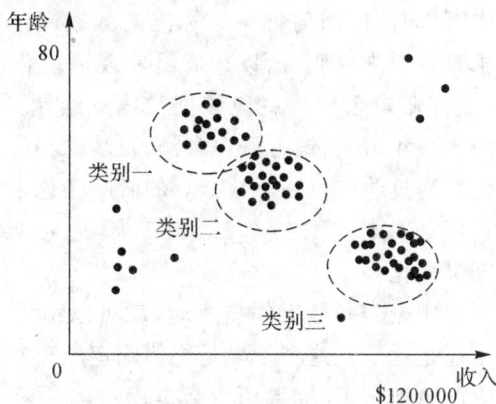

图 7.5　客户聚类分析图

图中纵轴和横轴分别表示年龄和收入,数据库中的每一条记录在这两个字段上的不同取值而被描述为图中的一个点。如富有的老年人聚集在图的右上方,而富裕的年青人则分布在图的右下方。虽然上图有许多个点,但它们主要聚集成三类,经过这样的处理之后,就可以为最终用户提供一个更高的角度来更好地理解数据库中的内容。如果你做高尔夫设备的生意,这些可能代表了你的客户群的分类情况:

第一类:中等收入、已退休的老人;

第二类:只在周末打高尔夫球的中年人;

第三类:年轻、富有,而且是高级俱乐部的成员。

同时也要注意,还有一些记录散落在以上三类客户之外,他们是低收入的中年人。虽然现有的数据点不足以形成第四个类,但也有可能他们是你的客户数据库中非常重要的一个组成部分——那些中等或低收入的蓝领工人。

这些散落在外,不能简单归入任何一个类的数据点称之为"奇异点"。给定的一个数据点和一个类别之间的距离通常用类的重心(就像物理学上的重心,在一个物体的重心的各个方向的重量分布均匀)与这个数据点之间的距离来计量。类的重心可以通过简单地计算类中各个记录的收入和年龄的平均值来得到。

对各个类的定义可以用它们的中心或中心与半径一起来限定,凡是落入半径范围内的点都归入这个类。类的中心就作为代表这个类中所有记录的原型。例如,类 1 的中心可能是一个年龄为 64.7 岁、年收入为 33000 美元、打高尔夫的老年人。

从这个例子中可以看出,如何把一个标准的数据库记录绘制到一个 n 维空间。这个例子只有两维空间,所以很容易实现可视化。如果是三维空间(年龄、年收入、银行账户余额),就应该把数据点绘制到三维空间图中。如果有四维空间(年龄、年收入、银行账户余额、眼睛的颜色),仍然可以在三维空间实现可视化。通过改变每一个数据点的眼睛颜色来为每个人配上合适的字段值。一旦超过四维,就很难像二维、三维,甚至四维空间那样同时把所有的维都实现可视化。

在 n 维空间里使用聚类和最近邻技术时,就可以衡量一条记录与另一条记录之间是近了还是远了。这个距离是如何确定的呢?

一种方法可以简单地认为,如果历史数据库中的任何一条记录与要预测的记录的每个字段取值都完全相同,就认为两者之间的距离为"近",否则就为"远",见表 7.3 所示。

表 7.3　一条要预测的记录与历史记录完全匹配

记录号	姓名	是否要预测	年龄	账户余额	收入	眼睛颜色	性别
5	Carla	是	21	2300 美元	高	蓝色	女
	Sue	否	21	2300 美元	高	蓝色	女

这样做的结果带来了两个方面的问题:一是在数据库中有可能找不到与记录完全匹配的历史记录,二是那些看似完全匹配的记录其实只是表面的,可能最好的结果存在于相邻的几个记录中间。另外两种处理方法不要求完全匹配。一种称为"曼哈顿距离",它只是把历史记录和要预测的记录的每个字段上的差额进行简单的累加。另一种称为"欧几里得距离",是用毕达哥拉斯定理在计算直角三角形的斜边一样的方法(即勾股定理:直角三

角形的斜边的平方等于另外两条直角边的平方和）。

7.4.3.1　主要聚类方法

聚类方法主要有分层聚类、划分聚类、密度聚类、网格聚类和模型聚类等。

（1）分层聚类

分层聚类技术从小到大逐步向上生成目录结构的类。由于聚类技术是无监督学习过程，就没有绝对最好的聚类结果，因而会产生两种极端情况：一种情况是把数据库中的每一条记录看作一个类，这样当然达到了把记录分类的目的，但是却与聚类技术是为了使用户可以更清楚地理解数据库中的记录这个最终目的相违背，况且，聚类结果生成的类应该比数据库中的记录数少得多；另一种极端情况是把所有的记录归入一个类，虽然实现了概括数据库内容的目的，但是不能向用户提供任何有用的信息。究竟应该生成多少个类，要视具体情况而定。分层聚类技术的一个优点就是允许最终用户指定最后生成的类的数目。

人们通常把分层聚类技术生成的目录结构看成一棵树，如图 7.6 所示。生成这样的一棵"树"之后，用户就可以决定合适的类的数目，既概括了数据库内容，同时又能提供有用的信息。用户如果要增加或减少类的数目也非常简单，只要在树形结构中往下走一层或向上走一层就可以实现。这些都是分层聚类技术所特有的优势。

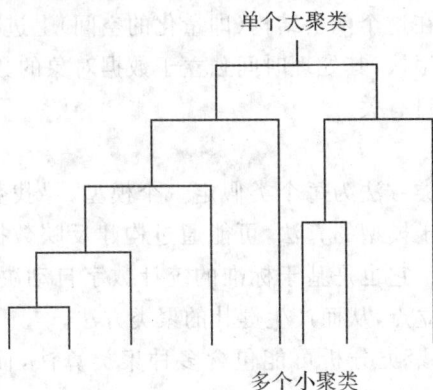

单个大聚类

多个小聚类

图 7.6　分层聚类树

从生成的这个树形结构中，我们可以发现：这棵树的生成过程可以是从上到下（一个类包含所有数据库中的记录）分裂而成，也可以是从下往上（数据库中的每一条记录作为一个类）逐步合并而成。

（2）划分聚类

划分聚类方法是给定一个 n 个对象或元组的数据库构建 k 个划分的方法。每个划分为一个聚类，并且 $k \leqslant n$。该方法将数据划分为 k 个组，每个组至少有一个对象，每个对象必须属于而且只能属于一个组（在有的模糊划分技术中对此要求不很严格）。该方法划分采用给定的 k 个划分要求，先给出一个初始的划分，再用迭代重定位技术，通过对象在划分之间的移动来改进划分。

为达到划分的全局最优，划分的聚类可能穷举所有可能的划分。但实际操作中，用比较流行的 k-平均算法和 k-中心点算法。前者，每个类用该类中对象的平均值表示；后者，每个类用接近聚类中心的一个对象表示。划分的最后认可，要求同一个类中的对象之间尽可能接近或相关，而不同类之间尽可能远离或不同。

（3）密度聚类

密度聚类的思想基于距离的划分方法，只能发现球状的簇，而不能发现其他形状的类。密度聚类只要邻近区域的密度（对象或数据点的数目）超过某个阈值，就继续聚类。也就是说，对给定类中的每个数据点，在一个给定范围的区域中必须至少包含某个数目的点。这样，密度聚类方法就可用于过滤"噪声"孤立点数据，发现任意形状的类。

（4）网格聚类

网格聚类方法是将对象空间量化为有限数目的单元，形成一个网格结构。所有的聚类都在这个网格结构（即量化的空间）上进行。这种方法的优点是它的处理速度很快，其处理时间独立于数据对象的数目，只与量化空间中每一维的单元数目有关。

（5）模型聚类

基于模型的聚类方法为每个类假定一个模型，寻找数据对给定模型的最佳拟合。一个基于模型的算法，可能通过构建反映数据点空间分布的密度函数来定位聚类。它也是基于标准的统计数字自动决定聚类的数目，考虑"噪声"数据或孤立点，从而产生健壮的聚类方法。

实际应用中的聚类分析可能包含多种聚类算法，而不是单一的聚类算法。

7.4.3.2　最近邻预测技术

用最近邻来预测时，既有记录的存在与不存在的问题，同时也有记录的预测值问题。即使是最简单的情况，预测值是"是"或"否"（客户会不会支付

账单),在我们看来也是不一样的。在图 7.7 中就有三类数据点:预测值为
"是"的记录点、预测值为"否"的记录点、缺省记录点。这样,聚类问题就可
以定义为:生成最相近的类,确保在对测试数据进行预测时的错误率降到最
低。这就是在无监督学习的聚类技术和有监督学习的最近邻技术之间的实
质区别。

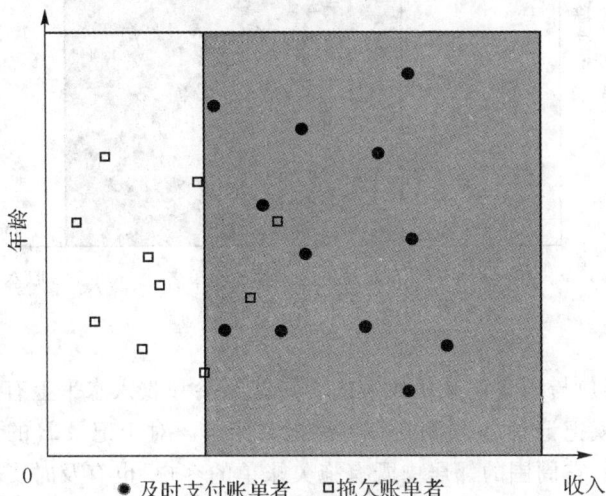

图 7.7 最近邻预测

D 数据库中有两类记录,分别用图中的实心圆点和空心正方形点表示。
为了便于预测,必须在数据库中聚类以把两者区分开来。这是一个有监督
的学习过程,因为聚类效果的好坏可以用预测的错误率来衡量。如图 7.8
那样从垂直于横轴(收入)的方向进行划分就是一种比较好的分隔方法。

图 7.8 中所有落入左边区域内的记录点都将被预测为支付账单的客
户,然而在这个区域内有两个拖欠账单的客户,这两个记录就被当作预测错
误。这样对历史数据的预测就达不到错误率为 0 的标准。同样,在左边的
灰色区域内虽然不会产生对历史数据的预测错误,但并不能就此说明对测
试数据的错误率为 0。

最近邻预测技术根据与未分类记录最近的历史记录的预测值来作出预
测。如前所述,"距离"的定义和内涵将对预测技术的精确度有一个巨大的
影响。一旦确定之后,就可以看清楚最近邻技术是如何预测的。见图 7.9,
图中未分类的记录点以 n 维空间中的点 A,B,C 标识。找出它们的最近邻,
计算它们所代表的记录的预测值,以此作为对未分类记录的预测值。例如,
对于记录 A,它的最近邻是一个已经拖欠账单的客户记录点,由于记录 A

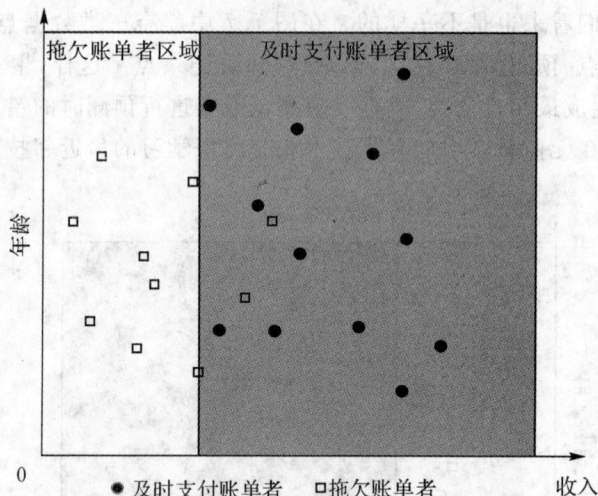

图 7.8 数据记录的分类

所代表的客户与历史记录所代表的客户在年龄和收入水平上有着相似的特征,在这里就把记录 A 预测为有可能拖欠账单。对于记录 B 的预测就不如 A 那么简单,它周围的邻居中既有拖欠账单的客户,也有及时支付账单的客户。在这里,由于与 B 最近的邻居是一个拖欠账单的客户,所以就把它归入同一类中。

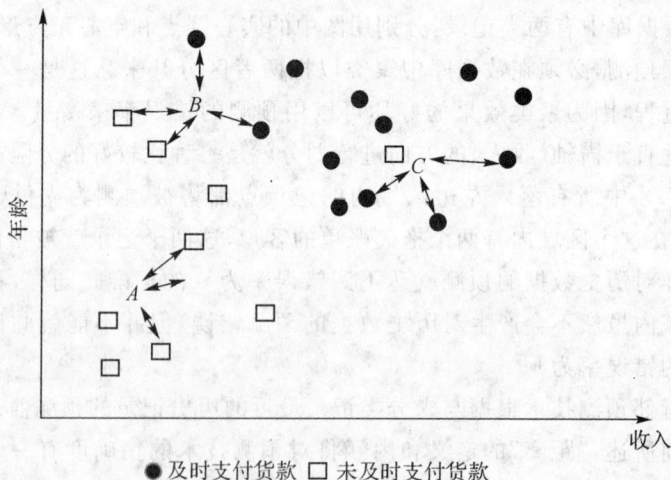

图 7.9 最近邻预测(n 维)

人们通常对上面这个基本的最近邻算法作一些改进,用 K 个,而不是一个最近邻来决定它应该归入的类别。在上图中可以看到,虽然记录 C 的最近邻是一个拖欠账单的客户记录,但是,除了这个记录点之外,其余的客户都有着良好的信用记录。这里与记录点 C 最近的那个点显然是一个奇异点。记录 C 是一个及时支付账单的客户的可能性要远远大于是一个拖欠账单的客户的可能性。这种情况下,选择 9 或 15 个最近邻来决定未分类记录的类别的预测精确度将高于只用一个最近邻的情况。一般地,如果这 K 个最近邻的预测值是一个逻辑值(二元的),那么就取 K 个记录预测值的大多数取值;如果预测值是绝对值,那么就取它们的平均值来作为要预测的记录的预测值。

任何一个预测系统除了给出预测值之外,还会给出一个预测的可信度。例如,对一个特定的客户的预测是他(或她)将在 60% 的情况下拖欠账单。最近邻算法通常有许多确定可信度的方法:

(1)用预测记录点与最近邻的距离来表示可信度。如果这个距离非常小或与历史记录点完全重合,预测的可信度就高。

(2)用 K 个最近邻的预测值的一致性程度来表示可信度。K 个邻居的预测值的一致性程度越高,对这个未知记录的预测的可信度就高。

7.4.4 聚类分析应用示例

聚类分析问题可描述为:给定 m 维空间 R^m 中的 n 个向量,把每个向量归属到 S 个聚类中的某一个,使得每个向量与其聚类中心的"距离"最小。聚类分析问题的实质是一个全局最优问题。在这里,m 可认为是样本的参数与聚类的属性个数,n 是样本的个数,S 是由用户预先设定的分类数目。

定义 1:对于 m 维空间 R^m 中的向量 $X_i, X_j, X_i = \{x_{i1}, x_{i2}, \cdots, x_{im}\}$,

$X_j = \{x_{j1}, x_{j2}, \cdots, x_{jm}\}$,向量 X_i, X_j 之间的距离为:$d_{ij} = \sqrt{\sum_{k=1}^{m}(x_{ik} - x_{jk})^2}$。

以下提出的聚类算法借鉴了模糊数学中模糊分类的思想,计算的基本思路是:对于 m 维空间 R^m 中的一组向量 $X_i (i = 1, 2, \cdots, n)$,首先人为地给出分类个数 c 和一个初始分类 T_j,由此得出各向量的初始隶属度:

$$u_{ij} = \begin{cases} 1, & \text{当 } X_i \in T_j \text{ 时} \\ 0, & \text{当 } X_i \notin T_j \text{ 时} \end{cases}$$,以及计算每一个初始分类 T_j 的初始聚类中心

V_j,然后反复迭代直到分类结束,每一个向量都以一定的隶属度归入某一类。迭代的过程分以下几步:

Step 1:按定义 1 中的距离计算每一个向量 X_i 到所属类聚类中心 V_j 的距离。

$$d_{ij}^{(l+1)} = \sqrt{\sum_{k=1}^{m}(x_{ik} - v_{jk}^{(l)})^2}$$

其中:l 表示迭代次数,初始时 $l=0$,v_{jk} 是 V_j 的第 k 个分量。

Step 2:计算每一个向量的隶属度。

$$u_{ij}^{(l+1)} = \frac{1}{\sum_{k=1}^{c}\left(\dfrac{d_{ij}^{(l+1)}}{d_{ik}^{(l+1)}}\right)^{\frac{1}{\alpha-1}}} \qquad j=1,2,\cdots,c, i=1,2,\cdots,n$$

其中:α 是一个关系到收敛速度的经验常数($\alpha > 1$)。

Step 3:判断隶属度是否收敛。

$$\left|u_{ij}^{(l+1)} - u_{ij}^{(l)}\right| \leqslant \varepsilon \qquad j=1,2,\cdots,c, i=1,2,\cdots,n$$

如果上式成立,分类迭代结束。

Step 4:计算每类的新的聚类中心 $V = \{V_j^{(l+1)}\}$。

$$V_j^{(l+1)} = \frac{\sum_{k=1}^{n}(u_{kj}^{(l)})^{\alpha}X_k}{\sum_{k=1}^{n}(u_{kj}^{(l)})^{\alpha}} \qquad j=1,2,\cdots,c$$

由上述设计聚类算法 Clustering 如下:

算法输入:$n \times m$ 数组 item,其中 n 表示分类样本的个数,m 表示每个样本的属性个数,分类数 c,收敛速度常数 $\alpha(\alpha > 1)$,收敛判断数 ε。

$n \times c$ 数组 $u^{(0)}$,其中 c 表示分类个数

算法输出:$n \times c$ 数组 $u^{(k)}$,表示收敛了的隶属度数组。

$l \Leftarrow 0$

LOOP:

for (j = 1; j <= c; j++)

$$\left\{ V = V(j)^{(l+1)} \Leftarrow \frac{\sum_{k=1}^{n}(u(k,j)^{(l)})^{\alpha}\text{item}(k)}{\sum_{k=1}^{n}(u(k,j)^{(l)})^{\alpha}} \right. \qquad // 新聚类中心$$

for ($j=1; j <= c; j++$)

{for ($i=1; i <= n; i++$)

$$\{d(i,j)^{(l+1)} \Leftarrow \sqrt{\sum_{k=1}^{m}(\text{item}(i,k) - v(j,k)^{(l)})^2} \}\} // 新的距离$$

for ($j=1; j <= c; j++$)

{for ($i=1; i <= n; i++$)

$$\{u(i,j)^{(l+1)} \Leftarrow \frac{1}{\sum_{k=1}^{c}(\frac{d(i,j)^{(l+1)}}{d(i,k)^{(l+1)}})^{\frac{1}{q-1}}} \}\} \qquad // 新的隶属度$$

for $(j=1; j <= c; j++)$

  $\{$for $(i=1; i <= n; i++)$

  $\{$if $|u_{ij}^{(l+1)} - u_{ij}^{(l)}| \geqslant \varepsilon$ then $l \Leftarrow l+1$;GO LOOP$\}\}$ $//$ 判断收敛

RETURN $U^{(l+1)}$

以下结合实例讨论聚类分析方法在员工业绩考核中的应用。

某商场拟对职工进行综合考评,因以往并未对考评指标做过量化工作,因此考虑首先将职工按照几个指标分成优、一般、欠佳三类。根据有关销售业绩、出勤天数、顾客投诉次数的统计资料如表 7.4 所示(限于篇幅,仅以 8 位职工、3 个指标为例)。

表 7.4 职工业绩统计

职工	销售金额(千元)	出勤天数	顾客投诉次数
A	72.50	25	2
B	80.34	25	0
C	73.00	24	1
D	65.22	23	2
E	79.20	24	0
F	72.38	23	1
G	63.11	24	2
H	74.25	24	1

利用上述 Clustering 聚类算法进行分类,初始分类共分三类,随意地将职工 A,B,C 归于一类,职工 D,E,F 归于一类,职工 G,H 归于一类,初始隶属度为:

$$U^{(0)} = \begin{pmatrix} 1 & 0 & 0 \\ 1 & 0 & 0 \\ 1 & 0 & 0 \\ 0 & 1 & 0 \\ 0 & 1 & 0 \\ 0 & 1 & 0 \\ 0 & 0 & 1 \\ 0 & 0 & 1 \end{pmatrix}$$

,聚类过程如表 7.5 所示。

表 7.5　分类迭代隶属度

职工	第 1 次迭代			第 2 次迭代			⋯	第 6 次迭代			第 7 次迭代		
A	0.073	0.875	0.052	0.032	0.948	0.020	⋯	0.048	0.910	0.041	0.048	0.912	0.041
B	0.486	0.305	0.209	0.545	0.291	0.164	⋯	0.863	0.093	0.044	0.865	0.092	0.043
C	0.216	0.672	0.112	0.099	0.851	0.050	⋯	0.019	0.967	0.014	0.020	0.966	0.015
D	0.184	0.263	0.552	0.096	0.143	0.760	⋯	0.053	0.099	0.849	0.054	0.102	0.843
E	0.517	0.292	0.191	0.591	0.268	0.140	⋯	0.930	0.049	0.021	0.928	0.051	0.022
F	0.037	0.936	0.028	0.058	0.904	0.038	⋯	0.061	0.885	0.054	0.060	0.866	0.053
G	0.220	0.292	0.489	0.163	0.225	0.611	⋯	0.062	0.104	0.834	0.060	0.102	0.838
H	0.522	0.360	0.117	0.356	0.541	0.104	⋯	0.161	0.748	0.091	0.161	0.748	0.091

从上面迭代隶属度表中可以看出，当迭代到第 7 次时，隶属度已经收敛（$\varepsilon=0.05$），从上表得出分类结果为：第一类{B,E}，第二类{A,C,F,H}，第三类{D,G}，于是，可以得出职工 B,E 属于优等，职工 A,C,F,H 属于一般，职工 D,G 欠佳的结论，且结论是合理的、易理解的。

应该指出，为了进行有效的数据挖掘，在运用挖掘算法之前对数据进行必要的整理、滤去数据"噪声"是非常有必要的，对算法得出的结论也应由领域专家进行全面的评价，并对算法作必要的优化。

7.5　统计分析工具及其使用——SPSS

7.5.1　统计分析工具

数据挖掘中的统计分析工具是一种处于知识发现工具和信息处理工具之间的数据挖掘工具。它既可以完成信息的分析处理，又能够进一步进行商业活动的统计分析，这比单纯的信息处理功能增强了许多。当然统计类数据挖掘工具与其他的知识发现类工具相比，还缺乏更强大的知识挖掘功能，而且还不能像其他数据挖掘工具那样，完全依靠数据的驱动来进行数据挖掘，还需要用户的指导。

在利用统计分析工具时，用户必须从数据仓库或数据集市选取恰当的数据项。当用户抽取到合适的数据以后，就可执行统计分析工具中的可视化功能和分析功能来寻找数据间的关系,并且构造统计模型和数学模型来解释这些数据之间的商业模式。

在分析过程中,用户可以利用交互式过程或迭代过程对模型进行求解。其目标是开发最适应商业用环境的模型,并且将数据转化为信息。在选择适应性模型时,商业分析人员在商业领域的专业知识和解决问题的技巧是及其重要的。

7.5.1.1 统计类数据挖掘工具的功能

考虑到许多统计分析任务的复杂性,统计分析类工具应当提供可视化功能、探索功能、统计功能、数据管理功能、显示功能、数据挖掘描述功能和开发功能。

(1)可视化功能

数据可视化功能将有助于查找大量数据之间的关系,如可以识别时间序列数据中的模式,也可进行曲线匹配,以发现数据中的"商业规则"或"商业模式",还可通过自动成组化离散值,或者通过改变图的始点和尺寸来操作数据。

(2)探索功能

数据挖掘工具的探索功能有助于选择适用于数据的恰当统计功能和模型。这些功能包括多维表,面向分析的求助信息;细剖,排序和数据子集;分割文件并且做示例;指明极值和冗余。

工具应能动态生成恰当的图表、图形或表格,并且将其作为探索过程的一部分自动提供给商业分析员。

(3)统计和操作功能

统计和操作功能应该提供丰富的数据统计和操作功能,如线性、非线性回归分析;时间序列分析(包括自动关联);快速傅里叶变换和预测;多变量分析;ANOVA,CHAID,非参数化测试和多响应分析。

(4)数据管理功能

利用数据的管理功能可为用户提供查找细节信息、浏览数据的子集、删除冗余、比较子集、数据存储格式的转换等数据操作。

(5)显示功能

这些功能可以记录分析的步骤,将记录传送给商业分析员,然后显示整个分析任务过程。记录功能应该包括分析步骤、数据集选择过程、所选图表和图形的调色板或演示功能,以及其他信息间的通信。这些功能还在多用户的网络数据挖掘过程中,向用户提供共享统计分析任务的中间结果和分析过程。

（6）挖掘结果描述功能

数据挖掘结果描述功能提供较为简单的商业图表、图形和表格形式，将一组数据挖掘结果表示出来，以方便复杂的数据分析和通信。这种功能应该能够很快地从图表类型中转化成数据，并按照需要将数据显示成不同的图表；能够将各种图表、图形和表的类型以合适的形式显示给商业用户，以便用户很容易地选择合适的表示方法。其中包括一些基本的图表和图形（如 $x-y$ 线以及散点绘图、框架绘图、直方图、条形图、饼图、面积图、区间绘图、三维图形和轮廓绘图、统计图表以及类似的报表）。

（7）开发工具

用户利用这些开发工具可以很容易插入桌面应用程序和构件，以便进行统计分析，制作图表、图形和报表。

面向对象编程语言以及通过类似对象链接与嵌入（OLE）技术的数据交换功能，将会增强商业分析员的分析能力，可将统计分析与桌面决策支持应用有机地组合起来。

（8）可接受的响应时间

统计分析类数据挖掘工具的操作可能要花上几分钟，甚至几个小时，这对商业决策来说都是可接受的。当然也存在例外，例如在遇到紧急市场分析处理时，几天之后的响应是无法接受的，因为当数据不能反映当前状况时，有可能无法进行相关分析。

7.5.1.2 统计分析类工具的用途

在数据挖掘过程中，有时需要对时序数据库和序列数据库进行数据挖掘。时序数据库中的数据是一些反映随时间变化的序列值或事件组成的数据库，这些值一般是等时间间隔采集的数据。序列数据库也是包含序列数据的数据库，但是它可能有时间标记，也可能没有。

统计类数据挖掘工具可以在时序数据和序列数据的挖掘中发挥重要作用，主要是趋势分析、相似性搜索、与时间有关数据的序列模式挖掘和周期性模式的挖掘。

（1）趋势分析

发生时序变化的数据通常可能出现长期的趋势变化、循环变化、季节变化以及随机变化的倾向。趋势变化的数据序列可以反映一般的变化方向，它的时序图是一种较长时间间隔上的数据变化。这种变化反映一种趋势，确定这种趋势的方法可以采用加权平均或最小二乘法。

循环变化数据的趋势线在一个较长的时期内呈现一种摆动变化迹象。这种摆动可能是一种完全周期性的,也可能不是周期性的,即在时间间隔之间循环不按同样的模式演变。

季节变化数据反映每年都重复出现的事件,这种时序变化是以同一或类似同一模式,在连续几年的有关月份中重复出现。

随机变化的倾向数据时序反映了由于随机事件所引发的数据时序变化。对于季节性波动的趋势确定,需要采用季节指数来处理,即用一组数字表示一年中某些月份某变量的相关值。

对于呈现周期或类似周期的变化趋势,可以按照引入季节性指数的方法引入循环指数处理。至于随机变化数据的趋势可以针对趋势、季节、循环变化的数据调整加以估计。一般情况下,小偏差出现的频率较高,大偏差出现的频率较低,应该服从正态分布。

在数据挖掘中,可以通过对趋势、循环、季节变动或随机变动的系统分析,制订比较合适的长期或短期预测。

(2) 时序分析

时序分析是指在时序数据中应用所谓的相似搜索,找出与给定查询序列最接近的数据序列(主要找出与给定序列相似的所有数据序列的子序列匹配或找出彼此间相似的整体序列匹配)。这些相似搜索可以用于对市场数据的分析中。

时序的相似搜索需要经过数据变换,将时序数据从时间域转换到频率域,转换的方法有傅里叶变换(DFT)和离散小波变换(DWT)。一旦数据完成变换,就可提交系统,由系统根据索引检索出与查询序列保持最小距离的数据序列,然后通过计算时间序列和未满足查询的序列间的实际距离进行必要的后处理。

在相似搜索中不一定要求匹配的子序列在时间轴完全一致。也即子序列只要具有同样的形状,即使存在间隔或在偏移(或振幅)中存在差异,也可以认为是匹配的。

为提高相似搜索效率,在数据转换以后需要建立一些索引,这些索引主要有 R-树、R*-树以及后缀树等。

(3) 周期分析

周期分析是针对周期模式的挖掘,即在时序数据库中找出重复出现的模式。周期模式挖掘可以看成以一组分片序列为连续时间的序列模式挖掘。周期模式的挖掘问题可以分成挖掘全周期模式、挖掘部分周期模式和挖掘周期关联规则 3 种。

● 挖掘全周期模式是指在周期中的每一时间点都影响时序上的循环行为。

● 挖掘部分周期模式是一种比较松散的全周期模式。这种模式在现实中是常见的,它主要描述部分时间点的时序周期。

● 挖掘周期关联规则是指周期性出现的事件的关联规则,即在某个周期中,某个事件发生后,将会导致另一事件的发生。

7.5.2　统计分析工具应用

在统计类数据挖掘技术的应用中,需要商业分析人员给予必要的辅助指导,因此统计类数据挖掘技术的应用的成败往往取决于商业分析人员的专业水平。

7.5.2.1　统计分析类工具应用中的问题

在现实世界中的数据仓库极易受噪声、空缺数据和不一致性数据的影响。因为数据仓库太大,存在不完整的、含噪声的和不一致的数据是大型的、现实数据库或数据仓库的共同特点。不完整数据的出现可能有多种原因。有些感兴趣的属性,并非总是可用的。

数据含噪声(具有不正确的属性值)可能有多种原因:如收集数据的设备可能出故障,人为的或计算机的错误可能在数据输入时出现,数据传输中的错误也可能出现。这些或许是由于技术的限制(如用于数据传输同步的缓冲区大小的限制),不正确的数据可能由命名或所用的数据代码不一致而造成的。重复元组也会造成数据噪声,对此也需要清理。

数据清理例程通过填写空缺的值、平滑噪声数据,识别、删除孤立点,并且解决不一致来“清理”数据。脏数据能使挖掘过程陷入混乱,导致不可靠的输出。尽管大部分挖掘例程都有一些过程,处理不完整或噪声数据,但它们并非总是强壮的。相反,它们更致力于避免数据过分适合所建的模型。这样,需要一个预处理步骤清理数据中的各种问题。

(1) 空缺值处理

如果一个数据库中许多元组的一些属性值没有记录值,可以采用以下的方法为该属性添上空缺的值。

● 忽略元组:如果挖掘任务涉及分类或描述,但是缺少类标号时可以忽略元组。该方法应用时,要求元组有多个属性缺少值,否则该方法不是很有效。当每个属性缺少值的百分比变化很大时,它的性能就非常差。

● 人工填写空缺值：一般地讲，该方法很费时，但当数据集很大、缺少很多值时，该方法可能行不通。

● 使用一个全局变量填充空缺值：该方法是将空缺的属性值用同一个常数替换。

● 使用属性的平均值填充空缺值：使用与给定元组属同一类的所有样本的平均值。

● 使用最可能的值填充空缺值：可以用回归、基于推导的使用贝叶斯形式化方法的工具或判定树归纳确定最可能的值，将其填充到空缺值中。

（2）噪声数据处理

噪声是一个测量变量中的随机错误或偏差。给定一个数值属性的噪声，可以将其平滑掉或剔除掉。

● 分箱：分箱方法用来平滑噪声。该方法主要通过考察"邻域"（即周围的值），平滑存储数据的值。存储值被分布到一些"桶"或箱中。由于分箱方法参考相邻的值，因此它进行局部平滑。分箱也可以作为一个离散化技术使用。

● 聚类：数据中的孤立点噪声可用聚类检测出来。聚类将类似的值组织成群或"聚类"。直观地看，落在聚类集合之外的值被视为孤立点。孤立点值作为噪声位处理，将其删除或用"聚类"中心值代替。

● 计算机和人工检查结合：可以通过计算机和人工检查相结合的方法来识别孤立点。

● 回归：可以通过让数据适合一个函数（如回归函数）来平滑噪声数据。线性回归涉及找出适合两个变量的"最佳"直线，使得一个变量能够预测另一个。多元线性回归是线性回归的扩展，它涉及两个以上的变量，适合多线面数据。使用回归找出适合数据的数学方程式能够帮助消除噪声。

（3）不一致数据处理

对于有些事务，所记录的数据可能存在不一致性。数据不一致可以使用其他材料人工加以更正，例如数据输入时的错误可以使用纸上的记录加以更正。

7.5.2.2　统计分析遵循的基本原则

统计分析的科学依据在于事物发展的规律性。具体来说，应该遵循以下 3 个基本原则。

（1）与定性分析相结合原则

统计分析是一种定量分析，但不是抽象的量，而是具有一定质的量。首先,必须对现象的性质有足够的认识,在管理理论指导下对现象进行详细的分析,找到事物的内在联系和主要的数量关系。这样,才能用恰当的数学模型进行分析。对分析的结果也应根据有关专业理论进行分析和修正。

（2）连贯和类推原则

这是进行模型外推分析所要遵循的两条重要原则。连贯指的是过去和现在的状况将会依某种规律延续到将来。它有两方面的含义:一是时间的连贯性,即分析对象在较长时间所呈现的主要数量特征保持相对稳定,以时间序列为代表的趋势外推分析正是利用时间连贯性的假定;二是结构的连贯性,即分析对象系统的结构基本上不随时间而变,各变量间相互影响的关系基本稳定,因果关系分析则以这一假定为前提。

类推原则指客观事物的结构和变化都有一定模式。同一性质、同一类型的事物,其结构变化应该有同一模式。这种模式可由数学模型模拟,将过去的情况类推到将来。类推原则是建立统计模型的理论基础。

（3）统计资料的可靠性和分析公式的适应性原则

必须保证统计资料准确、可靠和合理,才能利用观测数据找到真正的统计规律,从而建立可靠的分析模型。对于同一目的、同一批数据的分析问题来说,可以有不同的分析模型和不同的分析方法,这时要根据事物的特点及其统计规律,确定使分析误差达到最小的分析模型和分析方法,即建立最合适的分析公式。

7.5.2.3 统计分析的步骤

（1）确定分析目标

对未来状况的分析是行动成功的关键。对社会经济现象的未来前景作出尽可能正确的估计,尽量减少行动决策中的风险,这正是分析所要研究的问题。每次分析之前,先要明白分析的对象是什么,解决什么问题,达到什么要求,分析的时间范围等。这些问题解决了,才能明确分析的具体任务。

（2）收集、审核及分析统计资料

确定目标后,根据分析目的,广泛收集所需资料,对资料认真审核,保证数据真实准确,且对资料进行分析、归纳和选择,剔除非正常因素的数据,找出事物发展的统计规律。确保指标口径一致可比、数据资料正确是保证分析结果准确的基础。

事实上,统计数据不可靠往往会造成分析结果的偏差,甚至对分析方法的误解,这是十分重要的一环。

（3）确定分析模型、选择分析方法

统计模型用于分析时，称为分析模型。分析模型有很多种，必须根据分析的要求及事物本身的特点，选择恰当的模型。还要选择正确的估计模型参数值的方性，即分析方法。一个分析模型可有不同的估计方法；同样，一个分析方法也适用于不同的模型。应根据分析的目的、占有资料的数量和可靠程度、分析精度要求、分析费用等项要求来选择恰当的分析模型和分析方法。

（4）进行分析和误差分析

进行分析是指根据选定的模型，用选定的分析方法计算出参数后，就有了据以分析的分析公式。根据分析公式对数据进行分析。

统计分析是对未来情况的估计值，由于在分析模型的理论解释和假定中，考虑因素不完整，加之客观现象的变化，所以在分析误差是不可避免的，所求出的分析值与实际值是有一定差异的。所以，在分析模型建立并且获得分析结果后，一般要经过误差分析，如果误差太大，要从各方面分析误差产生的原因，再进行模型或参数的修正，建立起可靠的分析公式，以提高分析水平。

7.5.2.4　统计类数据挖掘的性能问题

统计方法的优点是精确、易理解，并且已经被广泛应用。统计分析是一种有力的技术，用它可以了解客户、市场、产品和其他关键商业参数，但也存在一些问题：

（1）它是劳动力密集的，需要相当一部分统计分析员和商业分析员的分析劳动。

（2）成功的可能性很大程度上依赖于商业分析员解决问题的能力，不能自行查找隐藏在数据背后的知识。

（3）许多情况下，商业分析人员并不知道需要查找什么（或无法选择离散的变量分析），此时，统计分析工具将无法工作。

（4）在进行市场细分时，很难集成和分析非数字化数据，只适合数字化数据处理。

（5）一般来说，统计类数据挖掘工具的应用成本与其可接受的响应时间不好统一。

7.5.3　SPSS 及其应用

SPSS(Statistical Program for Social Sciences)作为适用的统计软件包

在数据挖掘领域中有着广泛的应用,其应用范围涉及经济、管理、工业、心理、教育等领域。

7.5.3.1 SPSS 的主要功能

SPSS 可以完成基本统计操作、回归分析、相关分析、分类分析、因子分析、非参数分析等数据挖掘工作。

(1) 基本统计分析

利用 SPSS 的基本统计分析功能可以进行分析数据的均数、方差、标准差、标准误差、最大(小)值、范围、偏差和峰值,并能进行正态分析、独立性检验、分析单变量、数据特性和多变量数据间的关系。

(2) 回归分析

SPSS 软件包包含了几乎所有的回归分析功能。

(3) 相关分析

在 SPSS 的相关分析中包括相关分析、偏相关分析、距离分析等数据分析功能。相关分析主要通过数据变量之间的密切程度,根据样本资料推断总体是否相关。

(4) 分类分析

SPSS 中的分类分析主要有快速样本聚类、层次聚类和判别分类。

(5) 因子分析

SPSS 中的因子分析主要用于研究若干个变量(因素)中每个变量对某些响应的作用。对这些因素的研究可以是单因素也可以是多因素的。

因子分析的目的是用少数几个因子去描述许多指标或因素之间的联系,即将相互关系比较密切的几个变量归纳在同一个类别中,每个类别就成为一个因子,这样就能应用少数几个因子反映数据中的大部分信息。

7.5.3.2 SPSS 分析处理过程

用 SPSS 对数据进行统计处理的大致过程为:

(1)首先将数据录入成 SPSS 的数据文件。SPSS 也可以读入其他格式的数据文件。

(2)对数据文件进行必要的编辑。

(3)利用 SPSS 的统计功能对编辑好的数据文件进行统计处理。

(4)调整 SPPS 输出的统计结果(包括报表、图形、文本等)。

(5)最后将结果输出、存盘、打印等。

如前所述,如果要在数据文件中输入中文,或者在输出结果中使用中文

注释,应启动汉字支持系统,或者在中文版的 Microsoft Windows 中运行
SPSS。

7.5.3.3　SPSS 的窗口和对话框

(1) 窗口

在 SPSS 版中,共有七种窗口,分别是:数据编辑器、输出浏览器、活动
表格编辑器、图形编辑器、输出文本编辑器、语句编辑器及脚本编辑器。

● 数据编辑器用于显示数据文件的内容。在数据编辑器中,可以创建
新的数据文件,也可以编辑旧的数据文件。启动 SPSS 时,自动打开数据编
辑器。在数据编辑器中,只能同时打开一个数据文件。

● 所有统计结果、表格和统计图都在输出浏览器中显示。在输出浏览
器中,可以编辑和存储统计结果。第一次执行产生输出的过程时,输出浏览
器将自动打开。

● 在活动表格编辑器中,可以编辑所有以活动表格显示的输出结果的
方方面面:编辑文字、表格行列对调、修改显示颜色、生成多维表格、有选择
性地隐藏和显示部分结果等。

活动表格编辑器用于设置输出浏览器中的表格格式。

● 在图形编辑器中,可编辑高分辨率的统计图:更改颜色、选择字体类
型和大小、坐标轴互换等,甚至可以更改统计图的类型。

● 对于不以活动表格输出的文本,可用输出文本编辑器编辑。在输出
文本编辑器中,可以更改文本的字体类型、更改大小等。

● 在语句编辑器中,可以采用 SPSS 语言编写语句文件,通过运行语句
文件,同样可以达到统计分析的目的。语句文件中的语句也可以用对话框
中的"Paste"按钮粘贴进来。

值得一提的是,SPSS 的部分语句的功能是不能通过鼠标操作菜单、对
话框等实现的,所以,要想精通 SPSS,掌握 SPSS 语言是必要的。

● 在脚本编辑器中可以用 SPSS 的脚本语言编写程序设置 SPSS 中的
一些基本的初始选项,例如表格中各栏的颜色、宽度等。

在 SPSS 中,很多统计任务都可通过选择菜单来完成。前述的七种窗
口都有各自的菜单栏,但所有窗口中都有"Analyze"和"Grghs"菜单,这样
在输出结果时可以不用切换窗口,直接通过这两个菜单完成。

对于很常用的操作,每个窗口中都有相应的工具按钮。通过单击工具
按钮,可以很方便地完成操作,而不用通过选择菜单进行。当光标移动到工
具按钮上时,SPSS 将自动显示该按钮的简单信息。

在 SPSS 中,用户可以根据自己工作的需要设置工具栏。具体设置可以分为以下几个方面:

• 显示或隐藏工具栏。可以横向或纵向显示工具栏,可以把工具栏紧贴在窗口的上、下、左或右边,也可将工具栏设置为浮动形式。这时工具栏为单独的浮动块,可以在窗口内或窗口外自由移动。

• 设置工具栏中的按钮。用户可以根据自己工作的需要设置最常用的按钮。

在 SPSS 的所有窗口中,状态栏显示在窗口的最下面。状态栏显示如下内容:

• 命令状态。当运行 SPSS 的目录或运程时,状态栏将显示目前已经处理的观测量数目,对于需要迭代的统计过程,状态栏将显示目前的迭代步数。

• 过滤状态。当选择观测量的一个随机样本或观测量的一个子集来分析时,状态栏将显示目前处于过滤状态,用户可以根据状态栏的信息查看当前过程是否对所有的数据进行分析。

• 加权状态。当数据文件中有加权变量时,在状态栏中可以看到相关的显示信息。

• 文件拆分状态。按照某些变量的值将数据文件分成若干组时,状态栏将显示文件处于拆分状态。当数据文件处于拆分状态时,统计过程将对每组进行单独统计。

(2) 对话框

在 SPSS 中,选择菜单中的大部分选项都将弹出相应的对话框。通过对话框中的按钮和下拉式菜单可以选择命令、语句、变量或参数,或者打开下一级对话框,完成设置后提交对话框中的内容给 SPSS,经 SPSS 处理后,才能得到相应的结果。

在 SPSS 中主要有两类对话框:统计对话框和统计分析对话框。

在 SPSS 中,通过菜单项或图表打开的统计分析对话框(或称一级对话框)的基本结构都差不多。

一级对话框都包含源变量框、目标变量框、复选框和按钮。

7.5.3.4 文件类型与函数

(1) SPSS 的文件类型

输入数据、建立数据文件是利用 SPSS 进行统计挖掘的前提。

（2）SPSS 函数

SPSS 共有 140 个函数。按照函数计算结果的类型，可将这些函数分成十大类。

在统计类数据挖掘工具中，除了 SPSS 外，SAS 也是一款很好的数据挖掘工具软件包。

本章小结

统计类数据挖掘技术是数据挖掘技术中比较成熟的一种，主要包括数据的聚集与度量技术、各种回归技术、聚类挖掘技术、最近邻数据挖掘技术等。

在统计类数据挖掘技术的应用中，需要商业分析人员给予必要的辅助指导，因此统计类数据挖掘技术应用的成败往往取决于商业分析人员的专业水平。

在统计类数据挖掘工具中，主要有 SPSS 和 SAS 统计软件。SPSS 统计软件利用 ODBC 可将许多数据库中的数据转换成 SPSS 文件，可使 SPSS 的数据源直接来自各种数据库。在 SPSS 中提供了基本统计分析、回归分析、相关分析、分类分析、因子分析等数据挖掘模式。

统计类数据挖掘技术可以用于趋势分析、时序分析、周期分析等领域。在使用统计分析类数据挖掘工具时要注意防止数据受到噪声的影响，并且遵循统计分析技术应用的一些基本原则。

在应用统计类数据挖掘工具时，按照确定挖掘对象、收集统计数据、选择合适的统计分析模型、分析处理、分析结果等步骤进行。

习　题

1. 试述线性回归模型的参数估计过程。

2. 线性回归模型和 Logistic 模型所处理的因变量的区别。

3. 在某个数据库中有不同元组值是：12，13，13，15，16，16，16，19，19，22，22，25，25，25，25，25，28，28，28，29，31，31，32，32，32，35，35，36，36，36，37，37，39，39，39，40，41，44，45，45。该系列数据的 count，sum，avg，max，min 分别是多少？另外请给出其他三个本章没有介绍的常用数据统计度量值。

4. 给定两个对象分别用元组(22,1,42,10)和(20,0,36,8)描述,计算这两个对象之间的曼哈顿距离、欧几里德距离和明考斯基距离;明考斯基距离的 q 值为 4。

5. 现有职工生产情况数据库,其中包含职工两个月的生产记录(见表7.6)。绘制数据图观察两者之间是否具有线性关系? 利用最小二乘法,求由职工前一个月生产情况预测后一个月生产情况的公式,并且预测前一个月产量为 86 的职工下一个月的产量为多少?

表 7.6 职工两个月的生产记录

前一个月产量 x	后一个月产量 y
723	842
502	636
816	772
747	783
944	904
866	756
592	492
831	795
650	773
337	539
887	747
818	901

6. 聚类是一种重要的数据挖掘技术,请讨论将聚类作为主要数据挖掘方法应用的情况,将聚类作为其他数据挖掘的数据准备情况。

7. 在靠近一个新数据点的 20 个相邻点中,8 个属于 m 类,11 个属于 n 类,1 个属于 k 类,这个新数据点最有可能属于哪一类?

8. 对第 3 题中的数据按照箱平滑方法进行数据平滑处理,箱的深度为 3。除本章所介绍的对数据平滑方法外,还有哪些数据平滑方法?

第 8 章

知识类数据挖掘技术

学习目标

- 了解知识发现系统的一般结构
- 了解关联规则的数据挖掘技术
- 了解神经网络的数据挖掘技术
- 了解遗传算法的数据挖掘技术
- 了解粗糙集的数据挖掘技术
- 了解知识发现工具的简介

本章关键词

知识发现(Knowledge Discovery)

关联规则(Association Rules)

神经网络(Neural Network)

遗传算法(Genetic Algorithms)

粗糙集(Rough Set)

知识类数据挖掘技术是一种数据驱动的、从数据仓库的数据中挖掘业务模式的知识发现技术。这种数据挖掘技术在进行数据分析时并不需要像统计分析类数据挖掘技术那样,必须在开始分析之前就得知道变量是什么,需要什么,否则就很难使用统计分析类数据挖掘工具进行数据挖掘工作。

幸运的是,人们已经在基于机器学习、人工智能等理论的基础上成功地研发出关联规则的数据挖掘技术、神经网络的数据挖掘技术、遗传算法的数据挖掘技术、粗糙集的数据挖掘技术等成熟的知识类数据挖掘技术。这种所谓的知识类挖掘技术是完全依靠数据驱动的,而不是像统计分析类数据挖掘技术那样,依靠商业分析人员驱动的。关联规则的数据挖掘技术、神经网络的数据挖掘技术、遗传算法的数据挖掘技术和粗糙集的数据挖掘技术归属于知识发现技术,其在数据挖掘中占有重要的地位。知识发现系统只需分析员最少的指导,就可以在最短的时间内找到事实和知识。在本章我们将介绍知识发现系统,详细说明四种知识发现技术:关联规则的数据挖掘技术、神经网络的数据挖掘技术、遗传算法的数据挖掘技术和粗糙集的数据挖掘技术,并对知识发现工具作简单介绍。

8.1 知识发现系统的结构

在第 6 章中我们已经介绍过知识发现的概念和过程。知识发现系统的结构由知识发现系统管理器、知识库、商业分析员、数据仓库的数据库接口、数据选择、知识发现引擎、知识发现评价、知识发现描述等部分组成(参见图 8.1)。知识发现系统依靠这些构件可从数据仓库或数据集市的数据存储中,抽取分析人员关注的、对于商业分析员有用的模式和关系。

在知识发现系统中,各部分之间的区分并不很清晰。知识发现系统中主要的输入是源于数据仓库的数据、商业分析员的意图,以及存储在知识库中的先验知识和经验。从数据仓库中选择的数据在知识发现引擎里处理,引擎中提供大量抽取算法,以便生成辅助模式和关系。然后对这些辅助模式和关系进行评价,它们中的一些被认为感兴趣的,被发送给商业分析员。有些发现可能还要补充进知识库中,以便为后继知识发现提供先验知识。

(1)知识发现系统管理器

知识发现系统管理器控制并且管理整个知识发现过程。商业分析员的输入和知识库中的信息用于驱动以下三个过程:数据选择过程,抽取算法的选择及使用过程,发现的评价过程。系统管理器也帮助生成需要发送给商

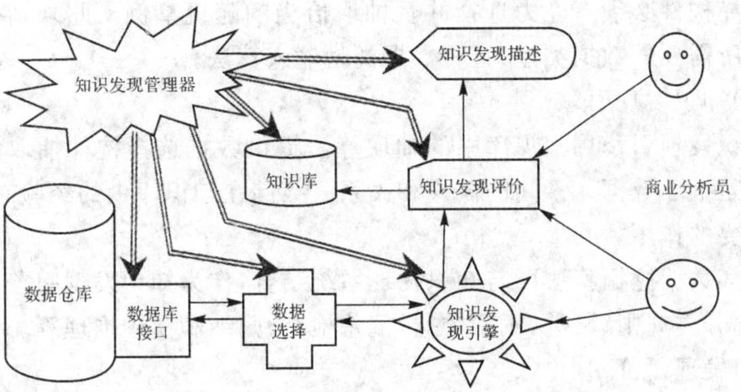

图 8.1 知识发现系统结构

业分析员的发现结果描述,它还帮助将合适的发现结果存储于知识库,作为下一步知识发现的先验知识。知识发现引擎的管理层由知识发现系统管理器管理。

(2)知识库和商业分析员

知识库包含源于各方面的知识。商业分析员可将元数据输入数据仓库,描述数据仓库的数据结构。商业分析员还要在知识库中输入其他相关的数据知识,例如应当注意的关键数据字段、分析中用于产生数据需求的商业规则、任何数据层次等。其目的是按一种有效的方式指导对关注性信息的发现。使用指导带来的风险是可能丢失潜在有用的模式和关系,商业分析员必须对此做出权衡。通过存储新的发现结果以驱动且增强后继使用,可以提高知识发现工具的能力。

知识库还可存储大量数据信息,以便在发现达到所需的可信级别时,抽取这些信息。有时只需一定数量的示例就足够了,有时却要处理整个数据库。不同模式抽取算法所需的数据类型和数据,存储于知识库中。

(3)数据仓库的数据库接口

知识发现系统利用数据库的查询机制,从数据仓库中抽取数据。对于关系数据库,可以使用 SQL 查询语言。知识库中的数据仓库元数据指导数据库接口正确组织数据结构,并且正确组织数据结构在数据仓库中的存储方式。为了提高效率,知识发现系统的数据库接口可以直接与数据仓库通信。

(4)数据选择

此构件可以确定从数据仓库中需要抽取的数据及数据结构。知识库指导数据选择构件选择需要抽取的数据以及抽取方式。如果只需示例数据,数据选择构件必须有能力选择并且抽取恰当的随机事例。此外,它还要选择算法所需的数据类型,且将数据类型输入算法。

(5)知识发现引擎

知识发现引擎用知识库中的抽取算法提供数据选择构件抽取的数据,其目的是抽取数据元素间的模式和关系。存储在知识库中的经验对发现抽取有重要的作用。

许多数据挖掘算法可与知识发现系统结合,作为知识发现引擎,例如数据依赖、分类规则、聚类、概括数据、偏差检查、归纳和模糊推理等。

(6)发现评价

商业分析员需要寻找关注性的数据模式,以便了解顾客、产品、市场,等等。数据仓库潜在地具有宿主模式。评价构件或过滤构件有助于商业分析员筛选模式,选出关注性的信息。用于分析关注性模式的技术包括统计的重点、覆盖级别的置信度因子,以及可视化分析。

(7)发现描述

此构件提供两种必须的功能:一种是以发现评价辅助商业分析员,在知识库中保存关注性的发现结果,以备引用和使用;另一种是保持发现与商业经理(或商业总经理)的通信。其目的是利用知识发现来理解业务模式,将此理解转化成可执行的建议。知识发现系统中的描述技术包括可视化导航和浏览、自然语言文本报告以及图表和图形。

8.2 关联规则的数据挖掘技术

关联规则的发现是数据挖掘中最成功和最重要的一项任务,它的目标是发现数据集中所有的频繁模式。目前所进行的大部分研究工作集中在开发有效的算法上,而对关联规则的理论基础工作的研究却很少。关联规则可用于发现交易数据库中不同商品(项)之间的联系,这些规则可找出顾客的购买行为模式,如购买了某一商品对购买其他商品的影响。这样的规则可以应用于商品货架设计、存货安排以及根据购买模式对用户进行分类。

8.2.1 关联规则描述

关联规则(Association Rule)的概念最早是由 Agrawal 于 1993 年提出的,现在对它的研究已经成为数据挖掘领域最重要的研究方向。关联规则的形式如下：$X \rightarrow Y[a,b]$，其中 X、Y 为不相交的交易项目集，其含义为在交易中 X 的发生将会导致 Y 的发生，X 和 Y 之间存在一种关联关系，a 为关联规则的支持度，b 为关联规则的信任度。关联规则发现算法就是从历史交易数据库 D 中发现满足用户需求（a 大于最小支持度和 b 大于最小信任度）的关联规则。Agrawal 等人提出的 Apriori 算法以及 Mannila 等人提出的改进算法对关联规则的研究起到了重要的促进作用。

在实际知识发现中，许多操作型数据均与时间有关，我们需要发现事件与时间之间的关联以及基于时域的事件与事件之间的关系等。这些问题的研究是数据挖掘的一个重要研究领域，它对企业经营管理具有重要的意义。周期关联规则是指某些事件周期地在某段时间内的发生将会导致另外一些事件的发生，如商场里在每周的周六和周日时间段内某些销售商品之间的关联关系。由于这些事件可能只在某一段时间内发生，若采用一般的关联规则发现算法，这些规则可能因为其支持度低而被忽略。而事实上，这些规则对企业的决策至关重要，特别是那些对季节性或时间性的商品销售规律比较敏感的企业，如服装企业等。

国内外有部分学者对于时域关联规则进行了部分研究，但也是刚刚处于起步。国内学者欧阳为民提出了具有时态约束的关联规则，但对周期关联规则没有论述。Ozden 在 *Cyclic Association Rules* 一文中提出了周期关联规则发现算法，但是其时间段是人为确定的，从而得到的关联规则不能够充分反映数据的内在规律。东南大学的徐敏提出了一种新的周期性关联规则模型，它通过聚类分析将一个周期分为长度不同的时间段，从而可以更准确地发现周期性关联规则。但是其时间的聚类是针对事务进行的，不能够充分反映单个项目的规律，因为每个项目可能有自己的分布规律，如果以事务的时间分布规律来替代每个项目的分布规律，得到的关联规则就不能够代表项目之间本身的关联关系。其他研究成果如黄益民等提出的经常性和多周期关联规则的研究主要集中在 Ozden 所提出算法的改进上面。国防科技大学提出了基于聚类的周期关联规则发现算法。

关联规则虽然来源于 POS，但是可以应用于很多领域。只要一个客户在同一个时间里买了多样东西，或者在一段时间内做了好几件事情就可能是一个潜在的应用。例如，用信用卡购物或支付汽车租金和旅馆费，可以猜测他下一个要买的东西；电话公司提供的多项服务，可以研究捆绑销售的问题；银行提供的多项服务，来分析客户可能需要哪些服务；不寻常的多项保险申请可能是欺诈行为等。

8.2.2　关联规则的定义

设 $I=\{i_1,i_2,\cdots,i_m\}$ 是二进制文字的集合,其中的元素称为项(item)。记 D 为事务 T 的集合,这里事务 T 是项的集合,并且 $T\subseteq I$。对应每一个事务有唯一的标志,如事务号,记作 TID。设 X 是一个 I 中项的集合,如果 $X\subseteq T$,那么称事务 T 包含 X。

一个关联规则是形如 $X{\to}Y$ 的蕴涵式,这里 $X\subseteq I,Y\subseteq I$,并且 $X\cap Y=\varnothing$。规则 $X{\to}Y$ 在事务数据库 D 中的支持度(Support),是事务集中包含 X 和 Y 的事务数与所有事务数之比,记为 support$(X{\to}Y)$,即

support$(X{\to}Y)=|\{T:X\cup YT;T\in D\}|/|D|$

规则 $X{\to}Y$ 在事务集中的可信度(confidence)是指包含 X 和 Y 的事务数与包含 X 的事务数之比,记为 confidence$(X{\to}Y)$,即

confidence$(X{\to}Y)=|\{T:X\cup YT;T\in D\}|/|\{T:XT;T\in D\}|$

给定一个事务集 D,挖掘关联规则问题就是产生支持度和可信度分别大于用户给定的最小支持度和最小可信度的关联规则。

8.2.3　关联规则的种类

我们将关联规则按不同的情况进行分类:

(1)基于规则中处理的变量的类别,关联规则可以分为布尔型和数值型。

布尔型关联规则处理的值都是离散的、种类化的,它显示了这些变量之间的关系;而数值型关联规则可以和多维关联或多层关联规则结合起来,对数值型字段进行处理,将其进行动态的分割,或者直接对原始的数据进行处理,当然数值型关联规则中也可以包含种类变量。

例如:性别="女" → 职业="秘书",是布尔型关联规则;性别="女" → avg(收入)=2300,涉及的收入是数值类型,所以是一个数值型关联规则。

(2)基于规则中数据的抽象层次,可以分为单层关联规则和多层关联规则。

在单层的关联规则中,所有的变量都没有考虑到现实的数据是具有多个不同的层次的;而在多层的关联规则中,对数据的多层性已经进行了充分的考虑。

例如：IBM 台式机 → Sony 打印机，是一个细节数据上的单层关联规则；台式机 → Sony 打印机，是一个较高层次和细节层次之间的多层关联。

（3）基于规则中涉及的数据的维数，关联规则可以分为单维的和多维的。

在单维的关联规则中，我们只涉及数据的一个维，如用户购买的物品；而在多维的关联规则中，要处理的数据将会涉及多个维。换言之，单维关联规则用于处理单个属性中的一些关系；多维关联规则用于处理各个属性之间的某些关系。

例如：啤酒 → 尿布，这条规则涉及用户购买的物品；性别＝"女" → 职业＝"秘书"，这条规则就涉及两个字段的信息，是两个维上的一条关联规则。

给出了关联规则的分类之后，在下面的分析过程中，我们就可以考虑某个具体的方法适用于哪一类规则的挖掘，某类规则又可以用哪些不同的方法进行处理。

8.2.4　关联规则挖掘算法——频繁集方法

Agrawal 等在 1993 年首先提出了挖掘顾客交易数据库中项集间的关联规则问题，其核心方法是基于频繁集理论的递推方法。以后诸多的研究人员对关联规则的挖掘问题进行了大量的研究。他们的工作包括对原有的算法进行优化，如引入随机采样、并行的思想等，以提高算法挖掘规则的效率；提出各种变体，如泛化的关联规则、周期关联规则等，对关联规则的应用进行推广。

（1）核心算法

Agrawal 等在 1993 年设计了一个基本算法 Apriori，提出了挖掘关联规则的一个重要方法。这是一个基于两阶段频繁集思想的方法，将关联规则挖掘算法的设计分解为两个子问题：

1）找到所有支持度大于最小支持度的项集（Itemset），这些项集称为频繁集（Frequent Itemset）。

2）使用 1）找到的频繁集产生期望的规则。这里相对简单一点。如给定了一个频繁集 $Y=I_1 I_2 \cdots I_k, k \geqslant 2, I_i \in I(i=1,2,\cdots,k)$，产生只包含集合 $\{I_1, I_2, \cdots, I_k\}$ 中的项的所有规则（最多 k 条），其中每一条规则的右部为 I_i，左部为 $[Y-I_i]$，即形如 $[Y-I_i] \rightarrow I_i$。一旦这些规则被生成，那么只有那些大于用户给定的最小可信度的规则才被留下来。

(2)使用候选项集生成频繁项集

为了生成所有频繁项集,使用了递推的方法。生成所有频繁项集的 Apriori 算法流程如下。

$L_1 = \{large\ 1-itemsets\}$;

for $(k-2; L_{k-1} \neq \varnothing; k++)$ do

begin

    $C_k = $Apriori-gen$(L_{k-1})$;//新的候选集

    for all transactions $t \in D$ do

    begin

        $C_t = $sudset$(C_k, t)$;//事务 t 中包含的候选集

        for all candidated $C \in C_t$ do

          C. count++;

    end

    $L_k = \{C \in C_t \mid$ C. count $\geqslant S_{min}\}$;

end

Answer$= \bigcup L_k$;

Procedure apriori-gen (L_{k-1}, S_{min})

$C_k = \varnothing$;

for each itemset $L_i \in L_{k-1}$

  for each itemset $L_j \in L_{k-1}$

      if $(L_i[1] = L_j[1]) \wedge (L_i[2] = L_j[2]) \wedge \cdots \wedge (L_i[k-2] = L_j[k-2]) \wedge$

$(L_i[k-1] < L_j[k-1])$ then

      begin

           $C = L_i$ join L_j;

           if has infrequent—subset(C, L_{k-1})

               delete C;

           else add C to C_k;

      end

return C_k;

Procedure has infrequent—subset (C, L_{k-1})

for each $(k-1)$ subset S of C

  if $s! \in L_{k-1}$ then

      return TRUE;

return FALSE；

首先产生频繁 1—项集 L_1，然后是频繁 2—项集 L_2，直到有某个 r 值使得 L_r 为空，算法停止。这里在第 k 次循环中，过程先产生候选 k—项集的集合 C_k，C_k 中的每一个项集是对两个只有一个项不同的属于 L_{k-1} 的频繁集做一个 $(k-2)$ 连接来产生的。C_k 中的项集是用来产生频繁集的候选集，最后的频繁集 L_k 必须是 C_k 的一个子集。C_k 中的每个元素需在交易数据库中进行验证来决定其是否加入 L_k，这里的验证过程是算法性能的一个瓶颈。这个方法要求多次扫描可能很大的交易数据库，即如果频繁集最多包含 10 个项，那么就需要扫描交易数据库 10 遍，这需要很大的 I/O 负载。

Agrawal 等引入了修剪技术（Pruning）来减小候选集 C_k 的大小，由此可以显著地改进生成所有频繁集算法的性能。算法中引入的修剪策略基于这样一个性质：一个项集是频繁集当且仅当它的所有子集都是频繁集。那么，如果 C_k 中某个候选项集有一个 $(k-1)$ 子集不属于 L_{k-1}，则这个项集可以被修剪掉而不再被考虑，这个修剪过程可以降低计算所有候选集的支持度的代价。对此，还可引入 Hash 树（Hash Tree）方法来有效地计算每个项集的支持度。

（3）产生关联规则

由频繁项集产生关联规则的工作相对简单一点。根据前面提到的可信度的定义，关联规则的产生如下：

1）对于每个频繁项集 L，产生 L 的所有非空子集；

2）对于 L 的每个非空子集 s，如果

$$\frac{s—\text{count}(L)}{s—\text{count}(s)} \geq C_{\min}$$

则输出规则“$s \rightarrow (L—s)$”。

由于规则由频繁项目集产生，因此每个规则都自动满足最小支持度。

8.2.5　关联规则应用举例

下面结合顾客购买实例提出一个可行的关联分析方法。

某公司专业生产化妆用品和沐浴用品，该公司在全国各大城市的各大商场都设点销售，公司对一定时间范围内顾客购买详细情况作了收集，情况如表 8.1 所示。

表 8.1　顾客购买情况统计

顾客	购买产品
A	日霜、洗面奶、晚霜
B	洗发水、晚霜、沐浴乳
C	洗面奶、晚霜
D	洗发水、沐浴乳、洗面奶、日霜
E	洗发水
F	洗发水、沐浴乳

针对表 8.1 进行关联分析，分析如下：

(1)构造两种商品间的关联表，如表 8.2 所示，表中每一个数值表示的是行，列代表的是两种商品同时被一个用户购买的次数。

表 8.2　两种商品间关联度

X \ Y	洗面奶	日霜	晚霜	洗发水	沐浴乳
洗面奶	3	2	2	1	1
日霜	2	2	1	1	1
晚霜	2	1	3	1	1
洗发水	1	1	1	4	3
沐浴乳	1	1	1	3	3

(2)针对设定的最小支持度阀值，计算每一个 X 的最小支持度，将大于最小支持度阀值的 X 列出(本例假设最小支持度阀值为 0.5)：

support (洗面奶)=0.5；

support (晚霜)=0.5；

support (洗发水)=0.667；

support (沐浴乳)=0.5。

(3)针对设定的最小置信度阀值和上步列出的 X，计算的 $X \rightarrow Y$ 的最小置信度表，如表 8.3 所示。

表 8.3　$X \to Y$ 的最小置信度

X ＼ Y	洗面奶	晚霜	洗发水	沐浴乳
洗面奶	/	0.667	0.333	0.333
晚霜	0.667	/	0.333	0.333
洗发水	0.25	0.25	/	0.75
沐浴乳	0.333	0.333	1	/

（4）将大于最小置信度阀值的 $X \to Y$ 列出（本例中，设最小置信度阀值为 0.5），即为关联分析所得出的规则：

Rule1：晚霜→洗面奶，support＝0.5，confidence＝0.667

Rule2：洗面奶→晚霜，support＝0.5，confidence＝0.667

Rule3：洗发水→沐浴乳，support＝0.667，confidence＝0.75

Rule4：沐浴乳→洗发水，support＝0.5，confidence＝1

（5）从上述规则可以初步得出结论：

● 购买本公司产品的顾客中相当比例的人有晚上用洗面奶洗面，并用晚霜保养皮肤的习惯（估计顾客中有一定比例是白领上班族，早上匆忙，晚上空暇）。

● 购买洗发水的顾客多半会同时购买沐浴乳，而购买沐浴乳的顾客则几乎肯定会购买洗发水（因多数人沐浴时同时洗发，并且洗发次数多于沐浴）。

（6）根据上述规则，公司在营销时采取了如下措施：

● 将晚霜与洗面奶、洗发水与沐浴乳放置在一起，方便顾客购买。

● 营业员在顾客购买了一种商品后，适当推荐另一种商品。

● 在生产与发货运输上，将关联产品配套安排。采取这些措施后，顾客的交叉消费大为提高，商场与顾客的满意度也有所提高。

8.3　神经网络的数据挖掘技术

神经网络（Neural Network）是近年来再度兴起的一个高科技研究领域，也是信息科学、脑科学、神经心理学等多种学科近几年研究的一个热点。人们试图通过对它的研究最终揭开人脑的奥秘，建立起能模拟其功能和结构的人工神经网络系统，使计算机能像人脑那样进行信息处理。

广义上讲,神经网络是泛指生物神经网络与人工神经网络这两个方面。所谓生物神经网络是指由中枢神经系统(脑和脊髓)及周围神经系统(感觉神经、运动神经、交感神经、副交感神经等)所构成的错综复杂的神经网络,它负责对动物机体各种活动的管理,其中最重要的是脑神经系统。所谓人工神经网络是指模拟人脑神经系统的结构和功能,运用大量的处理部件,有人工方式建立起来的网络系统。显然,人工神经网络是在生物神经网络研究的基础上建立起来的,人脑是人工神经网络的原型,人工神经网络是对脑神经系统的模拟。

人工神经网络是一种有效的预测模型。在聚类分析、奇异点分析、特征抽取中可以得到较大的应用,例如,在信用卡欺骗、客户分类、信贷风险方面的应用。

神经网络在使用时需要很长的训练时间,因而对有足够训练时间的应用更为合适。此外,神经网络对噪声数据具有较高的承受能力。

神经网络可按管理模式或非管理模式来学习。在管理模式中,神经网络需要预测现有示例可能带来的结果,它将预测结果与目标答案相比较且从错误中进行学习。管理模式的神经网络可用于预测、分类和时间序列模型。非管理模式的学习在描述数据时很有效,却不用于预测结果。非管理模式的神经网络创建自己的类描述、合法性验证和操作,它与数据模式无关。

8.3.1 人工神经元及其互连结构

人工神经网络由大量的处理单元(人工神经元、处理元件、电子元件、光电元件)经广泛互连而组成的人工网络,用来模拟神经系统的结构和功能。它是在现代神经科学研究的基础上提出来的,反映了人脑功能的基本特性。在人工神经网络中,信息的处理是由神经元之间的相互作用来实现的,知识与信息的存储表现为网络元件互连间分布式的物理联系,网络的学习和识别取决于各神经元连接权值的动态演化过程。

8.3.1.1 人工神经元

正如生物神经元是生物神经网络的基本处理单元一样,人工神经元是组成人工神经网络的基本处理单元,简称为神经元。

在构造人工神经网络时,首先应该考虑的问题是如何构造神经元。在对生物神经元的结构、特性进行深入研究的基础上,心理学家麦克洛奇

（W. McCulloch）和数理逻辑学家皮兹（W. Pitts）于 1943 年首先提出了一个简化的神经元模型，称为 M-P 模型，如图 8.2 所示。

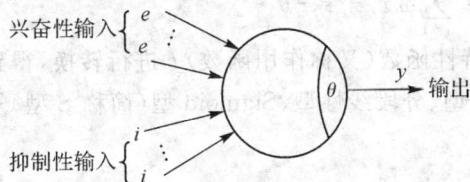

图 8.2　神经元模型

在图 8.2 中，圆表示神经元的细胞体；e，i 表示外部输入，对应于生物神经元的树突，e 为兴奋性突触连接，i 为抑制性突触连接；θ 表示神经元兴奋的阀值；y 表示输出，它对应于生物神经元的轴突。M-P 模型确实在结构及功能上反映了生物神经元的特征。但是，M-P 模型对抑制性输入赋予了"否决权"，只有当不存在抑制性输入，且兴奋性输入的总和超过阀值，神经元才会兴奋。其输入与输出的关系如表 8.4 所示。

表 8.4　M-P 模型输入输出关系

输　入　条　件	输　　　出
$\sum e \geqslant \theta, \sum i = 0$	$y = 1$
$\sum e \geqslant \theta, \sum i > 0$	$y = 0$
$\sum e < \theta, \sum i \leqslant 0$	$y = 0$

在 M-P 模型的基础上，根据需要又发展了其他一些模型，目前常用的模型如图 8.3 所示。

在图 8.3 中，$x_i (i = 1, 2, \cdots, n)$ 为该神经元的输入；w_i 为该神经元分别与各输入间的连接强度，称为连接权重；θ 为该神经元的阀值；s 为外部输入的控制信号，它可以用来调整神经元的连接权值，使神经元保持在某一状

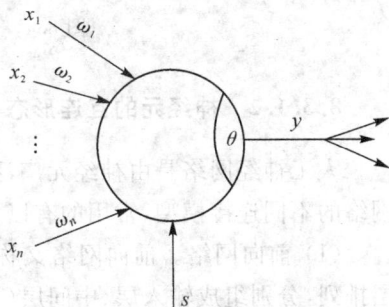

图 8.3　神经元常用模型

态；y 为神经元的输出。由此结构可以看出，神经元一般是一个具有多个输入，但只有一个输出的非线性器件。

神经元的工作过程一般是：

（1）从各输入端接收输入信号 x_i；

（2）根据连接权值 w_i，求出所有输入的加权和 σ：

$$\sigma = \sum_{i=1}^{n} \omega_i x_i + s - \theta$$

（3）用某一特性函数（又称作用函数）f 进行转换，得到输出 y。常用的特性函数有：阀值型、分段线性型、Sigmoid 型（简称 S 型）及双曲正切型，如图 8.4 所示。

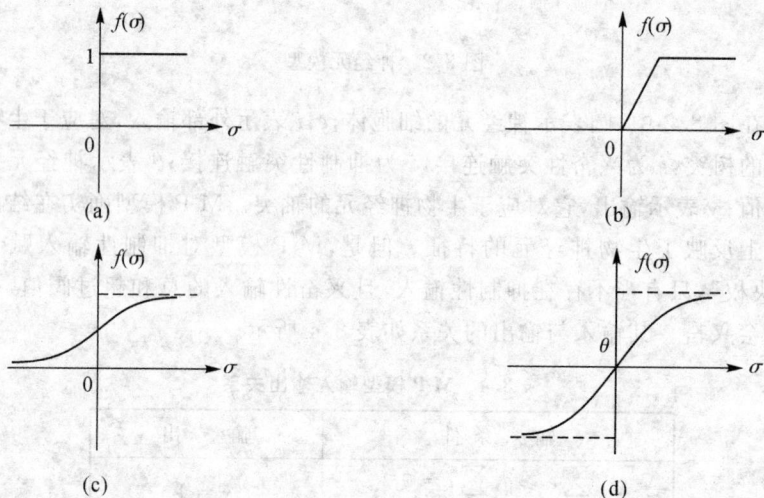

常用的特性函数
(a)阈值型；　(b)分段线性型；　(c)S型；　(d)双曲正切型

图 8.4　常用的特性函数

8.3.1.2　神经元的互连形态

人工神经网络是由神经元广泛互连构成的，不同的连接方式就构成了网络的不同连接模型，常用的有以下几种：

（1）前向网络。前向网络又称为前馈网络。在这种网络中，神经元分层排列，分别组成输入层、中间层（又称隐层，可有多层）和输出层。每一层神经元只接受来自前一层神经元的输入。输入信息经各层变换后，最终在输出层输出，如图 8.5 所示。

（2）从输出层到输入层有反馈的网络。这种网络与上一种网络的区别仅仅在于输出层上的某些输出信息又作为输入信息送入到输入层的神经元上，如图 8.6 所示。

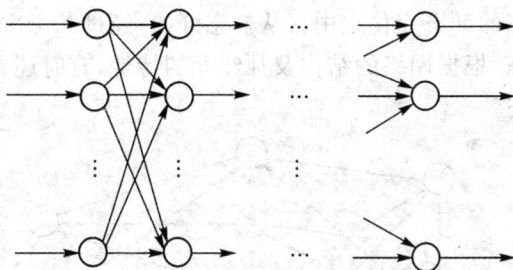

图 8.5　前馈网络

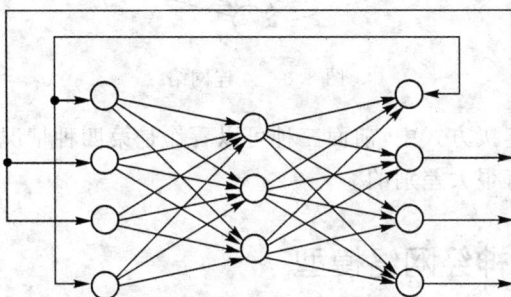

图 8.6　从输出层到输入层有反馈

（3）层内有互连的网络。在前面两种网络中,同一层上的神经元都是相互独立的,不发生横向联系。而在这一种网络（如图 8.7 所示）中,同一层上的神经元可以互相作用。这样安排的好处是可以限制每层内能同时动作的神经元数,亦可以把每层内的神经元分为若干组,让每组作为一个整体来动作。例如,可以利用同层内神经元间横向抑制的机制把层内具有最大输出的神经元挑选出来,而使其他神经元处于无输出的状态。

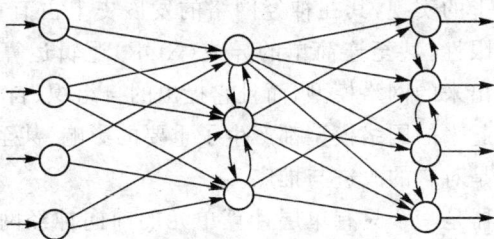

图 8.7　层内有互连的网络

（4）互连网络。在这种网络中,任意两个神经元之间都可以有连接,如图 8.8 所示。在无反馈的前向网络中,信息一旦通过某个神经元,过程就结束了;而在该网络中,信息可以在神经元之间反复往返地传递。网络一直处在一种改变状态的动态变化之中。从初态开始,经过若干次的变化,才会到达某种平衡状态,根据网络的结构及神经元的特性,有时还有可能进入周期振荡或其他状态。

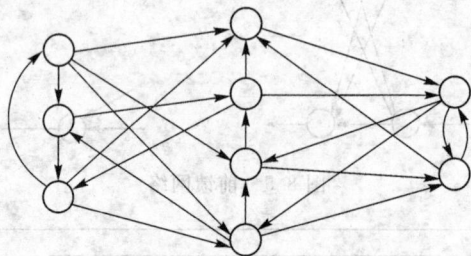

图 8.8 互连网络

以上四种连接方式中,前面三种可以看作是第四种情况的特例,但在应用中它们还是有很大差别的。

8.3.2 神经网络模型

网络模型是人工神经网络研究的一个重要方面,目前已经开发出了多种不同的模型。由于这些模型大都是针对各种具体应用开发的,因而差别较大,至今尚无一个通用的网络模型。本节将择其几种应用较多且较典型的进行讨论。

8.3.2.1 感知器

罗森勃拉特于 1957 年提出的感知器模型把神经网络的研究从纯理论探讨引向了工程上的实现,其在神经网络的发展史上占有重要的地位。尽管它有较大的局限性,甚至连简单的异或(XOR)逻辑运算都不能实现,但它毕竟是最先提出来的网络模型,而且它提出的自组织、自学习思想及收敛算法对后来发展起来的网络模型都产生了重要的影响,甚至可以说,后来发展的网络模型都是对它的改进与推广。

最初的感知器是一个只有单层计算单元的前向神经网络,由线性阈值单元组成,称为单层感知器。后来针对其局限性进行了改进,提出了多层感知器。

(1) 线性阈值单元

线性阈值单元是前向网络(又称前馈网络)中最基本的计算单元,它具有 n 个输入($x_1, x_2, \cdots, x_n$),一个输出(y),n 个连接权值($w_1, w_2, \cdots, w_n$),

如图 8.9 所示,且有:

$$y=\begin{cases}1, & \text{若} \sum_{i=1}^{n}\omega_i x_i - \theta \geqslant 0 \\ -1(\text{或}0), & \text{若} \sum_{i=1}^{n}\omega_i x_i - \theta < 0\end{cases}$$

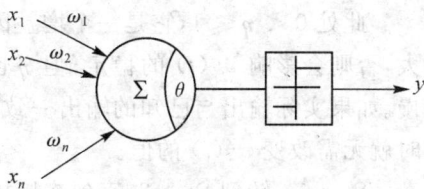

图 8.9　线性阈值单元

　　(2) 单层感知器及其学习算法

　　单层感知器只有一个计算层,它以信号模板作为输入,经计算后汇总输出。层内无互连,从输出至输入无反馈,是一种典型的前向网络,如图 8.10 所示。

　　在单层感知器中,当输入的加权和大于等于阈值时,输出为 1,否则为 0 或 1。它与 M-P 模型的不同之处是假定神经元间的连接强度(即连接权值 w_i)是可变的,这样它就可以进行学习。

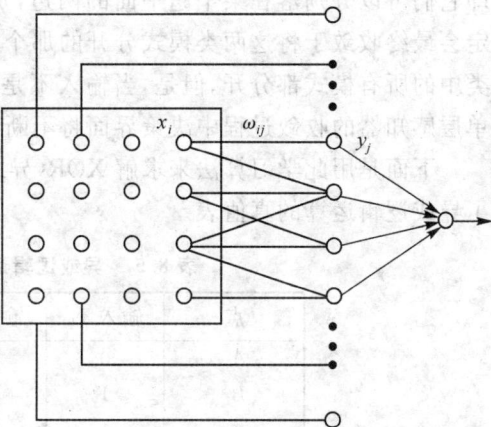

图 8.10　单层感知器

　　罗森勃拉特于 1959 年给出了单层感知器的学习算法,学习的目的是调整连接权值,以使网络对任何输入都能得到所期望的输出。在以下的算法描述中,为清楚起见,只考虑仅有一个输出节点的情况,其中,x_i 是该输出节点的输入;w_i 是相应的连接权值($i = l, 2, \cdots, n$);$y(t)$ 是时刻 t 的输出;d 是所期望的输出,它或者为 1,或者为 -1。

　　学习算法如下:

　　Step 1:给 $w_i(0)(i = 1, 2, \cdots, n)$ 及阈值 θ 分别赋予一个较小的非零随机数作为初值。这里 $w_i(0)$ 表示在时刻 $t = 0$ 时第 i 个输入的连接权值。

　　Step 2:输入一个样例 $x = \{ x_l, x_2, \cdots, x_n \}$ 和一个所期望的输出 d。

　　Step 3:计算网络的实际输出

$$y(t) = f(\sum_{i=1}^{n} w_i(t) x_i - \theta)$$

　　Step 4:调整连接权值

$$w_i(t+1) = w_i(t) + \eta[d - y(t)]x_i \qquad i = 1, 2, \cdots, n$$

此处 $0 < \eta \leqslant 1$，它是一个增益因子，用于控制调整速度，通常 η 不能太大，否则会影响 $w_i(t)$ 的稳定；但 η 也不能太小，否则 $w_i(t)$ 的收敛速度太慢。如果实际输出与已知的输出一致，表示网络已经作出了正确的决策，此时就无需改变 $w_i(t)$ 的值。

Step 5：转到 Step 2，直到连接权值对一切样例均稳定不变时为止。

罗森勃拉特还证明了如果取自两类模式 A,B 中的输入是线性可分的，即它们可以分别落在某个超平面的两边，那么单层感知器的上述算法就一定会最终收敛于将这两类模式分开的那个超平面，并且该超平面能将 A,B 类中的所有模式都分开。但是，当输入不是线性可分并且还部分重叠时，在单层感知器的收敛过程中决策界面将不断地振荡。

下面是用此学习算法来求解 XOR（异或）问题是不成功的，表 8.5 给出了异或逻辑运算的真值表。

表 8.5　异或逻辑运算真值

点	输入 x_1	输入 x_2	输出 y
A_1	0	0	0
B_1	1	0	1
A_2	1	1	0
B_2	0	1	1

由表 8.5 可以看出，只有当输入的两个值中有一个为 1，且不能同时为 1 时，输出的值才为 1，否则输出的值为 0。即

$$y = x_1 \text{ XOR } x_2 = x_1\bar{x}_2 \bigvee \bar{x}_1 x_2$$

现在来看用单层感知器实现简单逻辑运算时的情况：

- $y = x_1 \wedge x_2$ 等价于 $y = x_1 + x_2 - 2$，即 $w_1 = w_2 = 1, \theta = 2$。
- $y = x_1 \vee x_2$ 等价于 $y = x_1 + x_2 - 0.5$，即 $w_1 = w_2 = 1, \theta = 0.5$。
- $y = \neg x_1$ 等价于 $y = -x_1 + 1$，即 $w = -1, \theta = -1$。
- 如果 XOR 能由单层感知器实现，那么由 XOR 的真值表可知 w_1, w_2 和 θ 应满足如下方程组：

$$w_1 + w_2 - \theta < 0$$
$$w_1 + 0 - \theta \geqslant 0$$
$$0 + 0 - \theta < 0$$
$$0 + w_2 - \theta \geqslant 0$$

但该方程组显然是无解的。这就说明单层感知器不能解决 XOR 问

题。此外,这一事实还可以用几何方法来解释。x_1 与 x_2 有 4 种组合,分别对应于 x_1－x_2 平面上的 4 个点 A_1,A_2,B_1,B_2,如图 8.11 所示。由图可以看出,满足 x_1 XOR x_2＝1 的顶点集为 $S_1＝\{B_1,B_2\}$;满足 x_1 XOR x_2＝0 的顶点集为 $S_2＝\{A_1,A_2\}$,显然找不到一条直线能将集合 S_1 和 S_2 分开,即它能把 S_1 划在直线的一边,而把 S_2 划在另一边。

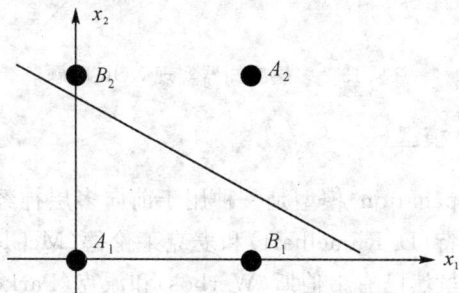

图 8.11　单层感知器不能解决 XOR 问题

（3）多层感知器

只要在输入层与输出层之间增加一层或多层隐层,就可得到多层感知器,图 8.12 是一个具有两个隐层的三层感知器。

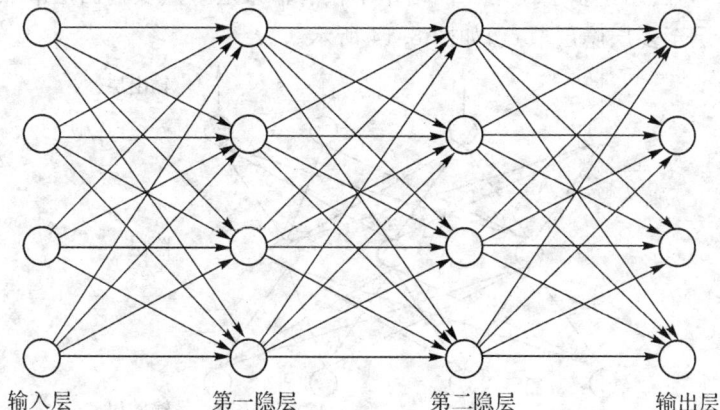

图 8.12　多层感知器

多层感知器克服了单层感知器的许多弱点。

例如,应用二层感知器就可实现异或逻辑运算,如图 8.13 所示。其中:

$$x_1^1＝1\times x_1^0＋1\times x_2^0－1$$
$$x_2^1＝(-1)\times x_1^0＋(-1)\times x_2^0－(-1.5)$$
$$x_1^2＝1\times x_1^1＋1\times x_2^1－2$$

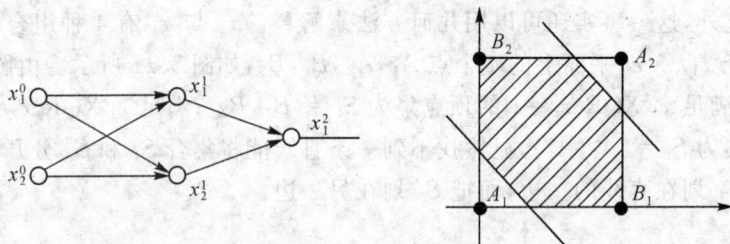

图 8.13　多层感知器实现 XOR 问题

8.3.2.2　BP 模型

BP(Back-Propagation)模型是一种用于前向多层神经网络的反传学习算法,由鲁梅尔哈特(D. Rumelhart)和麦克莱伦德(McClelland)于 1985 年提出。在此之前,虽然已有韦伯斯(Werbos)和派克(Parker)分别于1974 年及 1982 年提出过类似的算法,但只有在鲁梅尔哈特等提出后才引起了广泛的重视和应用。目前,BP 算法已成为应用最多且最重要的一种训练前向神经网络的学习算法,亦是前向网络得以广泛应用的基础。

(1) BP 网络结构

BP 算法用于多层网络。网络中不仅有输入层节点及输出层节点,而且还有一层至多层隐层节点,如图 8.14 所示。

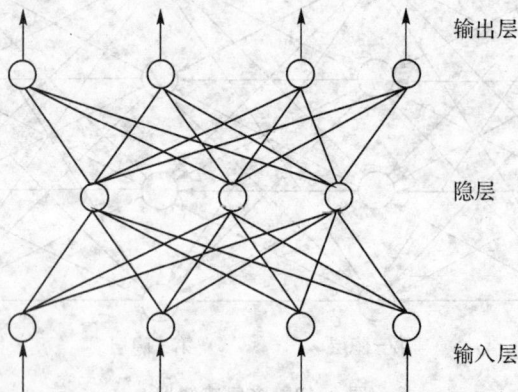

图 8.14　BP 模型网络结构

作用函数为(0,1)S 型函数:

$$f(x) = \frac{1}{1 + e^{-x}}$$

误差函数:对第 p 个样本误差计算公式为

$$E_p = 1/2 \sum_i (t_{pi} - O_{pi})^2$$

其中,t_{pi},O_{pi} 分别是期望输出与计算输出。

(2)算法描述

学习的目的是对网络的连接权值进行调整,使得对任一输入都能得到所期望的输出。学习的方法是用一组训练样例对网络进行训练,每一个样例都包括输入及期望的输出两部分。训练时,首先把样例的输入信息输入到网络中,由网络自第一个隐层开始逐层地进行计算,并向下一层传递,直至传至输出层,其间每一层神经元只影响到下一层神经元的状态。然后,以其输出与样例的期望输出进行比较,如果它们的误差不能满足要求,则沿着原来的连接通路逐层返回,并利用两者的误差按一定的原则对各层节点的连接权值进行调整,使误差逐步减小,直到满足要求为止。

由上述训练过程不难看出,BP 算法的学习过程是由正向传播与反向传播组成的。正向传播用于网络计算,对某一输入求出它的输出;反向传播用于逐层传递误差,修改连接权值,以使网络能进行正确的计算。一旦网络经过训练用于求解现实问题,则就只需正向传播,不需要再进行反向传播。

BP 算法如下:

Step 1:从训练样例集中取一样例,把输入信息输入到网络中。

Step 2:由网络分别计算各层节点的输出。

Step 3:计算网络的实际输出与期望输出的误差。

Step 4:从输出层反向计算到第一个隐层,按一定原则向减小误差方向调整网络的各个连接权值。

Step 5:对训练样例集中的每一个样例重复以上步骤,直到对整个训练样例集的误差达到要求为止。

在以上步骤中,关键是第 4 步,必须确定如何沿减小误差的方向调整连接权值。

BP 算法是一个有效的算法,许多问题都可以用它来解决。由于它具有理论依据坚实、推导过程严谨、物理概念清晰、通用性好等优点,使它至今仍然是前向网络学习的主要算法。限于篇幅,在此我们不讨论 BP 的公式推导过程。

8.3.3 神经网络的应用

8.3.3.1 应用举例

图 8.15 是一个非常简单的预测贷款拖欠情况的神经元网络图。圆圈表示节点,圆圈之间的连线表示连接。神经元网络是这样工作的,它从左边的节点获得预测属性值,对于这些值进行计算后,在最右边的节点产生新值,最右节点的值表示神经元网络模型做出的预测。在这里,神经网络把年龄和收入作为输入的预测属性,预测一个人是否会拖欠银行贷款。

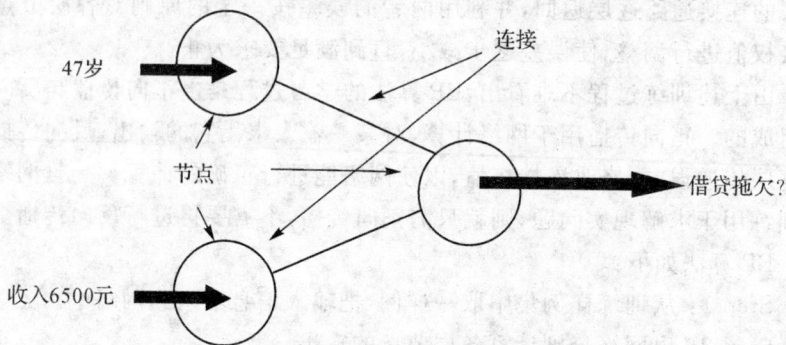

图 8.15 一个简单的预测贷款拖欠情况的神经元网络

为了进行预测,神经元网络从输入节点获得预测属性的值,这些值称为节点的值。节点与连接中存储的值相乘,得到的值在最右节点相加,再进行指定的阈值运算,得到的数值就是预测值。在这里,如果得的值是零,就认为这条记录的信用风险较低(无拖欠情况发生);如果得到的值为 1,就认为这条记录的信用风险较高(很可能拖欠贷款)。

对图 8.15 的计算进行标准化,得到图 8.16 的结果。这里,年龄值 47 被标准化到 0.0 和 1.0 之间,变成了 0.47,而收入值被标准化为 0.65。这个简化后的神经元网络做出的预测是,收入为 6500 元,年龄为 47 岁的顾客是否会拖欠贷款,连接权值分别为 0.7 和 0.1,节点值与连接权值相乘后得到的结果为 0.39。经过训练后网络用输出 1.0 表示拖欠,输出 0.0 表示不拖欠。这里得到的输出值 0.39 更接近于 0.0,因此对这条记录做出的预测是不拖欠。

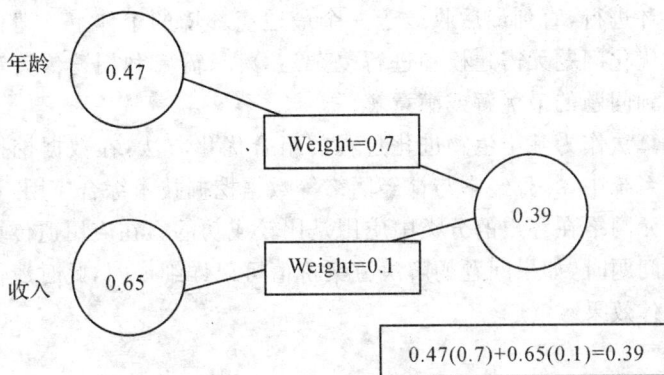

图 8.16 预测树结果

8.3.3.2 应用过程中问题

(1)模型。由于人工神经网络模型较多,在进行数据挖掘之时,必须根据数据挖掘目的,选择合适的神经网络模型和算法,才能获取良好的数据挖掘效果。

(2)训练时间。神经元网络在使用时需要很长的训练时间,因而对有足够长训练时间的应用更为合适。

(3)噪音。神经元网络对噪声数据具有较高的承受能力。

(4)过适应数据。要注意过适应数据问题。神经元网络很可能对训练样本过适应,从而可能对新的数据记录的预测效果很差。一个解决的办法就是限制连接的数量。因为连接的数量越多,神经元网络就越复杂,而复杂的神经元网络更容易出现过适应数据问题。因此,限制连接的数量是解决神经元网络过适应数据的一种方法。还有一种方法是将训练集的数据记录分为两部分,一部分数据用来构造神经元网络模型,另一部分用来对构造的神经元网络模型进行测试。在神经元网络模型成长的过程中,对模型进行测试,且把正确率记录下来。最后,选择正确率最高的神经元网络模型作为最后的模型。

8.4 遗传算法的数据挖掘技术

遗传算法是模拟生物进化的自然选择和遗传机制的一种寻优算法。它模拟了生物的繁衍、交配和变异现象,产生一群新的更适应环境的后代。这个过程循环进行,直到最后收敛于一个最适应环境的个体上。遗传算法对于复杂的优化问题无需建模和进行复杂运算,只需要利用遗传算法的算子就能寻找到问题的最优解或满意解。

遗传算法作为基于生物进化过程的组合优化方法,在数据挖掘中主要用于分类系统中,并且经常与神经网络等数据挖掘技术综合应用。

神经元网络在客户的分类中应用是比较成功的。在应用遗传算法解决信息应用问题时,如果问题的解决方案价值可以详细说明,此时遗传算法可以发挥极佳效果。

8.4.1　遗传算法概述

遗传学认为遗传是作为一种指令码封装在每个染色体个体中,并以基因(位)的形式包含在染色体(个体)中。每个基因有特殊的位置并控制某个特殊的性质,由基因组成的个体对环境有一定的适应性。基因杂交和基因突变能产生对环境适应性强的后代,通过优胜劣汰的自然选择,适应值高的基因结构就保存下来。

遗传算法(Genetic Algorithms,GAs)是一种基于自然选择原理和自然遗传的搜索(寻优)算法。它模拟自然界中的生命进化机制,在人工系统中实现特定目标的优化。

遗传算法主要是 John Holland 和他在密西根大学的同事及其学生发展起来的。他们研究的目的,一方面是抽象出并严格解释自然系统中的自适应机制,另一方面是设计具有这种机制的人工系统或软件。

与传统方法相比,遗传算法的主要特点是:GAs 使用参数的编码集,而不是参数本身进行工作;GAs 是在点群中而不是在一个单点上进行寻优;GAs 仅使用问题本身所具有的目标函数进行工作,而不需要其他任何先决条件或辅助信息;GAs 使用随机转换规则而不是确定性规则来工作。

图 8.17 是遗传算法的工作示意图。

在遗传算法中,染色体对应的是数据或数组,通常是由一维的串结构数据来表现的。串上各个位置对应基因,而各位置上的值对应基因的取值。基因组成的串就是染色体,或者叫做基因型个体(Individuals)。一定数量的个体组成了群体(Population)。群体中个体的数目称为群体的大小(Population Size),也叫群体规模。而各个体对环境的适应程度叫做适应度(适值)。

遗传算法中包含两个必须的数据转换操作,一个是把搜索空间中的参

```
                    ┌──────────────────┐
                    │  实际问题参数集  │
                    └────────┬─────────┘
┌──────────────────┐        ↓
│①位串解码得参数   │ ┌──────────────────┐
│                  │ │  编码成位串形式  │
│②计算目标函数值   │ └────────┬─────────┘
│                  │        ↓
│③函数值向适值映射 │ ┌────────┐
│                  │ │  种群1 │─────────────┐
│④适值调整         │ └────┬───┘             │
└──────────────────┘      ↓                 │
              ┄┄┄→ ┌──────────────┐         │
                   │   计算适值   │         │
                   └──────┬───────┘         │
                          ↓                 │
┌──────────────────┐ ┌─────────┐ ┌────┐ ┌──────────────┐
│三个基本算子      │ │ 选择和  │ │随机│ │种群1⇐种群2   │
│ ● 繁殖           │ │ 遗  传  │←│算子│←│              │
│ ● 交叉           │ └────┬────┘ └────┘ └──────────────┘
│ ● 变异           │      ↓
│其他高级算子      │ ┌──────────────┐
│ ● inversion      │ │   统计结果   │
│ ● dominance      │ └──────┬───────┘
│ ●mating restriction│     ↓
│ ● niche ……       │ ┌─────────┐
└──────────────────┘ │  种群2  │ 不满足要求
                     └────┬────┘
                          ↓
         ┌──────────────────────────────┐
         │经过优化的一个或多个参数集    │
         │          (解码得)            │
         └──────────────┬───────────────┘
                        ↓
         ┌──────────────────────────────┐
         │    改善或解决实际问题        │
         └──────────────────────────────┘
```

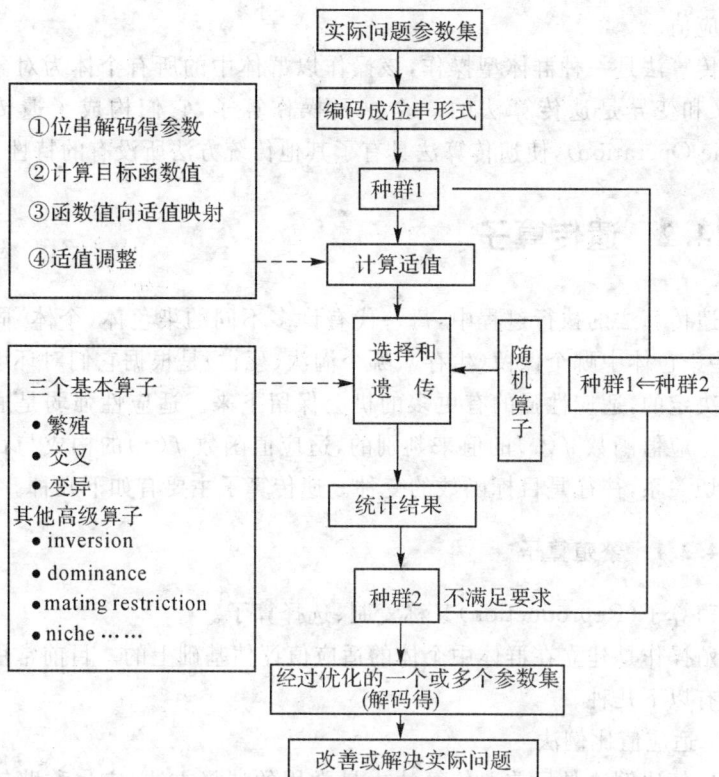

图 8.17　遗传算法

数或解转换成遗传空间中的染色体或个体,此过程又叫做编码(Coding)操作;另一个是相反操作,叫做译码(Decoding)操作。

（1）编码

常用的二进制编码方式是基于确定的二进制位串上:$I=\{0,1\}^L$。目前也出现了采用其他编码方式的情况,如用向量(向量元数为实数)来表示染色体,或者用规则形式(规则 A、规则 B、规则 C、……)来表示染色体。

（2）初始群体

遗传算法是群体型操作,这样必须为遗传操作准备一个由若干初始解组成的初始群体。初始群体的每个个体都是通过随机方法产生的。初始群体也称为进化的初始代,即第一代(First Generation)。

（3）适应值

遗传算法在搜索进化过程中一般不需要其他外部信息,而仅用评估函数值来评估个体或解的优劣,并作为以后遗传操作的依据。评估函数值又称为适应值。

遗传算法是一种群体型操作,该操作以群体中的所有个体为对象。繁殖、交叉和变异是遗传算法的 3 个主要操作算子,它们构成了遗传操作(Genetic Operation),使遗传算法具有了其他传统方法所没有的特性。

8.4.2　遗传算子

在遗传算法的执行过程中,每一代有许多不同的染色体(个体)同时存在,这些染色体中哪个保留(生存)、哪个淘汰(死亡)是根据它们对环境的适应能力决定的,适应性强的有更多的机会保留下来。适应性强弱是通过计算个体适应值函数 $f(x)$ 的值来判别的,适应值函数 $f(x)$ 的构成与目标函数有密切关系,往往是目标函数的变种。遗传算子主要有如下几种。

8.4.2.1　繁殖算子

繁殖算子(Reproduction)又称复制、选择算子。

繁殖操作是建立在群体中个体的适应值评估基础上的。目前常用的选择算子有以下几种。

(1) 适应值比例法

适应值比例法是目前遗传算法中最常用的选择方法,它也称赌轮或蒙特卡罗(Monte Carlo)选择。在该方法中,各个个体的选择概率和其适应值成比例。

设群体大小为 n,其中个体 i 的适应度值为 f_i,则 i 被选择的概率 P_{si} 为:

$$P_{si} = f_i / \sum_{j=1}^{M} f_j$$

显然,概率 P_{si} 反映了个体 i 的适应度在整个群体的个体适应值总和中所占的比例。个体适应值越大,其被选择的概率就越高。按此式计算出群体中各个个体的选择概率后,就可以决定哪些个体被选出。

(2) 最佳个体保存法

该方法的思想是把群体中适应度最高的个体不进行配对交叉而直接复制到下一代中。此种选择操作又称复制(Copy)。

设在第 t 代中,群体中 $a^*(t)$ 为最佳个体。而在 $a(t+1)$ 新一代群体中不存在 $a^*(t)$,则把 $a^*(t)$ 作为 $a(t+1)$ 中的第 $n+1$ 个个体(其中 n 为群体大小)。

采用此选择方法的优点是,进化过程中某一代的最优解可不被交叉和变异操作破坏;但是,会使进化有可能限于局部解,即它更适合单峰性质的空间搜索。一般这种方法都与其他选择方法结合使用。

(3) 期望值方法

计算群体中每个个体在下一代生存的期望数目,即

$$M = f_i/\bar{f} = f_i/(\sum f_i/n)$$

若某个体被选中并要参与配对和交叉,则它在下一代生存的期望数目减去 0.5;若不参与配对和交叉,则该个体的生存期望数目减去 1。

在以上的两种情况中,若一个个体的期望值小于零,则该个体不参与选择。对比实验表明,采用期望值法的性能高于前两种方法的性能。

(4)排序选择方法

排序选择方法是指在计算每个个体的适应值后,根据适应值大小顺序对群体中个体排序,然后把事先设计好的概率表按排序分配给个体,作为各自的选择概率。所有个体按适应值大小排序,而选择概率和适应值无直接关系而仅与序号有关。这种方法的不足之处在于选择概率和序号的关系必须事先确定。此法也是一种基于概率的选择。

(5)比例排列法

将比例法和排列法结合起来的比例排列法,即当群体中某个染色体的适应值远远大于其他染色体的适应值或群体中每个染色体的适应值相似时,按排列法进行后代选择,而在一般情形下采用比率法进行后代选择。这样既能利用两种方法各自的优点,又能弥补两种方法各自的缺点。

8.4.2.2　交叉(Crossover)算子

交叉算子又称重组(Recombination)、配对(Breeding)算子。

当许多染色体相同或者后代的染色体与上一代没有多大差别时,可通过染色体重组来产生新一代染色体。染色体重组是分两个步骤进行的,首先在新复制的群体中随机选取两个个体,然后,沿着这两个个体(字符串)随机地取一个位置,两者互换从该位置起的末尾部分。例如,有两个用二进制编码的个体 A 和 B。长度 $L=5$,$A=a_1a_2a_3a_4a_5$,$B=b_1b_2b_3b_4b_5$。随机选择一整数 $k\in[1,L-1]$,设 $k=4$,经交叉后变为

$$A=a_1a_2a_3 \mid a_4a_5, A'=a_1a_2a_3b_4b_5$$
$$B=b_1b_2b_3 \mid b_4b_5, B'=b_1b_2b_3a_4a_5$$

遗传算法的有效性主要来自选择和交叉操作,尤其是交叉,在遗传算法中起着核心作用。

目前有如下几种基本交叉方法。

（1）一点交叉

一点交叉又叫简单交叉。具体操作是在个体串中随机设定一个交叉点。实行交叉时，该点前或后的两个个体的部分结构进行互换，并生成两个新个体。

（2）二点交叉

二点交叉的操作与一点交叉类似，只是设置两个交叉点（依然是随机设定）。二点交叉的例子表示如下：

个体 A $10|110|11 \rightarrow 1001011$ 新个体 A'

配对个体 B $00|010|00 \rightarrow 0011000$ 新个体 B'

由此可见，两个交叉点分别设定在第 2 个基因位和第 3 个基因位以及第 5 个基因位和第 6 个基因位之间。A,B 两个体在这两个交叉点之间的码串相互交换，分别生成新个体 A' 和 B'。对于两点交叉而言，若染色体长为 n，则可能有 $(n-2)(n-3)$ 种交叉点的设置。

（3）多点交叉

多点交叉是前述两种交叉的推广，有时又被称为广义交叉（Generalized Crossover）。

一般来讲，多点交叉较少采用，因为它影响遗传算法的性能，即多点交叉不能有效地保存重要的模式。

（4）一致交叉

所谓一致交叉是指通过设定屏蔽字（Mask）来决定新个体的基因继承两个旧个体中哪个个体的对应基因。一致交叉的操作过程表示如下：当屏蔽字位为 0 时，新个体 A' 继承旧个体 A 中对应的基因，当屏蔽字位为 1 时，新个体 A' 继承旧个体 B 中对应的基因，由此生成一个完整的新个体 A'。反之，可生成新个体 B'。显然，一致交叉包括在多点交叉范围内。一致交叉的例子表示如下：

旧个体 A 001111
旧个体 B 111100

屏蔽字   010101

新个体 A' 011110
新个体 B' 101101

8.4.2.3 变异(Mutation)算子

变异就是以很小的概率，随机地改变字符串某个位置上的值。变异操作是按位(bit)进行的,即把某一位的内容进行变异。在二进制编码中,就是将某位 0 变成 1,1 变成 0。变异发生的概率即变异概率 P_m 都取得很小(一般在 0.001～0.02 之间),它本身是一种随机搜索,然而与选择、交叉算子结合在一起,就能避免由于复制和交叉算子而引起的某些信息的永久性丢失,保证了遗传算法的有效性。

遗传算法引入变异的目的有两个:一是使遗传算法具有局部的随机搜索能力。当遗传算法通过交叉算子已接近最优解邻域时,利用变异算子的这种局部随机搜索能力可以加速向最优解收敛。显然,此种情况下的变异概率应取较小值,否则接近最优解的模式会因变异而遭到破坏。二是使遗传算法维持群体多样性,以防止出现未成熟收敛现象。此时变异概率应取较大值。

(1) 基本变异算子

基本变异算子是指对群体中的个体码串随机挑选一个或多个基因位并对这些基因位的基因值作变动(以变异概率 P_m 作变动)。{0,1}二值码串中的基本变异操作如下:

$$个体 A\ 1011011 \xrightarrow{\text{变异}} 个体 A'\ 1110011$$

注:变异基因位是第 2 位和第 4 位。

(2)逆转算子

逆转算子是变异算子的一种特殊形式。它的基本操作内容是:在个体码串中随机挑选两个逆转点,然后将两个逆转点间的基因值以逆转概率 P_i 逆向排序。{0,1}二值码串的逆转操作如下:

$$个体 A\ 10\ 11010\ 00 \xrightarrow{\text{逆转}} 个体 A'\ 10\ 01011\ 00$$
$$逆转点$$

由此可见,通过逆转操作,个体中从基因位 3 至基因位 7 之间的基因排列得到逆转,即从 11010 序列变成了 01011 序列。这一逆转操作可以等效为一种变异操作,但是逆转操作的真正目的并不在变异(否则仅用变异操作就行了),而在实现一种重新排序操作。所谓重新排序是指对个体中基因排列进行重新组合,但并不影响该个体的特征。在自然界生物的基因重组中就有这种重新排序的机制。对遗传算法而言,采用这种重新排序,目的是为了提高积木块(高适应度个体)的繁殖率。实际上,在用遗传算法求解某些问题时,群体中的有些个体的基因排序常常会出现这样的情况,即对形成积木块有用的某些基因分离较远,此时采用一般的交叉会破坏相应的积木块的生成。因此,有必要对这些基因进行重新排序但又不损坏整个个体的特征（即适应值）。

（3）自适应变异算子

该算子与基本变异算子的操作内容类似，唯一不同的是变异概率 P_m 不是固定不变的，而是随群体中个体的多样性程度而自适应调整的。一般是根据交叉所得两个新个体的海明距离进行变化。海明距离越小，P_m 越大，反之，P_m 越小。

遗传算法中，交叉算子因其全局搜索能力而作为主要算子，变异算子因其局部搜索能力而作为辅助算子。遗传算法通过交叉和变异这一对相互配合又相互竞争的操作而使其具备兼顾全局和局部的均衡搜索能力。所谓相互配合，是指当群体在进化中陷于搜索空间中某个超平面而仅靠交叉不能摆脱时，通过变异操作可有助于这种摆脱。所谓相互竞争，是指当通过交叉生成所期望的模式时，变异操作有可能破坏这些模式。因此，如何有效地配合使用交叉和变异操作，是目前一个重要研究内容。

8.4.2.4 实例

我们通过实际例子来体现上面三个算子和由它们构成的最简单的遗传算法 SGA(Simple Genetic Algorithm)进行优化的问题。

例：求使函数 $f(x) = x^2$ 在 $[0,31]$ 上取得最大值的点 x_0。

（1）首先在区间 $[0,31]$ 上的整数参数 x 可以用一个 5 位的二进制位串进行编码，x 的值直接对应二进制位串的数值。

（2）然后用扔分币的方法产生一个由 4 个位串组成的初始种群，如表 8.6 所示。

（3）计算适值及选择串。

- 解码种群中的各位串得相应的参数 x 的值；
- 由参数值计算目标函数 $f(x) = x^2$；
- 由目标函数值得相应位串的适值（直接取函数值）。

计算相应的选择概率 $P_s = f_i / \sum f_i$ 及期望值 $\dfrac{f_i}{\bar{f_i}}$，以上结果如表 8.6 所示。

表 8.6 优化问题的初始种群

编　号	初始种群 位　串	参数值 x 值	目标函数值 $f(x) = x^2$	选择率 $\dfrac{f_i}{\sum f_i}$	期望值 $\dfrac{f_i}{\overline{f_i}}$	实选值
1	01101	12	169	0.14	0.58	1
2	11000	24	576	0.49	1.97	2
3	01000	8	64	0.06	0.22	0
4	10011	19	381	0.31	1.23	1
总和 $\sum$			1170	1.00	4.00	4.0
平均值 $\overline{f}$			293	0.25	1.00	1.0
最大值			576	0.49	1.97	2.0

$$x = 0 \Leftrightarrow 00000, x = 31 \Leftrightarrow 11111$$

（4）繁殖（Reproduction）。如表 8.6 所示区间上进行 4 次随机试验，则选择的结果如上表最后一栏所示。于是，在交配池中，我们就得到了串 1 的一个拷贝，串 2 的两个拷贝及串 4 的一个拷贝，如表 8.7 所示。

（5）交叉
- 随机选择交配对象，结果是串 1 和串 2 配对，串 3 和串 4 配对；
- 随机选择交叉点，结果是第一对在位置 4 交叉，第二对在位置 2 交叉。

结果如表 8.7 所示。

表 8.7 优化问题的交叉操作

选择后的交配池 （竖线为交叉位置）	交配对象 （随机选择）	交叉位置 （随机选择）	新的种群	x	$f(x)$ x^2
0 1 1 0 1 1	2	4	0 1 1 0 0	12	144
1 1 0 0 1 0	1	4	1 1 0 0 1	25	625
1 1 1 0 0 0	4	2	1 1 0 1 1	27	729
1 0 1 0 1 1	3	2	1 0 0 0 0	16	256
总　和					1754
平均值					439
最大值					729

（6）变异

我们取变异概率 $P_m = 0.001$，则平均每 1000 位中才有一位变异，由 4 个位串组成的种群中共有 $4 \times 5 = 20$ 位，则变异的期望值为 $20 \times 0.001 = 0.02$（位）。事实上在我们这个单代遗传的实验中没有变异发生。

(7) 对比以上两表可以看出,虽然仅经历了一代遗传,第二代的平均值及最大值却比第一代的平均值及最大值有了很大提高,均值:293→439,最大值:576→729,说明种群正朝优化的方向前进。

8.4.3 遗传算法的应用

表 8.8 是一个客户的信息组成数据表,可以利用遗传算法在客户群中预测最佳客户的类型。企业的最佳客户群,即可以从客户处获取最大利润的特征应该由客户的收入水平、客户的家庭人口、客户的年龄所构成。而从客户处所获取的利润则是从客户的累计购买商品金额乘以 2%,减去每次购买商品的手续费 10 元。这里的手续费约束条件在其他数据挖掘中是较难考虑的。

根据客户数据中的条件,可用如下 4 个染色体来定义客户类型。

基因 1:客户的年龄下限;

基因 2:客户的年龄上限;

基因 3:客户的收入水平;

基因 4:客户的人口状况,分成少(1~2 人)、一般(3~4 人)和多(5 人以上)三种状况。

表 8.8 客户的信息组成数据

客户 ID	年龄	累计购买金额	收入	家庭人口	性别
10985	46	1843	中等	4	女
18595	49	0	中等	2	男
47382	61	3628	低	5	男
74912	36	18463	高	6	女
95623	29	8463	高	3	男
85526	32	274	中等	2	男
58753	52	1846	低	2	女
64957	48	0	中等	3	女
76957	27	21634	高	5	男
65839	45	842	低	1	女

这样就可以用"40|55|中等|一般"的基因位串表示年龄在 40~55 岁之

间、中等收入、家庭人口一般的客户群。环境适应函数则从客户群中的购买收益中扣除手续费。在适应函数中还要增加一个限制条件：客户的年龄下限必须小于客户的年龄上限，以防止在遗传计算过程中出现客户年龄下限超过客户年龄上限的情况。

　　在这里给出的基因分组会使最理想的客户群出现只有一种家庭人口和一种收入水平，显然，这与现实不相符合。为此，对基因重新进行设计。按照家庭收入的高、中、低和人口的少、一般、多分别设计三个基因，用"是"、"否"值来确定某个值是否存在于某个客户群中。表 8.9 给出客户群的新基因组成的例子。在对这些染色体进行遗传计算时，通常要将染色体的等位基因转换成二进制数，例如，用"1"表示"是"，"0"表示"否"。

表 8.9　客户群的新基因组成

	年龄下限	年龄上限	高收入	中等收入	低收入	人口少	人口一般	人口多
客户群 1	38	64	是	是	否	否	是	是
客户群 2	26	50	是	否	是	是	否	是
客户群 3	20	40	否	是	是	是	否	否

　　在完成遗传编码的定义后，就可以产生一群随机个体；然后，计算这些个体的环境适应性，并且利用遗传算法中的各种竞争、杂交算法进行个体的繁殖、杂交、异变的处理。为简化讨论，这里采用一种简单的竞争和杂交算法，该算法将竞争和杂交只限于局部范围内进行。首先将所有的个体按顺序排放在一张二维表格上，使每个个体的上、下、左、右都与其他个体相邻接。然后，按照以下算法进行个体的遗传进化处理：

　　(1) 竞争复制

　　每个个体与它左边邻居比较环境的适应度，如果左边邻居的环境适应度大，就用左边邻居的遗传信息替代自己的遗传特性，否则不作改变。这样就将导致适应度小的个体死亡，而适应度大的个体得以复制。

　　(2) 杂交繁殖

　　从复制完成后的个体某个随机位置开始，将其与上方的邻居进行杂交繁殖，相互交换部分遗传信息，完成所有个体的交叉繁殖。

　　(3) 异变处理

　　对新生代个体进行随机异变处理，即以 1% 至 2% 的概率随机选择新生代个体，并且随机改变被选中个体位串上某个位置的值。将原来是 1 的改变为 0，原来是 0 的改变为 1。

随机改变竞争和杂交方向,重复(1)至(3)的过程,即下一代的竞争、杂交方向可与右边邻居进行,而不是以前的与左边邻居的杂交处理。

在本例中,由于适应性函数是从利润角度定义的,系统应该逐渐收敛于客户收益最大的客户特征群。即使在计算过程中可能会使某类客户收益不是最大的客户群在其中占据多数,也会由于系统的突变功能,使系统继续探索新的客户特征群。

8.5　粗糙集的数据挖掘技术

粗糙集在数据挖掘应用中,经常用于处理不确定问题,而且在处理过程中可以不需要关于问题的先验知识,可以自动找出问题的内在规律。因此,在模式识别、决策分析、知识发现等方面得到较广泛的应用。

由于知识发现所研究的对象大多是关系型数据关系表,可以将其看成粗糙集理论中的决策表,这就给粗糙集的应用提供了便利的条件。在现实研究中的规则有确定性的和不确定性的,而粗糙集可以从数据库中发现不确定性知识。同时粗糙集可以从数据中发现异常数据,排除知识发现过程中的噪声干扰。

8.5.1　粗糙集概念

8.5.1.1　信息表系统描述

信息系统用一个四元组定义:$S=(U,A,V,F)$

U 是一个非空有限对象(元组)集合,称论域,表示数据库中所有的记录,如果有 n 个对象,则 $U=\{x_1,x_2,\cdots,x_n\}$。

A 是有限个属性组成的集合,表示数据库中的全部属性,进而可以分为两个不相交的子集,即条件属性 C 和决策属性 D,$A=C\cup D$ 及 $C\cap D=\varnothing$,D 一般只有一个属性。

V 是属性值的集合,$V=\cup(V_a)$,$V_a\in A$,V_a 是属性 a 的值域。

F 是一个函数,即 $U\times A\to V$ 是一个映射函数,它为每个对象的每个属性赋予一个属性值,即 $\forall a\in A,x_i\in U,f(x_i,a)\in V_a$。

8.5.1.2　等价类及其相关的概念

（1）等价集（不分明集的定义）

定义 1：对于 $\forall a \in A$（A 中包含一个或多个属性），$e_i \in U$，$e_j \in U$，若
$$f(e_i, a) = f(e_j, a)$$
成立，那么我们称对象 e_i 和 e_j 关于属性集 A 等价。

定义 2：U 中关于某一个属性集 A 的所有等价对象的集合，我们称之为关于属性集 A 的等价集，也成为等价类。

定义 3：U 中关于属性集 A 的所有等价集，我们称之为 U 中属性集 A 的划分 R，即
$$R = \{E_i \mid E_i \text{ 为 } U \text{ 中关于 } A \text{ 的等价集}, i = 1, 2, \cdots, n\}$$

（2）等价集的描述

对一个等价集 E_i，我们是用 $\mathrm{Des}(E_i) = (a = v)$ 来对它的特性进行描述的，其中 $a \in A, v \in V$。

8.5.1.3　等价集的上、下近似

假设 U 中关于 A 的划分是 E，U 中关于 A' 的划分是 Y。在 U 中，E 对 Y 的上、下近似集合定义如下。

定义 4：等价集 Y_j（Y_j 是 A' 的划分 Y 中的一个等价集）关于属性 A 的下近似集合为
$$\underline{A}Y_j = \bigcup\{E_i \mid E_i \in E \text{ 且 } E_i \subseteq Y_j\}$$
Y_j 是 E 中被 Y_j 包含的等价集的并集，即任意 $x_i \in \underline{A}Y_j$，x_i 一定属于 Y_j。

定义 5：等价集 Y_j 关于属性 A 的上近似集合为
$$\overline{A}Y_j = \bigcup\{E_i \mid E_i \in E \text{ 且 } E_i \cap Y_j \neq \varnothing\}$$
$\overline{A}Y_j$ 是 E 中被 Y_j 的交集非空的等价集的并集，即任意 $x_i \in \overline{A}Y_j$，x_i 可能属于 Y_j。

推论：$\overline{A}Y_j - \underline{A}Y_j$，即上近似集合与下近似集合的差集称为边界线区域，具有含糊性。通过该公式可以计算含糊元素数目。

定义 6：确定度
$$\alpha_A(Y_j) = \frac{|U| - |\overline{A}Y_j - \underline{A}Y_j|}{|U|}$$
其中，$|U|$ 和 $|\overline{A}Y_j - \underline{A}Y_j|$ 分别表示集合 U 和 $(\overline{A}Y_j - \underline{A}Y_j)$ 中的元素个数。

$\alpha_A(Y_j)$ 的值反映了 U 中的能够根据 A 中各属性的属性值就能确定其属于或不属于 Y_j 的比例，也即对 U 中的任意一个对象，根据 A 中各属性的

属性值确定它属于或不属于 Y_j 的可信度。

确定度 $\alpha_A(Y_j)$ 的值为 $0 \leqslant \alpha_A(Y_j) \leqslant 1$，并具有如下性质：

(1)当 $\alpha_A(Y_j)=1$ 时，能够根据 A 中各属性的属性值就可以确定 U 中的全部对象是否属于 Y_j。

(2)当 $0 < \alpha_A(Y_j) < 1$ 时，根据 A 中各属性的属性值可以确定 U 中的部分对象是否属于 Y_j，但是不能确定另一部分对象是否属于 Y_j。

(3)当 $\alpha_A(Y_j)=0$ 时，都不能根据 A 中各属性的属性值确定 U 中的全部对象是否属于 Y_j。

8.5.1.4 最小属性集及其相关概念

粗糙集的一个重要应用是找出多余(不必要)的属性。在属性集中去掉多余的属性后的属性集称为最小属性集。

定义 7：$C,D \subset A$，两个属性集 C 与 D 之间的依赖程度 $\gamma(C,D)$ 定义为

$$\gamma(C,D) = \frac{|POS(C,D)|}{|U|}$$

其中，$POS(C,D) \subseteq X_j$ 表示等价集 X_j 是关于属性集 C 的下近似集的并集；$|POS(C,D)|$ 表示该并集的元素个数；$|U|$ 表示整个对象集合的个数；γ 表示由条件属性 C 的取值能准确判断出属于某个决策属性 D 的等价集 X_j 的对象所占系统中的比例，即表示条件属性 C 能区分决策属性等价集的能力。

$\gamma(C,D)$ 的性质有：

(1)$\gamma(C,D) \in [0,1]$。

若 $\gamma(C,D)=0$，表示根据条件 C 的取值无法将任何对象准确分类。

若 $\gamma(C,D)=1$，表示根据条件 C 的取值可以对 U 中所有对象准确分类。

(2)若 $C=\varnothing, D \neq \varnothing$，则 $|POS(C,D)|=\varnothing, \gamma(C,D)=0$。

定义 8：C,D_A,C 为条件属性集，D 为决策属性集，$a \in C$，属性 a 关于 D 的重要度定义为

$$SGF(a,C,D) = \gamma(C,D) - \gamma(C-\{a\},D)$$

其中，$\gamma(C-\{a\},D)$ 表示在 C 中缺少属性 a 后，条件属性与决策属性的依赖程度；$SGF(a,C,D)$ 表示 C 中缺少属性 a 后，导致不能被准确分类的对象在系统中所占的比例。

$SGF(a,C,D)$ 性质有：

(1) $SGF(a,C,D) \in [0,1]$。

（2）若 SGF$(a,C,D)=0$,表示属性 a 关于 D 是可省的。因为从属性集中去除属性 a 后,$C-\{a\}$ 中的信息,原来可被准确分类的所有对象仍能准确划分到各决策类中去。

（3）SGF$(a,C,D)\neq0$,表示属性 a 关于 D 是不可省的。因为从属性集 C 中去除属性 a 后,某些对象不能再被准确划分。

定义 9:设 C,D 分别是信息系统 S 的条件属性集和决策属性集。属性集 $P(P\subseteq C)$ 是 C 的一个最小属性集,当且仅当 $\gamma(P,D)=\gamma(C,D)$,并且 $\forall~P'\subset P,\gamma(P',D)\neq\gamma(P,D)$,说明若 P 是 C 的最小属性集,则 P 具有与 C 同样的区分决策类的能力。

需要注意的是 C 的最小属性集一般是不唯一的,而要找到所有的最小属性集是一个 NP 问题。在大多数应用中,没有必要找到所有的最小属性集。用户可以根据不同的原则来选择一个他认为最好的最小属性集。比如,选择具有最少属性个数的最小属性集,或为每一个属性定义一个费用函数,从而选择具有最小费用的最小属性集等。

8.5.2　粗糙集分类规则发现模式

8.5.2.1　分类规则的形成

通过分析 U 中的两个划分 E 和 Y 之间的关系,把 E 视为分类条件,Y 视为分类结论,我们可以得到下面的分类规则。

（1）当 $E_i\bigcap Y_j\neq\varnothing$ 时,则有

$$r_{ij}:\mathrm{Des}(E_i)\rightarrow\mathrm{Des}(Y_j)$$

$\mathrm{Des}(E_i)$ 和 $\mathrm{Des}(Y_j)$ 分别是在等价集 E_i 和等价集 Y_j 中的特征描述。

• 当 $E_i\bigcap Y_j=E_i$ 时（E_i 完全被 Y_j 包含）,建立的规则 r_{ij} 是确定的,规则的可信度 $cf=1$。

• 当 $E_i\bigcap Y_j\neq E_i$ 时（E_i 部分被 Y_j 包含）,建立的规则 r_{ij} 是不确定的,规则的可信度

$$cf=\frac{|E_i\bigcap Y_j|}{|E_i|}$$

（2）当 $E_i\bigcap Y_j=\varnothing$ 时（E_i 不被 Y_j 包含）,E_i 和 Y_j 不能建立规则（如图 8.18 所示）。

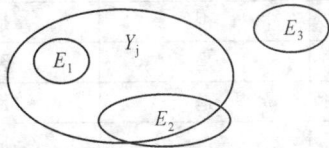

图 8.18　E_i 和 Y_j 的上、下近似关系

8.5.2.2 规则的约简

由获取规则的原则产生的规则会很多,规则的概括能力差,冗余较多,有必要对已产生的规则进行约简。

规则有两类,一类规则的可信度小于1,即由上近似集合产生的规则,出现多条具有相同条件不同结论的规则,这类规则不便简化。另一类规则的可信度为1,即由下近似集合产生的规则,这类规则能够简化。

约简规则一般是在条件属性中删除某些属性后,规则的可信度仍为1。

设 $a \in C, C' = C - \{a\}$,在 C' 下的等价集 E_i' 与决策属性集 D 的等价集 Y_j 之间仍存在:$E_i' \bigcap Y_j = E_i'$ 时,则属性 a 是可省略的;否则 a 是不可省略的。

一般在进行实际规则简化时,采取的方法是对未删除的多条规则进行合并,增加"或($\vee$)"关系。在一条规则中,对于调解某个属性的取值在"或($\vee$)"关系下覆盖了该属性的所有取值,那么该属性在规则中就不起作用,即在规则中可以删除该属性。

例如:有规则 $(a=1 \vee a=0) \wedge C=0 \to d=0$,且属性 a 的取值只有 $0 \vee 1$,该条规则与删除属性 a 的规则:$c=0 \to d=0$ 是等价的。

8.5.3 粗糙集的应用

粗糙集具有很大的应用范围。例如企业不仅要有高质量的产品,还得有很好的售后服务,总之企业有良好的客户关系,公司才能获得更多的市场份额和利润。

表 8.10 是流失客户的信息,包括六个客户数据的属性值,表的列为对象的属性,行标识为对象,表中的数据记录了属性值。表中的每行都可看成有关流失客户的信息。

表 8.10 流失客户的信息

客户编号	赞扬竞争对手的产品	挑选产品时间很长	距最后一次销售的时间	客户流失否
970102	否	是	长	是
970230	是	否	长	是
980304	是	是	很长	是
980625	否	是	正常	否
990211	是	否	长	否
990327	否	是	很长	是

表中客户 970230,980304,990211 相对属性"赞扬竞争对手的产品"是相似的。客户 980304,990327 相对属性"挑选产品时间很长"和"客户流失"是相似的;客户 970230,990211 相对属性"赞扬竞争对手的产品"、"挑选产品时间很长"和"距最后一次销售时间"是相似的。这样,属性"赞扬竞争对手的产品"产生两个初等集合:{970230,980304,990211} 和 {970102,980625,990327};而属性"赞扬竞争对手的产品"和"挑选产品时间很长"生成三个初等集合:{970102,980625,990327},{970230,990211} 和{980304}。同样,可以确定由任意子集所生成的初等集合。

因为客户 970230 已经流失,而客户 990211 没有流失,对于属性"赞扬竞争对手的产品"、"挑选产品时间很长"和"距最后一次销售时间"是相似的。因此,客户流失不能以属性"赞扬竞争对手的产品"、"挑选产品时间很长"和"距最后一次销售时间"作为特征进行描述,而 970230,990211 就是边界实例,即他们不能根据有效知识进行适当的分类。余下的客户 970102,980304 和 990327 所显示的特征,可以将他们确定为已经流失的客户。当然,也不能排除 970230 和 990211 已经流失,而 980625 毫无疑问没有流失。所以客户集合中"流失"的下近似集合是 {970102,980304,990327},上近似集合是 {970102,970230,980304,990211,990327}。同样,980625 没有流失,而 970230 和 990211 不能排除流失。因此,客户"没有流失"概念的下近似是{980625},上近似是{970230,980625,990211}。实际上,为了确定客户是否流失,不必使用表中的所有属性。如果一个客户距最后一次购买的时间很长,那该客户就一定流失了。如果距最后一次购买的时间正常,那就一定没有流失。

由于知识发现所研究的对象大多是关系型数据库关系表,可以将其看成粗糙集理论中的决策表,这就给粗糙集的应用提供了便利条件。在现实研究中的规则有确定性的和不确定性的,而粗糙集可从数据库中发现不确定性知识。同时粗糙集可从数据中发现异常数据,排除知识发现过程中的噪声干扰。粗糙集在实际应用中还可以和其他数据挖掘技术结合起来,提高数据挖掘的效率。

8.6 知识发现工具简介

在未来几年可以预见到各种知识发现系统将会被设计、开发出来。虽然数据挖掘功能日益丰富和强大,并且已经成为知识挖掘的核心,然而知识发现系统的结构和设计也是至关重要的。一个好的系统结构将有利于系统更好地利用数据库环境,可以有效及时地完成数据挖掘任务量,有利于与其他信息系统协调和交换信息,有利于系统适应用户的各种要求。

8.6.1　知识发现工具的系统结构

知识发现系统设计的一个重要问题是:是否应当将数据挖掘(DM)系统与数据库(DB)系统和数据仓库(DW)系统耦合或集成? 基于不同的结构设计,用不耦合、松散耦合、半紧密耦合和紧密耦合模式可将 DM 系统和 DB/DW 系统集成。

(1) 无耦合

无耦合(No Coupling)意味 DM 系统不利用 DB 或 DW 系统的任何功能。它可能由特定的源(如文件系统)提供数据,使用某些数据挖掘算法处理数据,再将挖掘结果存放在另一个文件中。

不与这些系统耦合,DM 系统就需要使用其他工具提取数据,这种系统今后将很难集成到信息处理环境中。因此,不耦合体系的数据挖掘系统是一种很糟糕的设计。

(2) 松散耦合

松散耦合(Loose Coupling)意味 DM 系统将使用 DB/DW 的某些工具,从这些系统管理的数据存储中提取数据,进行数据挖掘,然后将挖掘的结果存放在文件中,或者存放在数据库或数据仓库中的指定位置。

松散耦合比不耦合好,因为它可以使用查询处理、索引和其他工具提取存放在数据库或数据仓库中任意部分的数据。这就可以利用数据库或数据仓库系统所提供的灵活性、有效性等优点。然而,许多松散耦合的系统是基于内存的。挖掘本身不能使用 DB/DW 提供的数据结构和查询优化方法,对于大量的数据集,松散耦合系统就很难获得可伸缩性和良好的性能。

(3) 半紧密耦合

半紧密耦合(Semitight Coupling)意味着除了将 DM 系统连接到一个 DB/DW 系统外,一些基本数据挖掘原语可以在 DB/DW 系统中实现。这些原语可能包括排序、索引、聚集、直方图分析和一些基本的统计度量(如求和、计数、最大、最小、标准差等)的预处理。此外,一些频繁使用的中间结果也可以预计算,并且存放在 DB/DW 系统中。由于这些中间挖掘结果或者可以预计算,或者可以有效地计算,因此这种半紧密耦合设计将提高 DM 系统的性能。

（4）紧密耦合

紧密耦合(Tight Coupling)意味着 DM 系统平滑地集成到 DB/DW 系统中。数据挖掘系统被视为信息系统的一部分。数据挖掘查询功能根据 DB/DW 系统的查询分析、数据结构、索引模式和查询处理方法优化。随着技术进步,DM 和 DB/DW 将进一步集成在一起,成为一个具有多种功能的信息系统。这将提供一个一致的信息处理环境。这种方法是人们高度期望的,因为它有利于数据挖掘功能的有效实现,提高系统性能,实现集成的信息处理环境。

8.6.2　知识发现工具运用中的问题

许多知识发现技术源于人工智能和机器学习的研究。这些技术正在逐渐地从大学和研究中心推广至商业用户。在不断的实际应用中,知识发现技术正在不断吸取各种领域的经验而逐渐成熟。从目前情况来看,在运用知识挖掘技术时还需要注意一些问题,有的问题是所有知识挖掘技术在应用中都会遇到的公共问题,有的是不同数据挖掘技术自身所特有的一些问题。

8.6.2.1　数据挖掘技术应用中的共性问题

在应用数据挖掘技术时,所遇到的共性问题有数据质量、数据可视化、极大数据库、性能与成本、分析人员的技能、数据噪声、模式评价等。

（1）数据质量

由于知识发现是数据驱动的,而且不易管理,因此知识发现很容易遇到数据质量的问题。许多数据库都是动态的、有错误而且不完整的、有冗余的和稀疏的,当然也是巨大的。因此在使用恰当的知识发现功能和技术的同时,必须小心地分析异常情况,不能将异常数据所造成的结果作为普遍的模式加以应用。

（2）数据可视化

数据仓库包含大量数据,其中隐藏着各种业务模式。如果只对这些海量数据进行分析,其结果可能会使分析员变得不知所措。因此在知识发现过程中需要通过设定有效的探索始点,能够按适当的隐语来表示数据,使知识挖掘分析人员能够得到有力的帮助。数据的可视化是一种帮助知识挖掘人员了解数据、获取知识的有力工具。但是在知识挖掘中所遇到的数据大多是一些复杂的海量数据,要将其可视化,须有复杂的数据可视化工具支持。数据可视化是一种新兴的技术,它可提高商业分析员分析数据、获取知识的能力,尤其是在数据维数较低的时候,其效果更加明显。

(3) 极大数据库(vLDB)问题

在数据仓库设计时,力图使数据库足够小,以便满足用户信息分析处理的需要。数据仓库一般只要有可能,就对数据概括化,以减少存储空间并且改善查询和报表的响应时间。但是对于知识发现,需要事务数据或细节数据,否则无法了解客户的行为方式和商业模式。这样,用于知识挖掘的数据仓库实际上是一个极大数据库,需要既保持查询分析的概括数据,也要提供进行知识挖掘的细节数据。极大数据库除了在系统管理时存在问题外,许多知识发现技术也会由于极大数据库的尺寸过大而发生应用问题。例如,过大的查询数据尺寸会对一些特定技术(例如,神经网络训练)造成困难。这样,对极大数据库往往需要使用其他的数据抽取技术,生成一个知识挖掘数据库,便于知识挖掘技术的应用。

(4) 性能和成本

为了满足许多知识发现系统的计算要求,需要在硬件、操作系统软件上采用并行技术。这些性能要求大大增加了知识挖掘的成本。

(5) 商业分析员的技能

商业分析员需要丰富的业务知识,并且具有极强的调查能力,同时还应有创造性。创造性允许商业分析员试验各种知识发现技术,以便发现大量潜在的模式和关系。然后分析并且了解它,最后生成预测模型且按用户容易理解的形式发布。

(6) 处理噪声和不完全数据

存放在数据库中的数据可能包含噪声、异常情况或不完全的数据对象。这些对象可能使分析过程混乱,导致数据与所构造的知识模型过分适应。其结果是,所发现的模式精确性可能很差,不能满足实际的需要。因此,在知识挖掘系统中需要有处理数据噪声的数据清理方法和数据分析方法,以及发现和分析异常情况的孤立点挖掘方法来解决这些问题。

(7) 模式评价——兴趣度问题

知识发现系统可能发现数以千计的模式。对于给定的用户,许多模式不是有趣的。这表明不是知识模式缺乏吸引用户的新颖性,就是用户缺乏对知识模式的理解能力。因此,开发一种评价模式兴趣度的技术是解决这一问题的关键。关于开发模式兴趣度的评价技术,特别是关于给定用户类,基于用户的信赖或期望,评估模式价值的主观度量,仍然存在一些挑战。使用兴趣度度量来指导发现过程的压缩搜索空间,将是知识挖掘中一个研究活跃的领域。

8.6.2.2　数据挖掘技术应用中的个性问题

（1）规则归纳应用中的问题

规则归纳应用主要用于显式描述数据抽取的规则，常常是对带有属性或描述的数据项应用规则算法。使用规则归纳技术，数据库中所有可能的模式都要被系统地抽取出来，然后估计它们的正确性和重要性，以判断模式可以使人们相信的程度有多高，再次出现的可能性有多大。这样，它就可能得到数据库中所有可能的有趣模式，不会漏掉任何一种情况。从另一个角度讲这也是它的缺点，因为用户会淹没在数量繁多的规则中，把所有规则看一遍是很困难的；另外，进行系统的规则归纳，找到所有的规则，工作量是巨大的，这给系统分析人员带来很大的挑战。

（2）神经网络应用中的问题

神经网络的研究内容相当广泛，反映了多学科交叉技术领域的特点。迄今为止，在人工神经网络研究领域中，有代表性的网络模型已达数十种，而学习算法的类型更难以统计其数量。神经网络方法的最大优点就是能够精确地对复杂问题进行预测。

神经网络方法也有一些缺点。第一，神经网络易于受训练过度的影响。如果对具有很强学习功能的神经网络，用支持这种功能的少量数据进行训练，开始时正如希望的那样，网络学习的是数据中的一般趋势，此后网络却不断地学习训练数据中非常具体的特征，这不是所希望的。这样的网络由于记住了训练数据，缺乏概括能力。如今的商用神经网络已经有效地解决了这个问题。通过定期检查测试数据集的结果，可以检测训练过度问题。训练过程初期，训练和测试数据的误差都比较小。如果网络的功能超过预定功能或者训练数据太少，这种情况就不会继续下去。在训练过程中，如果测试数据开始产生错误结果，而训练数据的结果仍然在不断提高，这就说明出现了训练过度问题。第二，神经网络的训练速度问题。构造神经网络时要求对其训练许多遍，这意味着获得精确的神经网络需要花费许多时间。因此，神经网络的模型构建、数据训练可能花费过多的时间。

（3）遗传算法应用中的问题

遗传算法能够解决许多其他技术难以解决的问题。它在问题解决过程中不是针对参数本身，而是通过对参数集进行编码的基因个体，使遗传算法可对一些复杂的结构对象，例如集合、序列、树、图、表等进行操作。利用对所有个体进行处理的方法，可以探索空间中的多个解，使遗传算法具有较好的全局搜索特性。

在数据挖掘领域,目前主要用于增强其他数据挖掘技术,例如与神经网络技术的结合,可以提高神经网络的可理解性。从遗传算法自身的角度考察,遗传算法实际上是一种最难以理解和开发难度最大的算法。

8.6.3　知识发现的作用

知识发现工具有助于了解商业活动,发现商业异常和预测未来趋势。

(1) 了解商业活动

知识发现工具及技术可以帮助了解商业活动的细节,有助于寻找重要的,但是不可见的和未知的商业事实。客户行为模式可按多种方式分析:从近似分析到市场细分,从侧面生成到购买序列模型。无论显式规则还是隐式规则都可生成并且进行分析。可以用多种知识发现技术,以适合于不同数据类型,从数字到描述、到图像的不同数据类型。

组合技术或组合不同技术的序列应用,有助于了解商业事实并且生成可以采取行动的建议。

(2) 发现商业异常

知识发现工具也有助于异常检查和异常分析。检查异常可以使决策更佳,消除那些异常数据带来的影响。检查可使人们对数据建立未曾意识到的更深刻的商业认识。

(3) 预测模型

在了解商业活动中发生了什么及其发生的原因后,知识发现技术可以帮助解决"现在该怎么办"的问题。也就是说,用户可以从过去预测未来并且做出计划。预测模型系统可以帮助用户了解市场变化,它与商业分析员专业领域知识相结合,构成可靠决策的最佳组合。

预测模型可以用于多个重要的商业领域,例如交叉销售、相关市场营销、产品包装(由单个或多个制售商包装其产品)、信用风险分析、商店位置设置分析等。

8.6.4　知识类数据挖掘工具简介

知识类数据挖掘工具有 IBM 公司的 IM 智能挖掘器,加拿大 Simon Fraser 大学智能数据库系统研究室创建的 DBMiner,它的前身是 DBLearn。该系统设计的目的是把关系数据库和数据挖掘集成在一起,以面向属性的多级概念为基础发现各种知识。DBMiner 系统具有如下特色：

- 能完成多种知识的发现，如泛化规则、特性规则、关联规则、分类规则、演化知识、偏离知识等。
- 综合了多种数据开采技术，如面向属性的归纳、统计分析、逐级深化发现多级规则、元规则引导发现等方法。
- 提出了一种交互式的类 SQL 语言——数据开采查询语言 DMQL。
- 能与关系数据库平滑集成。
- 实现了基于客户/服务器体系结构的 Unix 和 PC(Windows/NT)版本的系统。

8.6.4.1 DBMiner 的体系结构

DBMiner 可从关系数据库或数据仓库中抽取数据，通过集成、转换装入多维数据库，例如，可从 SQL Server OLAP 的数据立方体中抽取数据，并且根据用户的要求进行连机数据挖掘处理。在数据的挖掘处理过程中，可以进行钻取、切片、切块等灵活的操作。数据挖掘结果可用多种形式表示，数据的汇总、特征化等统计结果可用 MS Excel 的图形工具输出，关联规则可用关联表、关联规则图表示，分类结果可用决策树或决策表表示。

DBMiner 是加拿大 Simon Fraser 大学智能数据库系统研究室所创建，由 DBMiner Technology 公司进一步开发的连机数据挖掘系统，目前已经有 3.0 版本。2.0 版本可从 http://db. cs. sfu. ca/DBMiner 或 http://www. dbminer. com 免费下载，有 90 天的试用期，有关单位用户、教育用户的许可证可以从 http://www. dbminer. com 获取。

8.6.4.2 DBMiner 的数据挖掘类型

DBMiner 能够支持的数据挖掘功能包括分析、关联、分类、聚类、预测和时间序列分析。

DBMiner 的分析功能主要利用钻取、切片、切块等 OLAP 操作多维度，展示数据立方体中的内容，输出结果可以是各种可视化图形，并且可用统计分析工具计算最大值、最小值、标准差以及其他数据分布情况。

DBMiner 的关联功能可从多维数据库中挖掘一系列的关联规则，用户可以指定元模式限制对规则搜索，也可沿着任一维在多个抽象层次上挖掘规则，并且可用图形表示挖掘的关联规则。

DBMiner 的分类功能可对一组训练数据进行分析，根据数据特性对每个分类构造一个模型，再根据测试数据对模型进行调整。用决策树或决策表表示模型,且用该模型对其他数据分类。

DBMiner 的聚类功能可将一组选定的数据对象分成若干簇,使簇内的数据相似度高,不同簇中的数据相似度低。聚类结果可用不同颜色的图形输出。

DBMiner 的预测与时间序列分析在 DBMiner 2.0 版本中未实现,只在 DBMiner 3.0 以上的版本中才具备这些功能。

本章小结

知识挖掘技术是一种依赖数据驱动的、从数据中挖掘业务模式的知识发现技术。知识发现系统的结构在知识挖掘过程中各自承担自己的任务,相互协调才能使知识挖掘技术发挥其特有的价值。

在知识挖掘技术中,使用较多的有关联规则、人工神经网络、遗传算法、粗糙集等。关联规则是知识挖掘中一种主要的挖掘技术,通过关联规则在数据仓库中的应用,可使人们了解各种事物发生的前因后果,使企业利用挖掘的各种商业规则在市场竞争中获取优势。

人工神经网络是一种有效的预测模型。其模型比较复杂,许多人都难以理解,但是在聚类分析、奇异点分析、特征抽取中可以得到较大的应用,例如在信用卡欺诈、信贷风险、客户分类、盈利客户特征分析商业模式的识别上应用。

遗传算法作为基于生物进化过程的组合优化方法,在数据挖掘中主要用于分类系统中,并且经常与神经网络等数据挖掘技术综合应用。

粗糙集在数据挖掘应用中,经常用于处理不确定问题,而且在处理过程中可以不需要关于问题的先验知识,可以自动找出问题的内在规律。因此,在模式识别、决策分析、知识发现等方面得到较广泛的应用。

在应用知识挖掘工具时,需要关注其系统结构。只有与数据源结合良好的挖掘工具,才能发挥其真正的价值。

使用知识发现技术时会遇到数据质量、可视化数据的能力、极大数据库尺寸,以及商业分析员(也是数据发掘者)技能的一些问题,这些都会影响到数据挖掘工具的应用成败。

习　题

1. 知识挖掘系统的结构包括哪几个部分？它们是如何相互配合完成知识发现的？

2. 现有某企业的员工数据库，数据已经概括处理，其中的合计数为对应所给定的部门、职务、年龄和工资值的人数（参见表 8.11）。

表 8.11　某企业员工数据库

部门	职务	年龄（岁）	工资（元）	合计（人）
销售	高级管理	31～35	4600～5000	30
销售	低级管理	26～30	2600～3000	40
销售	低级管理	31～35	3100～3500	40
生产	低级管理	21～25	4600～5000	20
生产	高级管理	31～35	6600～7000	5
生产	低级管理	26～30	4600～5000	3
生产	高级管理	41～45	6600～7000	3
财务	高级管理	36～40	4600～5000	10
财务	低级管理	31～35	4100～4500	4
行政	高级管理	46～50	3600～4000	4
行政	低级管理	26～30	2600～3000	6

(1) 针对表 8.11，设计一个遗传算法，分析员工的年龄、部门与工资的关系。

(2) 利用粗糙集技术对表 8.11 的数据进行分析，讨论可能得到什么结论。

3. 在超市中的商品价格都是大于等于零的，超市的总经理只关心如何利用送一件免费商品而带来 1000 元以上的总销售量。讨论如何挖掘这种商业模式。

4. 现在需要购买一个商品化的数据挖掘工具，从多角度对其进行分析，例如可以处理的数据类型、系统的体系结构、数据源、数据挖掘功能、数据挖掘方法、与数据仓库的耦合情况、用户的图形界面等。对该系统进行一个实际的评价,并且描述其具体的实现方法。

5. 前馈网络和递归网络有什么本质区别?

6. 多层前馈网络中隐藏层神经元的作用是什么?

7. 遗传算法的主要思路是什么? 其中的变异操作有什么用?

8. 遗传算法在设计时涉及哪些参数? 每种参数的作用是什么?

9. 什么是粗糙集? 在数据分析中有何作用?

10. 一个知识库 $K=(U,R)$,其中 $U=\{x_1,x_2,x_3,x_4,x_5,x_6,x_7,x_8\}$,一个等价关系 R 形成的等价类 $Y_1=\{x_1,x_2,x_6\}$, $Y_2=\{x_3\}$, $Y_3=\{x_4,x_7,x_8\}$, $Y_4=\{x_5\}$。$X=\{x_2,x_5,x_7\}$。试求出下近似集合和上近似集合。

第 9 章

非结构化数据挖掘技术

学习目标

- 了解文本数据挖掘技术的概念与处理方法
- 了解 Web 数据挖掘技术的概念与处理方法
- 了解可视化数据挖掘技术的概念与处理方法
- 了解分布式数据挖掘技术概念
- 了解数据挖掘的其他主题简介

本章关键词

半结构化数据（Semi-structured Data）

数据库（Database）

信息检索（Information Retrieval）

文本挖掘（Text Mining）

互联网数据挖掘（Web Data Mining）

分布式数据挖掘（Distributed Data Mining）

数据挖掘（Data Mining）

近年来,随着各种数据处理工具、先进的数据库技术与因特网技术的迅速发展,出现了大量结构各异的、形式复杂的数据。面对这些数据,数据挖掘技术遇到了新的挑战,需要采用各种与常规数据挖掘技术相异的数据挖掘技术,解决这些结构相异的数据挖掘问题。

9.1　文本挖掘技术

文本挖掘是数据挖掘的一个分支,它是把文本型信息源作为分析的对象,利用定量计算和定性分析的方法,从中寻找信息的结构、模型、模式等各种隐含的知识,这种知识对用户而言是新颖的,具有潜在价值。因此,文本挖掘技术的出现为文本信息的整理、分析、挖掘提供了有效手段。

9.1.1　文本挖掘的概述

文本挖掘处理的是非结构化的文本信息,它的主要任务是分析文本的内容特征,发现文本数据库中概念、文本之间的相互关系和相互作用,为用户提供相关知识和信息。数据库处理的对象是结构化的数据,目的是从结构化数据源中发现不同属性之间的关联规则,或者是对数据对象进行聚类及分类处理,或者是构造数据的预测模型。因此,文本挖掘和数据库挖掘在目标上具有相似性,在技术实现上具有一定的差异。

文本挖掘过程一般包括文本准备、特征标引、特征集缩减、知识模式的提取、知识模式的评价、知识模式的输出等过程,如图 9.1 所示。

文本 → 特征标引 → 特征集缩减 → 知识模式的提取 → 知识模式的评价 → 知识模式的输出

图 9.1　文本挖掘的一般过程

（1）文本准备阶段是对文本进行选择、净化和预处理的过程,用来确定文本型信息源以及信息源中用于进一步分析的文本。具体任务包括词性的标注、句子和段落的划分、信息过滤等。

（2）特征标引是指给出文本内容特征的过程,通常由计算机系统自动选择一组主题词或关键词来作为文本的特征表示。

（3）特征集缩减就是自动从原始特征集中提取出部分特征的过程。一般通过两种途径:一是根据对样本集的统计分析删除不包含任何信息或只包含少量信息的特征;二是将若干低级特征合成一个新特征。

(4) 知识模式的提取是发现文本中的不同实体、实体间概念关系以及文本中其他类型的隐含知识的过程。

(5) 知识模式评价阶段的任务是从提取出的知识模式集合中筛选出用户感兴趣的、有意义的知识模式。

(6) 知识模式输出的任务是将挖掘出来的知识模式以多种方式提交给用户。

随着文本数据的快速迅猛增加,传统的信息检索技术已无法满足实际的需要。由于常常存在文档都包含有用信息,但只有一小部分是与特定用户需求密切相关的情况。因此不清楚文档的内容,就很难形成有效的查询。文本挖掘可以完成不同文档的比较,以及文档重要性和相关性排列,或者找出多文档的模式及趋势。

9.1.2　信息检索系统

信息检索领域是与数据库平行发展,且已有许多年的研究历史。信息检索的过程就是根据用户的输入,例如关键词或示例文档,查找相关文档的过程。由于数据库系统和信息检索是处理不同类型数据的,因此有些数据库问题,诸如并发控制和恢复、事务管理与更新,通常并不在信息检索系统中出现。同样,信息检索系统处理的某些问题在数据库系统中也未得到充分的重视。例如,信息检索领域中处理非结构化文档的问题(比如用关键词进行模糊查询),以及处理基于查询文档的相关程度检索文档的问题。

信息检索领域一般用查全率和查准率对检索的效果进行量化评价。设与查询相关的所有文档集合记为 A,系统检索出来的所有文档集合记为 B,既相关又被系统检索出来的文档集合记为 C(见图 9.2),则查准率(Precision)为度量系统检索出来的相关文档与系统检索出来的所有文档百分比:

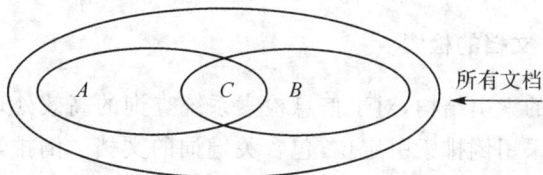

图 9.2　相关文档集和检索到的文档集之间的关系

$$Precision = C/B$$

查全率(Recall)则是系统检索出来的相关文档和与查询相关的所有文档的百分比:

$$Recall = C/A$$

9.1.2.1 基于关键字和基于相似性的检索

(1) 基于关键字的检索

在基于关键字的信息检索系统中,文档被看成字符串,可用一组关键字加以识别。用户提供一个关键字或一组关键字构成的表达式,如"计算机 and 制造",由关键字进行查询。这样,用户可以找出包含关键字"计算机 and 制造"的全部文档。在基于关键字的信息检索系统中,还要考虑"同义词问题"。如在用关键字"计算机 and 生产"查找有关计算机制造的相关文档时,如果一个文档的关键字是"计算机 and 生产",那么,虽然它也是和计算机制造有关的文档,但是,它不会被检索出来。可以采用同义词的方法解决这个问题。对每个词都定义一个同义词,比如定义"制造"的同义词为"生产",那么,再用关键字"计算机 and 制造"进行检索时,关键字为"计算机 and 制造"和"计算机 and 生产"的文档都将被找出来。基于关键字的信息检索系统还有一个难题,就是"多义词问题",即同一个关键字,在不同的上下文中可能有不同的含义。但是,目前这种基于上下文确定关键字含义的检索系统还不成熟。

(2) 基于相似性的检索

某些信息检索系统允许基于相似性的检索。这时,用户可给系统一个文档 A,然后要求系统找出与 A"相似"的文档。两个文档的相似性可以自定义,例如根据一组共同的关键词作为相似性。此类检索的输出应当基于相关度,其中相关度的度量是根据关键词的近似性、关键词的出现频率等。如果与 A 相似的文档非常多,系统可以只呈现给用户其中几个,并且允许用户从中选择最相关的那些文档,然后根据选出的文档和文档 A 的相似性开始一个新的检索。

9.1.2.2 文档的检索

一个高效的索引结构,对于信息检索系统查询的高效处理是十分重要的。系统可以采用倒排索引定位,包含关键词的文档。倒排索引是一种索引结构,它包含两个索引表:文档表和词表。文档表包含一个文档记录集合,每个记录有两个字段:doc-id 和 posting-list,其中,posting-list 就是文档中词(或指向词的指针)的列表,按一定的相关度排序。词表由一组词记录组成,每个记录有两个字段:term-id 和 posting-list,其中 term-id 是词的标识,posting-list 是包含该词的文档标识的列表。利用这种数据结构,就可以容易地完成这样的查询"发现与一组相关的所有文档",或"发现与一组文档相关的所有词"。例如,要发现与一组相关的文档,就可以首先找出相应的文档标识列表,然后利用它们的交集来获得一组相关的文档。倒排索引很容易实现,它在处理同义词和多义词方面存在不足,而且它的 posting-list 也很长,从而需要非常大的存储空间。

9.1.3 文本挖掘

9.1.3.1 基于关键字关联分析

基于关键字关联分析就是首先收集频繁一起出现的项或关键字集合,然后发现其中所存在的关联或相关联系。

与大多数文本数据库分析类似,关联分析首先对文本数据库进行语法分析、抽取词根、消去 stop 单词等预处理,然后调用关联挖掘算法。在一个文档数据库中,可以将每个文档视为一个事务,而文档中的一组关键字则作为事务中的项集合。这样文档数据库就具有以下格式:

$$\langle document\_id, a\_set\_of\_keywords \rangle$$

这样在文档数据库中关键字关联挖掘问题就转换为在事务数据库中事务项的关联挖掘问题。这类算法已经有了许多。

一组频繁一起出现(位置连续或接近)的关键字可能就构成了一个短语。关联挖掘过程有助于发现这样的组合,也就是依赖具体应用的短语,如北京大学、中国科学技术大学,或发现非短语关联,如收盘价、开盘价、成交量。进行这样的项识别或项层次上的关联挖掘在文本分析中有两个优点:一是自动标记项和短语,从而无需人工进行文档的标记工作;二是可以大大减少无意义的结果,从而减少挖掘算法的执行时间。

对项和短语的识别后,就可在项层次上进行挖掘以发现一组项和关键字之间所存在的关联。或许需要发现关键字或项与给定的关键字或短语之间的关联关系,或要发现一起出现的最大项集合。因此根据不同挖掘需要,可以利用常规的关联挖掘或最大模式挖掘算法来完成相应的文本分析任务。

9.1.3.2　文档分类分析

自动文档分类是一个很重要的文本挖掘任务。由于存在巨大的在线文档,因此有必要对这些文档进行分类,以方便文档检索和之后的分析。

一般自动文档分类的操作步骤如下:首先将一组已分好类的文档作为训练样本集合,然后分析训练样本集合以获得一个分类模式。这样分类模式还需要在测试过程中不断地完善。这样获得的分类模式也可以用于其他在线文档的分类。

上述分类过程看起来与关系数据集合分类相同,但实际上两者相差较大。关系数据具有较好的结构。分类过程就是发现哪个特征向量比其他区分能力更强。例如,一个元组[sunny, warm, dry, not_windy, play_tennis]中,"sunny"值对应特征向量中的"outlook"属性,"warm"对应"temperature"属性等。分类分析就是要决定哪个特征向量更重要,以便确定是否可以去打网球"play_tennis"。另一方面文档数据库没有相应特征向量结构。也就是说一组关键字与其所关联的一组文档,并没有组织成一组固定属性集合。因此在关系数据分类中常用的方法,如决策树方法,就不能直接用到文档数据库分类中。

文档分类的一个有效方法是,探索利用基于关联的分类方法,以便能够利用常常一起出现的关键字进行分类分析。

9.1.3.3　文档聚类分析

文档聚类是把文档集分成不同组的完全自动的过程。文档聚类与分类的不同之处在于,聚类没有预先定义好的主题类别,它的目标是将文档集合分成若干个组,要求同一组内文档内容的相似度尽可能大,而不同组间的相似度尽可能小。当文档的内容作为聚类的基础时,不同组是对应于集合中讨论的不同主题或论题。因此,聚类是找出集合所含内容的一条途径。为了帮助识别一组主题,聚类工具可以识别在此组文档中频繁出现的术语或词的列表。聚类也能根据文档的属性集实施,例如根据它们的长度、日期等进行聚类。

9.2　Web 数据挖掘技术

随着商业竞争的日益激烈,企业纷纷建立自己的竞争情报系统,以提高自身的竞争力。企业网站在规模和内容上的发展,使其成为了一个具备丰富信息资源的载体。作为一种开发利用上述信息的有力工具,在企业竞争情报系统的工作中,Web 挖掘可以发挥出重要的作用。Web 挖掘是数据挖掘在 Web 上的应用,它利用数据挖掘技术从与 WWW 相关的资源和行为中抽取感兴趣的、有用的模式和隐含信息,涉及 Web 技术、数据挖掘、计算机语言学、信息学等多个领域,是一项综合技术。

Web 数据挖掘是一个具有挑战性的课题,Web 挖掘的对象是 Web 上的资源以及对 Web 资源的访问记录。因此,根据挖掘对象的不同,更多的人倾向于将 Web 挖掘分为 Web 内容挖掘(Web Content Mining)、Web 结构挖掘(Web Structure Mining)和 Web 使用记录挖掘(Web Usage Mining)三类,如图 9.3 所示。

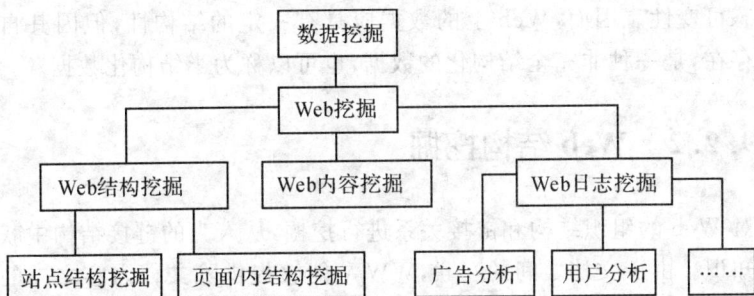

图 9.3　Web 挖掘的研究内容

9.2.1　Web 的特点

要了解 Web 挖掘,先要了解 Web 的特点。Web 是一个非常成功的基于超文本的分布式信息系统。Web 目前涉及新闻、广告、消费信息、金融管理、教育、政府、电子商务等许多信息服务。Web 还包括丰富和动态的超链接信息,以及 Web 页面的访问和使用信息,这为数据挖掘提供丰富的资源。从 Web 的特点分析,可以发现 Web 挖掘是一项很有挑战性的工作。Web 具有以下四个特点:

(1) 庞大性

Web 为在全球范围发布和传播信息提供机会,它允许任何人在任何地方、任何时间传播和获取信息。由于 Web 的开放性,使得 Web 上的信息与日俱增,爆炸性增长。

（2）动态性

Web不仅以极快的速度增长，而且其信息还在不断地发生更新。新闻、公司广告、股票市场、Web服务中心等都在不断地更新着各自的页面。链接信息和访问记录也在频繁更新之中。

（3）异构性

把Web中异构的非结构化的数据集成和组织成结构化的数据，就像关系数据库那样，然后用标准的数据库查询机理和数据挖掘技术来访问和分析这些信息。

（4）半结构化的数据结构

半结构化是Web数据的最大特点。Web上的数据非常复杂，没有特定的模型描述，每个站点的数据都各自独立设计，并且数据本身具有自述性和动态可变性。因而，Web上的数据应具有一定的结构性，但因其自述层次的存在，是一种非完全结构化的数据，也可以称为半结构化数据。

9.2.2　Web结构挖掘

对Web的组织结构和链接关系进行挖掘，从人为的链接结构中获取有用的知识。由于文档之间的互联，WWW能够提供除文档内容之外的有用信息。利用这些信息，可以对页面进行排序，发现重要的页面。

搜索某个给定话题的Web页面，不仅希望得到相关的Web页面，而且希望检索到的Web页面是权威的页面。怎样才能自动找到权威Web页面呢？Web不仅由页面构成，且还包含从一个页面指向另一个页面的超链接。超链接包含大量人类潜在的语义，它有助于自动分析出权威性语义。文件之间的超链接反映了文件之间的某种关系，例如包含、从属等。超链接中的标记文本对链接界面也发挥了一般化性质的功能，这种一般化在一定程度上比链接页面作者所做的一般化（页面的标题）要更为客观、准确。Craven等人使用一阶学习方法对Web页面间的超链接类型进行分类，以判断页面间的members-of-project，department-of-persons等关系；同时，他们还利用超链接中的标记文本对链接页面进行分类，取得了较好的效果。超链接反映了文件之间的引用关系，一个页面被引用的次数体现了该页面的重要性。Brin等人通过综合考虑页面的引用次数和链接界面的重要性来判断链接页面的重要性，从而设计出能够查询与客户请求相关的"权威"页面的查找引擎。

Web链接结构具有特殊的特征。首先，有些链接是为其他目的而创建的,例如,为了导航或为了付费广告。总体上,若大部分超链接具有认可性质,就可用于权威判断。其次,基于商业或竞争的考虑,很少有 Web 页面指向其竞争领域的权威页面,如可口可乐不会链接到其竞争对手百事可乐的 Web 页面。第三,权威页面很少具有特别的描述,如 Yahoo! 主页面不会明确给出"Web 搜索引擎"之类的自描述信息。

由于 Web 链接结构的这些局限性,人们提出一种重要的 Web 页面,称为 Hub 页面。Hub 页面是指一个或多个 Web 页面,它提供了指向某个链接集合。对于一个 Hub 页面来说,它本身可能并不突出,但是却提供了指向某个话题的权威页面的链接。Hub 页面起到隐含说明某话题权威页面的作用。通常,好的 Hub 页面指向许多好的权威页面;好多权威页面则指有好的 Hub 页面指向的页面。这样,可用 Hub 页面和权威页面之间的这种相互作用,用于权威页面的挖掘和高质量 Web 结构和资源的自动发现。

9.2.3　Web 内容挖掘

Web 内容挖掘就是 Web 页面上文本内容的挖掘,是普通文本挖掘结合 Web 信息特征的一种特殊应用。目前应用较多的是页面内容特征提取,即提取页面上重要的名词、数字,等等;另一方面是对页面进行聚类,即将大量 Web 页面进行各种方式的分类组合,如按站点的主题类别进行聚类、按页面的内容进行聚类等,可以发现其中可能存在的隐含模式等。Web 内容挖掘的基本过程是 Web 信息的获取、Web 信息的预处理和 Web 文本挖掘。

Web 信息的获取方式目前主要有两种,一种是人工提交方式,另外一种是软件搜索方式,两种方法被不同的站点所采用。如 Yahoo 等检索站点都支持用户直接提交 URL 信息,需要提交四部分内容:名称、URL、语言和描述。对于普通用户,较少使用这种提交方式,尤其对于一个企业而言,其竞争对手更加不可能主动提交有用的 URL,唯一可能的是内部员工的积极参与,但这可能浪费员工的工作时间,而且无法保证每个员工提交的页面都具有很大的价值。另外一种获取方法则是采用 Spider 或 Robot 的软件来进行,如 Exite,Lycos 等搜索引擎采用的就是这种方法。我们可以自己编写或者利用成型的 Robots 工具来检索 Internet 资源。

Web 信息的预处理是对错误信息甚至虚假信息进行处理,清除搜集到的系统中的异常数据,这些虚假信息如果不进行清理,很可能给用户的判断决策带来误导,最终可能使 Web 挖掘工作全盘失败。

Web 文本挖掘的技术基础是文本挖掘,但 Web 挖掘和文本挖掘又有一些区别,主要在于文本挖掘的对象是非结构化的数据,而 Web 文档却是半结构化数据。大多数 Web 挖掘模型或框架基本都有比较类似的模型,主要对 Web 文本特征提取、分类、聚类等方法进行了探讨,而对挖掘来的结果如何使用没有进一步的建议。

9.2.4   Web 日志挖掘

作为一个站点,它不只是简单的由 HTML 文件堆积的 Web 服务窗口,如今越来越多的企业通过 Web 来实施广告宣传、电子交易、技术支持等,那么如何才能提高客户的满意程度? 如何改进企业网站? 哪些客户是公司的主要利润来源? 等等,而 Web 站点的日志记录恰恰为企业获取这些信息提供了源泉。然而,如何跟踪客户网上活动轨迹,有效地记录客户的行为并进行客观的挖掘分析,正是 Web 日志挖掘需要研究的内容。

Web 日志挖掘通常需要经过数据预处理、模式识别、模式分析三个阶段。

（1）数据预处理阶段

数据预处理阶段主要包括数据清洗和事务识别两个部分。数据清洗主要是对无关记录的删除,判断是否有重要的访问没有被记录,用户的识别等。事务识别是指将页面访问序列划分为代表 Web 事务或用户会话的逻辑单元。

（2）模式识别阶段

模式识别阶段采用统计法、机器学习等成熟技术,从 Web 使用记录中挖掘知识。实现的算法可以是统计分析、聚类、分类、关联规则、序列模式识别等。对 Web 使用记录的挖掘,早期大多采用统计方法进行。当用户通过浏览器对 Web 站点进行访问时,建立统计模型对用户访问模式进行多种简单的统计,如频繁访问页、单位时间访问数、访问数据量的时间分布图等。

（3）模式分析阶段

模式分析阶段的任务是采用合适的成熟的技术和工具,进行模式的分析,从而辅助分析人员的理解,使采用各种工具挖掘出的模式得到很好的利用。目前通常采用的方法有两种:一种采用 SQL 查询语句进行分析;另外一种是将数据导入多维数据立方体中,利用 OLAP 工具进行分析并且提供可视化的结果输出。

9.3　可视化数据挖掘技术

可视化数据挖掘技术建立在可视化和分析过程的基础上，从大的数据集中将数据转换为图形或图像，在屏幕上显示出来，并且进行交互处理的理论、方法和技术。可视化使得数据挖掘工具的能力更加强大，分析人员使用如此强大的工具，有时能够做出超越建模界限的工作。

9.3.1　数据可视化技术

数据挖掘技术是从大量的、不完整的、有噪声的和不一致的数据中提取隐含的、潜在的、有用的信息和知识的过程。可视化数据挖掘是可视化技术和数据挖掘技术的融合。一个可视化数据挖掘系统在语法上必须简单，以方便使用。简单对于学习来说是直观的使用和友好的输入机制，以及自然的、易于解释的输出知识；对于应用来说是人和信息之间有效的对话；对于检索或调用来说是指一个方便进行快速有效搜索的定制的数据结构。简而言之，简单意味着最小的，但功能完善的系统。

可视化工具把原始实验数据或仿真数据转化成一种人们能够理解的形式。根据要进行知识提取的原始数据和信息的属性，它们的表述可以采取不同的形式。但是，可视化过程必须由现代可视化软件工具支持。

可视化数据挖掘可以分为以下四个方面：数据可视化、数据挖掘结果可视化、数据挖掘过程可视化和交互式可视化数据挖掘。

9.3.1.1　数据可视化

数据库和数据仓库中的数据可以看作具有不同的粒度或不同抽象级别，也可看作由不同属性和维组合起来的。数据能够用多种可视化方式进行描述，如盒状图、三维立方体、曲线、曲面、数据分布图表、连接图，等等。

通过数据的可视化，可帮助决策者：

- 把信息切割成多种维度，并以不同的粒度标准来表示信息。
- 观察趋向，开发出历史跟踪程序，以显示随时间变化进行的操作。
- 提供异常分析并识别孤立可能性。
- 监控竞争对手的能力和发展。
- 导出数据集中变量的假设分析（What-If）和交叉分析（Cross）。

9.3.1.2 数据挖掘结果可视化

数据挖掘结果可视化是将数据挖掘后得到的结果,用可视化的形式表示出来,如表示为散列图、盒状图、决策树、关联规则等形式。

9.3.1.3 数据挖掘过程可视化

数据挖掘过程可视化是用可视化过程描述数据的挖掘过程。这样,用户可以看出数据是从哪个数据库或数据仓库中取出来的,怎么抽取的,以及怎样清理、集成、预处理的,怎样挖掘的,甚至还可以看到数据挖掘采用的方法、结果存储的地址及显示方式。

9.3.1.4 交互式可视化数据挖掘

交互技术让用户和可视化之间直接交互。这种技术如交互式映射、投影、过滤、缩放和交互式链接和刷洗(Brushing)。这些技术允许可视化探测对象发生的动态变化,允许用户高效地寻找和发现模式,帮助用户做出正确的数据挖掘决策。

总之,可视化在数据挖掘中是一种表示工具,它能产生初始视图,操纵结构复杂的数据,传达分析结果,使人们从大量的、动态的数据中提取潜在的、有用的知识和信息。

9.3.2 可视化数据挖掘技术的应用

在提取数据库中的两列或若干列属性值进行数据分析后,得到可视化结果,形成智能型软件形式。内容包括:

(1) 利用 VB 对数据库中的数据进行读取和存放。

(2) 运用数学软件 Matlab 执行数据分析和处理工作。

(3) 运用 Matcom 软件,将 Matcom 中的算法程序转换为能直接被 VB 调用的动态链接库(DLL)。

(4) 在 VB 中执行动态数据交换(DDE),并利用 VB 中的可视化功能将结果以图表方式动态展示。

将 VB 作为总体控制部分,打开客户需求分析的数据库,并通过 Matcom工具软件将 Matlab 的数值计算功能内置于其中,并在 VB 平台上设计可视化的智能型人机互动界面。设计流程如图 9.4 所示。

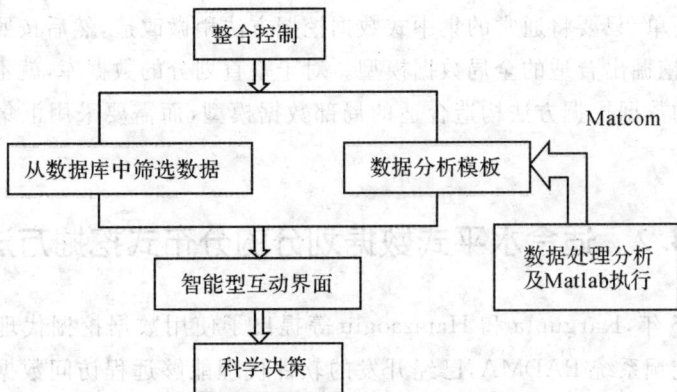

图 9.4　设计流程

9.4　分布式数据挖掘技术

9.4.1　概　述

分布式数据挖掘技术(DDM)是使用分布式计算从分布式数据库中抽取知识的过程。这是一个发展非常迅速,而且具有广阔应用前景的研究领域。

例如,某军事防务机构使用多个传感器监视周边态势,各传感器系统随时观察并汇集数据,此时,快速分析输入数据并实时响应是非常重要的。如果把所有传感器的观察数据汇集到某个中心地点进行分析,不但非常费时,而且根本不适合于使用大量传感器的安全防务系统。在这种情况下,就需要利用分布式数据挖掘技术。

分布式数据挖掘的典型应用领域是已经拥有分布式数据资源,或者是把集中式数据库按水平或垂直式划分后分布在不同站点。在水平划分情况下,各站点上的数据是同质(或同构)的,即每个站点上的数据具有相同的特征(或属性)集。但绝大多数分布式数据库是垂直划分的,各站点是异质(或异构)的,每个站点上的数据库具有不同的特征(或属性)集。

典型的分布式数据挖掘算法一般有两个步骤:一是完成各个站点的局部数据分析,构建局部数据模型;二是组合不同数据站点上的局部数据模型,获得全局数据模型。

对于水平划分的分布式数据挖掘,由于各个站点的数据模式的同构,挖掘算法简单,只要将通常的集中式数据挖掘方法稍微改造,然后按照上述方法,就能挖掘出合适的全局数据模型。对于垂直划分的数据库,就不能利用集中式的数据挖掘方法构造合适的局部数据模型,而需要采用汇集型数据挖掘方法。

9.4.2　适合水平式数据划分的分布式挖掘方法

1996 年,Kargupta 和 Hamzaoglu 等提出了使用数据挖掘代理的实验型数据挖掘系统 PADMA,已经开发的软件代理能够远程访问数据和分析数据,以及使用 Web 界面交互式数据可视化,还可以检测和发现非结构化文本文档中的模式。

如图 9.5 所示,PADMA 的总体结构有三个主要模块:数据挖掘代理、协调众多代理的装置(又称协调器)、用户接口。数据挖掘代理模块用于访问数据,从中提取有用的高级信息。数据挖掘代理在完成某个挖掘活动时指定。协调器协调各个代理,将挖掘到的信息提供给用户接口,实现从用户到代理的反馈。为了把软件代理提取的信息提供给用户,PADMA 设计了基于 Web 的图形用户接口。协调器接受用户以标准 SQL 表示的查询,并以广播方式通知各代理。然后,各代理提供它们提取到的与该查询有关的信息。最后,由协调器把这些信息汇集起来,提供给用户。

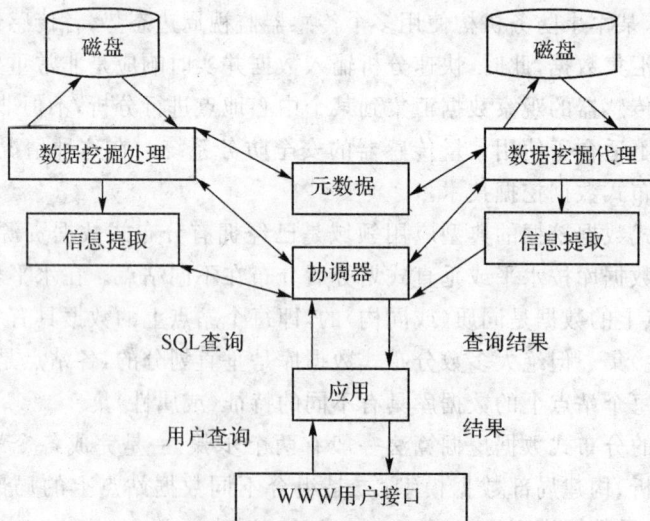

图 9.5　数据挖掘 PADMA 的体系结构

9.4.3　适合垂直式数据划分的分布式挖掘方法

Kargupta 在 1998 年提出使用正交基函数进行局部分析的"汇集型数据挖掘框架"(CDM),解决了在垂直型数据划分中,采用局部数据分析方法不能正确生成构造全局数据模型所需要的局部模型问题。

CDM 的基本思想是将待学习的函数用一组合适的函数,按照分布式方式表示,允许各个数据站点选择不同的学习算法。CDM 能够生成整个数据集的全局分布模型,不必依照各个数据站点的特征空间的特殊划分方法将整个模型的创建分解。CDM 为各个数据站点提供由局部观察变量定义并且用于局部分析和计算基函数的程序,通过各个数据站点对学习算法、通信方式和处理方法的选择,给每个程序分配一个自治度。这个程序就是数据挖掘代理,数据挖掘代理也通过协调器相互工作。

CDM 的数据挖掘主要步骤为:在每个数据站点上产生近似正交基函数及其系数;将选择好的数据样本从各个站点传送到某个站点,生成与非线性交叉项相对应的近似基函数系数;组合局部模型,将模型转化成用户所希望的表示方式并且输出模型。

在 CDM 的体系结构中(如图 9.6 所示),所有的数据挖掘代理在学习

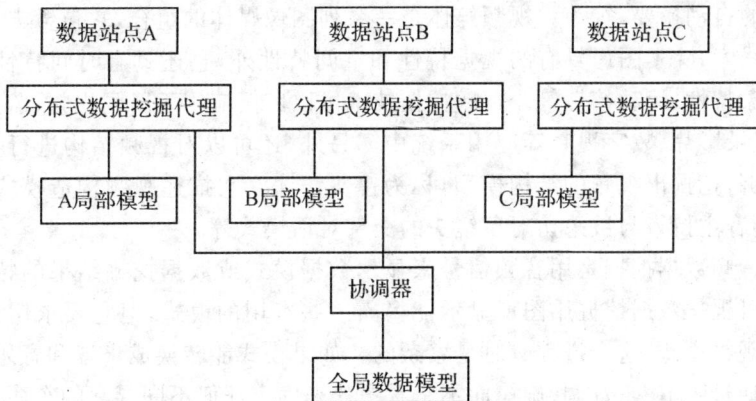

图 9.6　CDM 的体系结构

阶段,根据各自的局部数据进行学习,一旦代理识别局部基函数及其系数,就将每个代理的不正确预测与对应的索引,以及预测某个类别的强度或可信度,发送到协调器。针对数据库中同一类别标识的输出总数,计算正确预测的百分比。然后,由协调器标识所有代理不正确预测输出的公共数据集,

且从所有代理那里得到这个数据子集。协调器利用这个子集运行它的学习算法,以确定不同数据站点上的特征变量定义的基函数。

在测试阶段,每个代理独立分析和预测,将预测结果及有关的可信度发送到协调器,由协调器根据可信度对预测结果排序,并且根据用户定义的可信度阈值确定各个代理预测结果的可靠性。如果所有代理预测结果都不可信,协调器就自己承担学习任务,从各个代理那里获得相应的考察特征值。协调器利用这些值运行自己的模型,作出最终的预测。否则,如果某个代理的预测结果有较高的可信度,就将其作为最终预测结果。

9.5　数据挖掘的其他主题

数据挖掘范围很广,其方法也有很多种。这一节主要讨论几个在本书前面没有涉及的主题。

9.5.1　视频和音频数据挖掘

视频挖掘指对动画视频信息的自动处理,如电视信息的主题提取、视频文件的自动摘要,等等。视频媒体是一系列图像媒体的组合,它包含丰富的内容线索,除了图像具有的视觉特性和空间特性外,它还具有时间特性、视频对象特性、运动特性等。视频挖掘技术可以广泛应用于新闻视频、监控视频、记录影片、数字视频等应用系统中。另外,还可以对视频结构进行分析和挖掘,挖掘出视频的结构模型,称为镜头语法。它描述视频构造模式,例如,播音主持人与被采访对象镜头的交替对话模式等。

音频数据挖掘是用音频信号来显示数据模式或数据挖掘结果的特征。尽管可视化数据挖掘用图形显示能揭露一些有用的模式,但它要求用户专注于观察模式,这个过程有时是繁杂的。如果模式能转换成声音和音乐,就可以通过听节奏、音调、旋律而不是看图片来确定任何不同寻常的东西。在很多情况下,这种方式可能比较轻松。因此,用音频数据挖掘代替可视化数据挖掘是一个战略性的选择。

9.5.2　科学和统计数据挖掘

本书中描述的数据挖掘技术主要是面向数据库的,用于处理大量的多维和各种复杂类型的数据。然而,还有很多用于统计数据,尤其是数值数据分析的技术。这些技术已经被扩展应用到科学(如心理学、医学、电子工程)以及经济或社会科学数据中。本书中介绍了一些统计方法,为了完整性起见,下面我们对一些基本方法做一个总结:

(1) 回归(Regression)。一般来说,回归法是研究自变量与因变量之间关系的分析方法。基本思想是创建的模型能够匹配预测属性中的值。有很多种回归方法,如线性回归、加权回归、多项式回归、元参数回归、强回归(当错误不满足通常的条件或者数据包含重要的孤立点时,强回归方法非常有用)。

(2) 概化线性模型(Generalized Linear Model)。这个模型是允许一个分类响应变量(或它的一些变异)和一系列预测器变量(自变量)相关,这和使用线性回归模型中的数值响应变量类似。

(3) 回归树(Regression Tree)。这可用于分类和预测,构成的树是二叉树。回归树和决策树的主要区别体现在叶子层,决策树是通过多数投票产生的类标号作为叶子,回归树是通过计算目标属性的平均值作为预测值。

(4) 方差分析(Analysis of Variance)。通常,在分析估计回归直线的性能和自变量对最终回归的影响时,用方差分析方法。分析的过程是将自变量的总方差细分成几个在系统的样本中能够观察到和处理的有意义的组成部分。方差分析是许多数据挖掘应用中的有力工具。

(5) 混合效应模型(Mixed-effect Model)。用来分析分组数据,也就是那些用一个或多个组变量分类的数据。应用的公共领域包括多层数据、重复度量数据、块设计数据和纵向数据。

(6) 因素分析 (Factor Analysis)。这种方法用来决定哪些变量一起产生了一个给定因子。比如,对许多精神病学数据,不可能直接测量某个特别的因子(例如,智能);然而,用于测量其他的数量(例如,学生考试成绩)是可能的。

(7) 判别式分析(Discriminant Analysis)。这种技术用来预测分类响应变量,不像概化的线性模型,假定自变量遵循多元正态分布,这个过程企图决定几个判别式函数(自变量的线性组合),用来区别由响应变量定义的组。判别式分析在社会科学中经常被使用。

(8) 时间序列(Time Series)。有很多统计技术用来分析时间序列数据,例如自回归方法,单元 ARIMA(自回归组合移动平均)模型,长记忆(Long-memory)的时间序列模型。

(9) 生存分析(Survival Analysis)。生存分析起初用于预测一个病人经过治疗后能活至少 t 这么长时间。生存分析的方法也用于制造设备,估计工业设备的生命周期。流行的方法包括 Kaplan-Meier 生存估计法,Cox 比例危险回归模型,以及它们的扩展。

（10）质量控制（Quality Control）。各种统计法可以用来准备质量控制的图表,例如 Shewhart 图表和 Cusum 图表（都用于显示组汇总统计）。这些统计包括:平均值、标准差、区间、计数、移动平均、移动标准差和移动区间（Moving Range）。

9.5.3　数据挖掘的理论基础

有关数据挖掘的理论基础研究还没有成熟。系统的理论基础对于数据挖掘非常重要,因为它给数据挖掘技术的开发、评价和实践提供一个一致的框架。数据挖掘的理论基础有很多,下面给出几种:

（1）数据归约（Data Reduction）。按照这一理论,数据挖掘的基础是减少数据的描述。在大型数据库里,数据归约能换来对查询的快速近似应答。数据归约技术主要包括奇异值分解、小波、回归、对数线性模型、直方图、取样和索引树构造。

（2）数据压缩（Data Compression）。根据这一理论,数据挖掘的基础是对给定的数据进行压缩,它一般是通过关联规则、决策树等进行编码实现的。根据最小描述长度原理（Minimum Description）编码,从一个数据集合中推导出的"最好"理论是这样的理论,即它本身的长度和用它作为预测器进行编码的长度都最小。典型的编码是按位编码。

（3）模式发现（Pattern Discovery）。在这个理论中,数据挖掘的基础是在数据库中发现模式,比如关联规则、分类模型、序列模式,等等。它涉及机器学习、神经网络、关联挖掘、序列模式挖掘、聚类和其他的子领域。

（4）概率理论（Probability Theory）。它基于统计理论。依据这一理论,数据挖掘的基础是发现随机变量的联合概率分布,例如,贝叶斯置信网络（Bayesian Belief Network）或层次贝叶斯模型（Hierarchical Bayesian Model）。

（5）微观经济观点（Microeconomic View）。它把数据挖掘看作发现模式的任务,通过数据挖掘来发现那些对企业决策过程有用的并在一定程度上有趣的模式。这个观点认为,如果模式能发生作用的话,则认为它是有趣的。企业在碰到优化问题时最大限度地使用这个对象。在此,数据挖掘变成一个非线性的优化问题。

（6）归纳数据库（Inductive Database）。在这个模式中,数据库模式看作是由存储在数据库中的模式和数据组成数据挖掘的问题变成了对数据库进行归纳的问题。它的任务是查询数据库中的数据和理论(即模式)。这个观点在数据库系统的许多研究者中非常流行。

以上理论不是互相排斥的。例如,模式发现可以看作是数据归约和数据压缩的一种形式,一个理想的理论框架应该能够对典型的数据挖掘任务(如关联、分类和聚类)进行建模,有一个概率特性,能够处理不同形式的数据,并且对数据挖掘的反复和交互的本质加以考虑。建立一个能满足这些要求的定义良好的数据挖掘框架是我们进一步努力的目标。

9.5.4 数据挖掘和智能查询应答

在我们的数据挖掘过程的处理框架中,其处理是由查询启动的,即由查询指定和与任务相关的数据,要求挖掘的知识种类、关联限制、阈值等。然而,在很多情况下,用户可能并不精确地知道要挖掘什么内容,或者数据库有什么限制,因此不能给出精确的查询。智能查询应答(Intelligent Query Answering)在这种情况下能帮助分析用户的目的,用智能的方式回答查询请求。

下面讲述数据挖掘和智能查询应答结合的一个通用的框架。在数据库系统中,可能存在两种类型的查询,数据查询和知识查询(Knowledge Query)。数据查询用来发现存储在数据库系统中的具体数据,它与数据库系统的一个基本的检索语句对应。知识查询用来发现规则、模式和数据库中的其他知识,它对应于数据库知识的查询,包括演绎规则、完整性约束、概化规则、频繁模式以及其他的规则等。例如,"找出2000年3月购买尿布的所有顾客的ID号"属于数据查询,而"描述这些顾客的通用特征和他们还可能购买什么"属于知识查询。查询并没有明显地存储在数据库中的知识,通常查询要由一个数据挖掘的过程导出。

查询应答机制可以根据反应方式的不同分为如下两类:直接查询应答和智能(或协同)查询应答。直接查询应答是指通过精确地返回所要的内容来回答查询,而智能查询包括两个阶段,先分析查询目的,然后返回概化的邻居或与查询相关的关联信息。要考虑顾客对有关某一本书籍的书名、作者、价格和出版社查询,只需打印出该书这些属性的值。这是直接查询应答的例子。但是,返回有关查询的信息而又不用显式方式提出(例如书的评价,销售统计或买此书的顾客多半也要买的其他一些书目),则是对同一查询的智能应答。

例如,假设一个网上在线购物中心维护了几个商业数据库,这几个数据库可能包括在线目录库、在线事务历史库和 Web 日志库。

数据查询是执行许多在线服务的过程,例如这样的查询"列出所有在卖的自行车",或者"找出 John 在 2000 年 4 月购买的所有的东西"。对这些查询的直接回答是列出有特定属性的项目列表。而智能回答提供给用户的是用于辅助决策的附加信息。下面是智能查询应答和数据挖掘技术相结合来提高在线购物服务的几个例子。

通过提供汇总信息来回答查询。客户在查询当前正在卖的自行车列表时,提供附加的汇总信息,比如关于自行车的最好交易,去年卖出的每一种自行车的数量,不同种类自行车吸引人的新特性等。这些综合信息可以用数据仓库和数据挖掘技术得到。

通过关联分析来得出附加项目。一个客户在想购买某特殊牌子的自行车时,可以提供给客户附加的关联信息。如"想购买这种自行车的人可能要购买下列运动设备"或者"你将考虑购买这种自行车的维修服务吗?"这样可以推动公司其他产品的销售。

通过序列模式挖掘来促进产品销售。一个客户在线购买电脑,系统可能根据以前挖掘出的序列模式,建议他考虑同时购买其他产品,如打印机,或者送用户短期优惠券。

从这几个例子可看出,使用数据挖掘的智能查询应答能给电子商务应用提供启示,这有可能形成数据挖掘很重要的应用,需要进一步的探索。

本章小结

文本挖掘是基于信息检索系统发展而来的,基于关键字、相似性的检索技术和文档索引技术,在文本挖掘中得到应用。文本分析是实现文本挖掘的关键。利用这些文本挖掘技术可以实现关联分析、聚类分析等。

Web 挖掘技术可从 Web 文档和 Web 活动中抽取人们感兴趣的、潜在的有用模式和隐藏的信息。在 Web 中挖掘可为电子商务、电子政务等因特网应用提供有益的知识。

可视化数据挖掘技术可以发现隐含的有用知识,这是一个从大量数据中发现知识的有效途径。

分布式数据挖掘是应用分布式算法,从分布式数据库中挖掘知识的过程。在分布式数据挖掘中,主要有适合水平式数据划分的分布式挖掘方法和适合垂直式数据划分的分布式数据挖掘方法。

视频挖掘是对动画视频信息进行自动处理。音频数据挖掘是用音频信号来显示数据模式或数据挖掘结果特征。数据挖掘系统的理论基础对于数据挖掘非常重要,因为它给数据挖掘技术的开发、评价和实践提供一个一致的框架。数据挖掘和智能查询帮助用户挖掘的目的,用智能的方式回答查询请求。

习　题

1. 非结构数据挖掘与结构数据挖掘有何异同?
2. 说明 Web 内容挖掘和 Web 结构挖掘的任务?
3. 每个学科都有其自身的主题索引分类标准,用于对学科的文档进行分类。试设计一个 Web 文档分类方法,可用学科的主题索引标准对 Web 文档自动分类。如何利用 Web 链接信息改进分类的质量? 如何利用 Web 使用信息来改进分类的质量?
4. 由于因特网的动态性和海量存储数据,开发一个基于因特网的数据仓库是很困难的。但是某因特网信息服务公司希望开发一个基于因特网的数据仓库,以帮助旅游者选择当地旅馆和餐厅。请设计一个能够提供汇总的、局部的和多维信息的数据仓库,以帮助旅游者选择当地旅馆和餐厅。假设每个旅馆和餐厅都有一个自己的 Web 页面,讨论如何使基于 Web 的旅游数据仓库大众化;如何查询这些页面;用什么方法抽取信息。
5. 电子商务中 Web 挖掘的作用、基本问题和意义分别是什么?
6. 可视化挖掘包含哪几个方面?

第 10 章

空间数据挖掘理论与应用

学习目标

·　了解空间数据挖掘的概念
·　了解空间数据挖掘的一般过程
·　了解空间数据结构和模型
·　了解空间数据仓库
·　了解空间数据挖掘的理论方法

本章关键词

空间数据（Spatial Data）
空间数据模型（Spatial Data Model）
空间数据挖掘（Spatial Data Mining）
空间数据仓库（Spatial Data Warehouse，SDW）
空间统计学（Spatial Statistics）

随着人类科学技术的飞速发展,雷达、红外、光电、卫星、电视摄像、电子显微成像等各种技术和手段被广泛应用于空间信息的生成和采集,加上先进的空间信息制作技术和发布技术的应用,引起了空间信息数据的爆炸性增长。而另一方面,人类处理这些海量信息并从中挖掘有用的知识的技术和手段相对而言却非常贫乏和软弱,使我们迷失在空间信息和数据的汪洋大海之中而饱受空间知识匮乏之苦。由于有了数据挖掘的研究成果作为其坚实的基础,空间数据挖掘这一学科的发展更加迅猛;同样由于空间信息独特的复杂性,也使得空间数据挖掘的研究更加艰难,因而更加富有挑战性。

10.1　空间数据挖掘概念与基础

空间数据挖掘是数据挖掘的一个分支,是在空间数据库的基础上综合利用各种技术方法,从大量的空间数据中自动挖掘事先未知的且潜在有用的知识,提取非显式存在的空间关系或其他有意义的模式等,发现空间和非空间数据的联系,构造基于空间知识的查询优化,重组空间数据库,抽取共同特征等,揭示出蕴含在数据背后的客观世界的本质规律、内在联系和发展趋势,实现知识的自动获取,从而提供技术决策与经营决策的依据。空间数据库存放大量与空间相关的数据,诸如地图、遥感数据或医疗图像数据、大规模集成电路设计数据等。它可以广泛应用于地理信息系统、地理市场、遥感、图像数据库探索、医疗成像、导航、交通控制、环保和许多其他利用空间数据的领域。

10.1.1　空间数据挖掘的起源

空间数据的采集、存储、处理等现代技术设备的迅速发展,使得空间数据的复杂性和数据急剧膨胀,远远超出了人们的破译能力。空间数据库是空间数据的集合,是经验和教训的积累,无异于是一个巨大的宝藏。当空间数据库中的数据积累到一定程度时,必然会反映出某些为人所感兴趣的规律。这些知识型规律隐含在数据深层,一般难以根据常规的空间技术方法获得,需要利用新的理论技术发现并为人所用。

20 世纪 60 年代数据库系统诞生且在 20 世纪 80 年代末提出DMKD——数据挖掘和知识发现这一学科起源。数据挖掘和知识发现这一学科起源于国际 GIS(地理信息系统)会议。1994 年,我国学者李德仁院士在加拿大渥太华举行的 GIS 国际学术会议上提出了从 GIS 数据库中发现知识的概念,并系统分析了空间知识发现的特点和方法。目前空间数据挖掘已成为国际研究的一个热点,渗透到数据挖掘和知识发现、地球空间信息学和一些综合性的学术活动中,成为众多著名国际学术会议的重要研究专题。空间数据挖掘具有发展迅猛、复杂性、艰难、有挑战性特点。

10.1.2 空间数据挖掘的特征

从分析的观点看,空间数据挖掘主要是寻找空间数据中隐含的数据间的相关性或关系的有效性等数据格式;从逻辑的观点看,空间数据挖掘是演绎推理的一部分,是一种特殊的空间推理工具;从认知科学的观点看,空间数据挖掘是一个从具体到抽象,从特殊到一般的过程,它使用归纳法发现知识,使用演绎法评估所发现的知识,算法是归纳和演绎的结合;从挖掘的对象看,数据结构可以是层次关系网状或面向对象的数据,数据形式可以是矢量栅格或矢栅混合的数据,数据内容可以是空间的文本、图像、数据库、文件系统的数据或其他任何组织在一起的空间数据集合(如网络资源等);从系统的信息源看,空间数据挖掘含有空间数据库提供的原始数据或空间数据仓库提供的成品数据,用户对控制器发出的高级命令和来自各个方面的存入系统知识库的领域知识;从应用的观点看,在专家和信息技术人员总结和表述知识与规则,从外部输入系统,形成知识库时,由于知识的复杂性、模糊性和难以表达性,传统的方法往往会碰到严重的困难,而这正是空间数据挖掘的长处所在。

10.1.3 空间数据挖掘的基础知识

10.1.3.1 空间数据挖掘与传统数据挖掘

随着观测技术、获取设备的迅速发展,空间数据资源日益丰富,空间信息正在逐步成为各种信息系统的主体和基础。因此,从空间数据库中自动地挖掘知识,寻找数据库中不明确的、隐含的知识、空间关系或其他模式,即空间数据挖掘技术(Spatial Data Mining)。目前,SDM 越来越显得重要。

空间数据挖掘是在数据挖掘基础之上,结合 GIS、遥感影像处理、GPS、可视化等相关研究领域而形成的一个分支学科,它与数据挖掘一脉相承,但又有别于常规的事务性数据库的数据挖掘。下面对 SDM 和 DM 进行了全面的比较,得出以下几个方面的差异,见表 10.1。

表 10.1　空间数据挖掘与传统数据挖掘的区别

	空间数据挖掘	传统数据挖掘
处理对象	复杂数据(点、线、多边形等)	简单数据(数字、类别)
输入方式	隐式的输入	显示的输入
统计学分析基础	空间数据样品高度自相关	假设数据样品独立生成
可发现的知识类型	地理几何知识、空间分布知识、空间特征知识、空间演变知识等	广义型知识、分类型知识、关联型知识、预测型知识
算法过程	复杂,难度大	较简单
知识的表达方式	多样	较单一

10.1.3.2　空间数据挖掘的过程

空间数据挖掘是一个萃取和展现新知识的流程,与传统数据挖掘的过程相同,是一个多步、循环往复的交互过程。如图 10.1 所示,一般可分为:

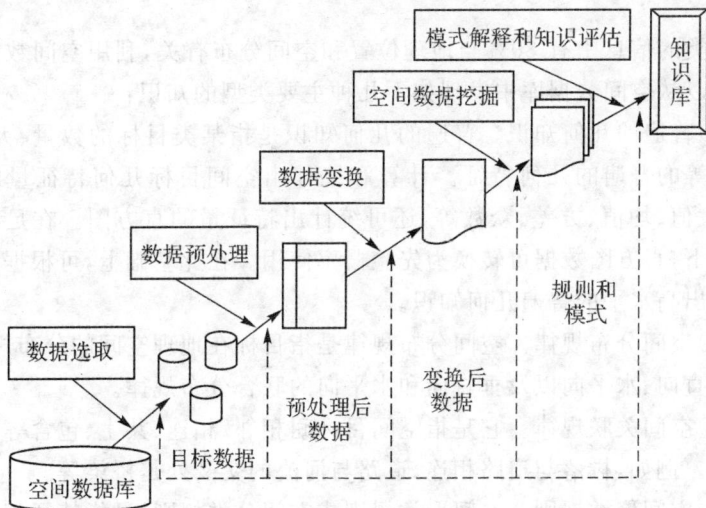

图 10.1　空间数据挖掘过程

(1)数据选取

对现有的数据进行规整,从空间数据库中提取感兴趣的对象及其属性数据。

(2)数据预处理

转换、清理和导入数据,进行数据再加工,包括检查数据的完整性以及数据的一致性、滤出噪声、处理缺值等。

(3)数据变换

数据变换的目的是消除来自不同数据源中的空间数据存在的差异,这些差异表现在:空间特征表现差异、属性特征表现差异、时间特征表达形式差异、数据精度差异、数据整体表现差异等方面。可以通过数学变换或降维技术进行特征提取,如窗口提取、空间内插等,使变换后的数据更适合数据挖掘任务。

(4)空间数据挖掘

针对变换后的应用主题分析数据,选择合适的技术方法与算法,发现有价值的知识,包括规则、模式、模型等。

(5)模式解释和评估

根据某种有效性度量,对空间数据挖掘出的模式和规则进行解释和评价。若达不到预期期望的结果,则返回到前面处理步骤中的某些步骤以反复提取,从而取得更为有效的知识。

10.1.3.3　空间数据挖掘可发现的知识类型

人类的信息中有 80% 与地理位置和空间分布有关,利用空间数据挖掘技术可以从空间数据库中发现如下几种主要类型的知识:

(1)普遍的几何知识。普遍的几何知识是指某类目标的数量、大小、形态特征等的普遍的几何特征。计算和统计出空间目标几何特征量的最小值、最大值、均值、方差、众数等,还可统计出特征量的直方图。在足够样本的情况下,直方图数据可转换为先验概率使用。在此基础上,可根据背景知识归纳出高水平的普遍几何知识。

(2)空间分布规律。空间分布规律是指目标在地理空间的分布规律,分成在垂直向、水平向以及垂直向和水平向的联合分布规律。

(3)空间关联规律。它是指空间目标间相邻、相连、共生、包含等空间关联规则。例如,村落与道路相连,道路与河流的交叉处是桥梁等。

(4)空间聚类规则。空间聚类规则或空间分类规则,是指特征相近的空间目标聚类成上一级类的规则,可用于 GIS 的空间概括和综合,例如将距离很近的分散的居民点聚类成居民区。

(5)空间特征规则。它是指某类或几类空间目标的几何和属性的普遍特征,即共性的描述。普遍的几何知识属于空间特征的一类,作用十分重要。

(6)空间区分规则。它指两类或多类目标间几何的或属性的不同特征,即可以区分不同目标的特征。

(7)空间演变规则。若 GIS 数据库是时空数据库或 GIS 数据库中存有同一地区多个时间数据的快照（Snap Shot），则可以发现空间演变规则。空间演变规则指空间目标依时间的变化规则，即哪些地区易变，哪些地区不易变，哪些目标易变及怎么变，哪些目标固定不变。

(8)面向对象的知识。它是指某类复杂对象的子类构成及其普遍特征的知识，可用的知识表达方法有：特征表、谓词逻辑、产生式规则、语义网络、面向对象的表达方法、可视化表达方法等，应根据不同的应用选取不同的表达方法，并且各种表达方法之间还可以相互转换。

GIS 与空间数据挖掘技术的结合具有非常广泛的应用。目前，这些知识已比较成熟地应用于军事、自然资源管理、土地和城市管理、电力、电信、石油和天然气、城市规划、交通运输、环境监测和保护、110 和 120 快速反应系统等。在市场分析、企业客户关系管理、银行、保险、人口统计、房地产开发、个人位置服务等领域也正得到广泛关注与应用。实际上，GIS 正深入到人们的工作和生活的各个方面。

10.2　空间数据挖掘的理论

空间数据既是空间数据挖掘的目标，又是空间数据挖掘技术的研究中心。空间数据挖掘的数据源极其广泛，用于采集和利用空间数据的设备、技术和方法也多种多样，要根据每个空间数据挖掘的具体任务来确定对各类数据的要求，这包括数据的内容、格式、精度、数据来源、获取更新方式等。本节首先介绍空间数据及其特性，其次分析空间数据结构和空间数据结构模型，最后讨论空间数据库和空间数据仓库。

10.2.1　空间数据的内容和特征

10.2.1.1　空间数据的内容

空间数据（Spatial Data）是指用来表示空间实体的位置、形状、大小及其分布特征诸多方面信息的数据，适用于描述所有呈二维、三维甚至多维分布的关于区域的现象。空间数据不仅能够表示实体本身的空间位置及形态信息，而且还能表示实体属性和空间关系（如拓扑关系）的信息。此处主要讨论空间数据中的位置、属性、影像、网络、文本、多媒体等几种典型数据。

（1）位置数据

位置数据描述空间实体世界的具体方位，具体包括实体的位置、大小、形状、分布状况等，可以用地理坐标来表示。空间实体是对存在于这个自然世界中地理实体的抽象，主要包括点、线、面以及实体等基本类型。如把一根电线杆抽象成为一个点，该点可以包含电线杆所处的位置信息、电线杆的高度信息和其他一些相关信息；可以把一条道路抽象为一条线，该线可以包含这条道路的长度、宽度、起点、终点、道路等级等相关信息；可以把一个湖泊抽象为一个面，该面可以包含湖泊的周长、面积、湖水的质量信息等；在空间对象建立后，还可以进一步定义其相互之间的关系，这种相互关系被称为"空间关系"，又称为"拓扑关系"，如可以定义点－线关系、线－线关系、点－面关系等。

（2）属性数据

属性是人们通过对周围空间实体的认识、了解和解释，并在头脑中形成相应的对空间对象的定义、描述和说明。属性数据是地理空间实体相联系、具有地理意义的数据，用于表达事物本质特征和对实体的语义定义，以区别于其他实体。属性数据包含两方面的含义：一是它是什么，即它有什么样的特性，划分为地物的哪一类，这种属性一般可以通过判断，考察它的形状和其他空间实体的关系来确定；第二类属性是实体的详细描述，例如一栋房子的建造年限、房主、住户等，这些属性必须经过详细的调查。

（3）影像数据

影像数据包括遥感影像和航空影像，它可以是彩色影像，也可以是灰度影像。影像数据在现代 GIS 中起越来越重要的作用。其主要原因：一是数据源丰富，二是生产效率高，三是它直观而又详细地记录了地表的自然现象。人们使用它可以加工出各种信息，如进一步采集数字数据。在 GIS 中影像数据一般经过几何和灰度加工处理，使它变成具有定位信息的数字正射影像。

（4）网络数据

Web 是一个非常成功的基于超文本的分布式信息系统。Web 目前涉及新闻、广告、消费信息、金融管理、教育、政府、电子商务等许多信息服务。Web 还包括丰富和动态的超链接信息，以及 Web 页面的访问和使用信息，这为数据挖掘提供丰富的资源。另外，因网络所固有的开放性、动态性与异构性环境空间数据源，及时得到准确的空间信息和空间知识，就为源于条码技术和海量存储技术的空间数据挖掘提供了新的研究和应用领域。

(5)文本数据

描述对象的数据是用文本方式记录在纸介上或输入到磁介质上,然后再用关系数据库加以存储和管理。在现实生活中,许多领域都不断产生海量数据,特别是海量的文本数据,把这些数据与空间数据的集成和挖掘,会抽取和得到有用的信息和知识。

(6)多媒体数据

多媒体数据设计多种不同类型的有用数据:文本、声音、图形等数据,含有这些数据的数据库被称为多媒体数据库。多媒体空间数据库结合空间数据库和多媒体数据库的特点,采用两者的数据存储与处理方法,以空间对象为主框架,将多媒体数据附着于对象上,解决多媒体数据与空间数据之间的整合关系的问题。

10.2.1.2 空间数据的特征

空间数据描述的是现实世界各种现象的三大基本特征:空间、时间和专题属性。

(1)空间特征

空间特征是地理信息系统或者说空间信息系统所独有的。空间特征是指空间地物的位置、形状、大小等几何特征,以及与相邻地物的空间关系。空间位置可以通过坐标来描述。GIS 中地物的形状和大小一般也是通过空间坐标来体现的。这一点不完全像 CAD 系统,在 CAD 中,一个长方形可能由长和宽来描述它的形状和大小。而在 GIS 中,即使是长方形的实体,大多数 GIS 软件也是由 4 个角点的坐标来描述。而 GIS 的坐标系统也有相当严格的定义,如经纬度地理坐标系,一些标准的地图投影坐标系或任意的直角坐标系等。

日常生活中,人们对空间目标的定位不是通过记忆其空间坐标,而是确定某一目标与其他更熟悉的目标间的空间位置关系。如一个学校是在哪两条路之间,或是靠近哪个道路交叉口;一块农田离哪户农家或哪条路较近等等。通过这种空间关系的描述,可在很大程度上确定某一目标的位置,而一串纯粹的地理坐标对人的认识来说几乎没有意义。没有几个人知道自己家里或办公室的确切坐标。而对计算机来说,最直接最简单的空间定位方法是使用坐标。

在地理信息系统中,直接存储的是空间目标的空间坐标。对于空间关系,有些 GIS 软件存储部分空间关系,如相邻、连接等关系;而大部分空间关系则是通过空间坐标进行运算得到,如包含关系等。实际上,空间目标的空间位置就隐含了各种空间关系。

（2）专题特征

专题特征亦指空间现象或空间目标的属性特征，它是指除了时间和空间特征以外的空间现象的其他特征，如地形的坡度、坡向，某地的年降雨量、土地酸碱度、土地覆盖类型、人口密度、交通流量、空气污染程度等。这些属性数据可能为一个地理信息系统派专人采集，也可能从其他信息系统中收集，因为这类特征在其他信息系统中都可能存储和处理。

（3）时间特征

严格来说，空间数据总是在某一特定时间或时间段内采集得到或计算得到的。由于有些空间数据随时间的变化相对较慢，因而，有时被忽略。而在许多其他情况下，GIS 的用户又把时间处理成专题属性；或者说，在设计属性时，考虑多个时态的信息，这对大多数 GIS 软件来说是可以做到的。但目前如何有效地利用多时态数据在 GIS 中进行时空分析和动态模拟仍处于研究阶段。

10.2.2　空间数据结构和模型

为了方便地理实体在空间数据库中的存储，必须先建立空间数据模型，即空间数据特征的抽象。

10.2.2.1　空间数据结构

（1）矢量数据结构

用点、线、面表达现实世界。点用空间坐标对表示；线由一串坐标对组成；面是由线组成的闭合多边形来表示。该结构显式地表达这些目标及部分空间关系（如相邻、包含、连通等），集中体现了地理实体的形状特征以及不同实体之间的空间分布关系。

（2）栅格数据结构

把整个空间用规则或不规则的空间单元覆盖，如用矩形、三角形或六边形等空间单元（cell）或像元（pixel）来表达。点是一个像元，线由一串彼此相连的像元组成，面是相邻的像元组成。栅格结构集中描述了地理实体的级别分布特征以及位置，并隐含地表达地理实体间的空间关系。

（3）矢栅一体化数据结构

将矢量面对目标的方法和栅格元子充填的方法结合起来，具体采用填满线状目标路径和充填面状目标空间的方法作为一体化数据结构的基础。

对于线状地物,除记录原始取样点外,还记录路径所通过的栅格;对于面状地物,除记录它的多边形周边以外,还包括中间的面域栅格。

矢栅一体化的数据结构一方面能保留矢量的全部性质,以目标为单元直接聚集所有的位置信息,并能建立拓扑关系;另一方面,它建立了栅格与地物的关系,即路径上的任一点都直接与目标建立了联系。从原理上说,这是一种以矢量的方式来组织栅格数据的数据结构。

10.2.2.2　空间数据模型

(1)层次模型

层次模型是一种树结构模型,它把数据按自然的层次关系组织起来,以反映数据之间的隶属关系。层次模型是数据库技术中发展最早,技术上比较成熟的一种数据模型。它的特点是地理数据组织成有向有序的树结构,也叫树形结构。结构中的结点代表数据记录,连线描述位于不同结点数据间的从属关系(一对多的关系)。

由树的定义知,一棵树有且仅有一个无双亲结点的称为根的结点;其余结点有且仅有一个双亲结点,它们可分为 $m(m \geqslant 0)$ 个互不相交的有限集,其中每一个集合本身又是一棵树,将其称为子树。

图 10.2 表示地理实体 E 及其空间要素,图 10.3 是图 10.2 所示空间关系所构成的层次模型。这是一棵有向有序树,结点表示不同层次的地理要素,连线描述地理要素之间的从属关系。结点从属于(构成)有向边,有向边从属于(构成)多边形,多边形从属于(构成)实体 E。

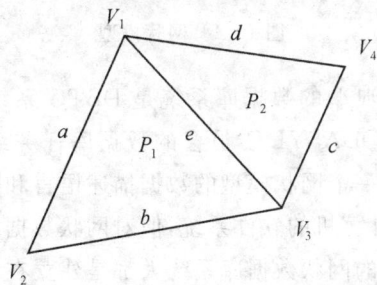

图 10.2　实体 E 及其空间要素

(2)网状数据模型

网状模型将数据组织成有向图结构,图中的结点代表数据记录,连线描述不同结点数据间的联系。这种数据模型的基本特征是,结点数据之间没有明确的从属关系,一个结点可与其他多个结点建立联系,即结点之间的联

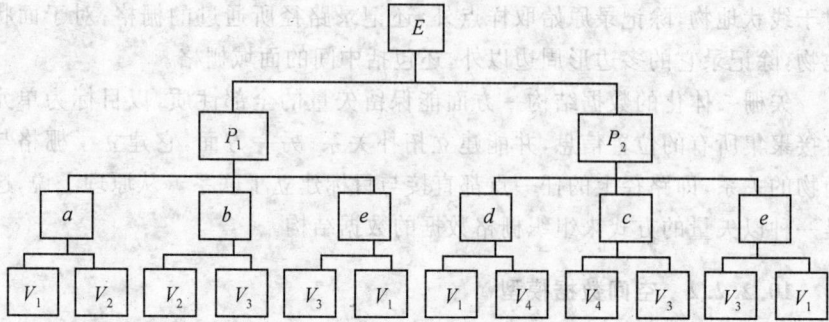

图 10.3　层次模型

系是任意的,任何两个结点之间都能发生联系,可表示多对多的关系。图
10.2 所示实体 E 及其空间要素的网状模型如图 10.4 所示。

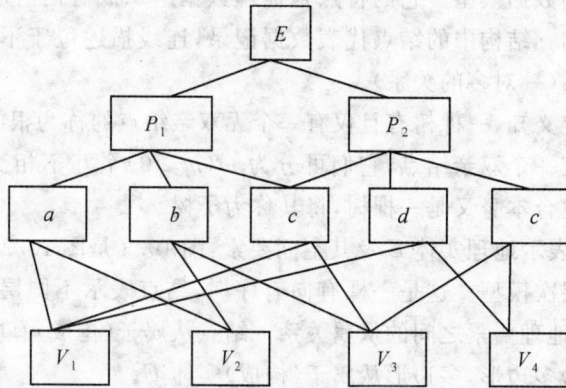

图 10.4　网状模型

采用网状模型最典型的数据库系统是 DBTG 系统,它是 1969 年由一
个美国标准化组织 CODASYL 委员会的数据库任务组提出的报告中首次
推出的。这个报告是一个网状模型的数据描述语言和数据操纵语言规范化
的文本,虽不是具体计算机的软件系统,但对网状数据库系统的研究和发展
起了重要作用。现有的网状数据库系统大都是建立在 DBTG 模型上的。

(3)关系数据模型

关系模型是 IBM 公司的 E. F. Codd 提出来的。他从 1970 年起发表
了多篇关于关系模型的论文,奠定了关系数据库的理论基础。由于关系数
据库结构简单,操作方便,有坚实的理论基础,所以发展很快,80 年代以后
推出的数据库管理系统几乎都是关系型的。涉及的基础知识有:关系模型
的逻辑数据结构,表的操作符,表的完整性规则和视图、范式概念。

关系模型可以简单、灵活地表示各种实体及其关系,其数据描述具有较强的一致性和独立性。在关系数据库系统中,对数据的操作是通过关系代数实现的,具有严格的数学基础。

图 10.2 所示地理实体 E 与空间要素用关系模型表示如表 10.2、10.3、10.4 所示。

表 10.2　实体—多边形关系

实体	多边形
E	P_1
E	P_2

表 10.3　弧段—结点关系

弧段	结点 1	结点 2
a	V_1	V_2
b	V_2	V_3
c	V_3	V_4
d	V_1	V_4
e	V_4	V_3

表 10.4　多边形—弧段关系

多边形	弧段 1	弧段 2	弧段 3
P_1	a	b	e
P_2	e	c	d

(4)面向对象数据模型

面向对象的基本概念是在本世纪 70 年代萌发出来的,它的基本做法是把系统工程中的某个模块和构件视为问题空间的一个或一类对象。到了 80 年代,面向对象的方法得到很快发展,在系统工程、计算机、人工智能等领域获得了广泛应用。但是,在更高级的层次上和更广泛的领域内对面向对象的方法进行研究还是 90 年代的事。

面向对象的基本思想是通过对问题领域进行自然的分割,用更接近人类通常思维的方式建立问题领域的模型,并进行结构模拟和行为模拟,从而使设计出的软件尽可能地直接表现出问题的求解过程。因此,面向对象的方法就是以接近人类通常思维方式的思想,将客观世界的一切实体模型化为对象。每一种对象都有各自的内部状态和运动规律,不同对象之间的相互联系和相互作用就构成了各种不同的系统。

面向对象数据模型有四种核心技术:一是分类,是把一组具有相同属性结构和操作方法的对象归纳或映射为一个公共类的过程。如城镇建筑可分为行政区、商业区、住宅区、文化区等若干个类。二是概括,将相同特征和操作的类再抽象为一个更高层次、更具一般性的超类的过程。子类是超类的一个特例。一个类可能是超类的子类,也可能是几个子类的超类。所以,概括可能有任意多层次。概括技术避免了说明和存储上的大量冗余。这需要一种能自动地从超类的属性和操作中获取子类对象的属性和操作的机制,即继承机制。三是聚集,聚集是把几个不同性质类的对象组合成一个更高级的复合对象的过程。四是联合,相似对象抽象组合为集合对象,其操作是成员对象的操作集合。

10.2.3 空间数据仓库

空间数据仓库(Spatial Data Warehouse,SDW)是近几年在数据仓库基础上提出的一个新的概念和新的技术。空间数据仓库是一个面向主题的、集成的、随时间变化的非空间数据的集合,用于支持空间数据挖掘和与空间数据有关的决策过程。简单地讲,空间数据仓库是空间数据库的数据库。实质上,空间数据仓库是在数据仓库基础上引入了空间维,即在传统多维数据模型中引入空间维度,空间度量指向空间聚合结果的空间数据索引及其空间算子集合,从而构造出空间多维数据模型,在此基础上可进行空间数据挖掘。它的根本目的是服务于决策支持,是空间决策支持系统的核心。空间数据仓库作为一种新型的数据存储体系,可以为数据挖掘提供新的支撑平台。空间数据仓库技术在很大程度上有助于解决这些问题:数据收集、信息集成、综合分析、数据挖掘和知识发现。由于空间数据挖掘包含了完整的、主题明确的、净化的、综合性的数据,因此最适合作为数据挖掘的数据源,可以避免或者减少挖掘前数据的预处理工作;此外,数据仓库持有的、优化的查询引擎和数据组织结构,有利于数据挖掘过程高效率地完成。基于空间数据仓库的数据挖掘方案将有可能成为主流的挖掘技术,因此空间数据挖掘也是空间数据仓库的关键技术之一。SDW 提供了能容纳大量信息的场所,但只有和数据挖掘技术相结合,才能最终为决策分析提供有效的支持。

10.3　空间数据挖掘的理论方法

　　空间数据挖掘是交叉学科,与许多学科既紧密相连又相互区别。可用于空间数据挖掘的理论方法有很多,下面简要地介绍几种理论方法。

10.3.1　空间数据的清理

　　现实世界中的大部分空间数据是有污染的,而没有"好"的数据,空间数据挖掘就不可能提供可靠的知识及其优质的服务与决策支持。所以,必须对空间数据挖掘中的数据实行数据清理。对原始数据中的缺失数据、重复数据、异常数据进行处理,包括三个步骤:

　　(1)填补空缺值记录。以空缺值记录所在记录行的前一条记录的该属性值和后一条记录的该属性值的平均值来填补该空缺值。

　　(2)去除重复记录。在数据库中对同类别数据进行对比分析,基于距离的识别算法,即在误差一定的情况下研究两个字符串是否等值。

　　(3)异常点检测。在大规模空间数据集中,通常存在着不遵循空间数据模型的普遍行为的样本。这些样本和其他残余部分数据有很大不同或不一致,称作异常点(Outlier)。异常点可能是由测量误差造成的,也可能是数据固有的可变性的结果。针对时间序列数据,采取基于移动窗口和标准差理论的方法实现对异常点的检测;针对空间数据,采取基于移动曲面拟合法的方法实现对异常点的检测;针对多维数据,采取聚类分析法实现对异常点的检测。经验证,当对检测出来的异常点判定为测量误差时,剔除后确实能提高数据挖掘算法的效率和准确度;当对检测出来的异常点判定为正常点时,重点分析该点确实能发现其隐含着的重要信息。

10.3.2　基于概念格的空间数据挖掘

　　概念格是进行数据分析的一种十分有力的工具。它的基本思想是,将每一个概念用一个节点来表示,对概念进行形式化的表达,称之为形式概念。每个形式概念由内涵和外延两部分组成,外延是概念所覆盖的实例,为概念所包含的对象;内涵是概念的描述,也就是该概念覆盖实例的共同特征。

在利用概念格进行数据挖掘时,首先将分析对象(数据库)转化为形式背景,将其定义为一个三元组(O,A,R),O表示形式对象(Formal Objects)的集合,A表示形式属性(Formal Attributes)的集合,R为对象O与属性A之间的关系。利用这种形式化背景可以实现数据挖掘对象的有效的形式化表达。数据挖掘的目的是从形式化背景中提取不同层次的概念并分析概念之间的关系。

10.3.3 基于归纳学习的空间数据挖掘

归纳学习方法是从大量的经验数据中归纳抽取一般的规则和模式,其大部分算法来源于机器学习领域,其中最著名的是 Quinlan 提出的 C 5.10 决策树算法。基于泛化的数据挖掘方法需要一定的背景知识,而且这些背景知识需要上升到概念层次。对空间对象而言,有空间和非空间两种概念层次。面向空间数据的泛化方法是从下到上归纳合并挖掘的空间区域,直到区域的数值到达一个门限值为止。在进行面向空间的归纳处理后,再使用面向属性的归纳技术得到非空间的属性数据。面向非空间数据的泛化是对所收集的非空间属性的数据进行面向属性的归纳,将它们概括到一个更高的概念层次。泛化的门限值用来决定是继续泛化还是停止。

10.3.4 基于粗集的空间数据挖掘

粗集理论是波兰华沙大学 Z. Pawlak 教授在 1982 年提出的一种智能数据决策分析工具,被广泛研究并应用于不精确、不确定、不完全的信息的分类分析和知识获取中。粗集理论为空间数据的属性分析和知识发现开辟了一条新途径,可用于 GIS 数据库属性表的一致性分析、属性的重要性、属性依赖、属性表简化、最小决策、分类算法生成等。粗集方法不需要先验假设,而是利用集合论中的上近似和下近似来刻画集合,当个体 A 属于集合 X 的下近似时,A 肯定属于集合 X;而当 A 不属于集合 X 的上近似时,则 A 肯定不属于集合 X;如果 A 属于 X 的上近似而不属于 X 的下近似时,则 A 有可能属于集合 X。

在目前的空间数据库应用中,概括数据的手段主要是执行 Zoom in、Zoom out 操作,但要实现真正意义上的数据概括,仍然比较困难,必须发展一种抽象和浓缩数据的算法,算法在执行过程中还须保证数据的质量。粗集理论凭借不需要定量化和不确定性优势实现这一点。

10.3.5 基于聚类知识的空间数据挖掘

聚类是指根据"物以类聚"的原理,将本身没有类别的样本聚集成不同的组,并且对每一个这样的组进行描述的过程。它的目的是使得属于同一个组的样本之间应该彼此相似,而不同组的样本应足够不相似。与分类分析不同,进行聚类前并不知道将要划分成几个组和什么样的组,也不知道根据哪些空间区分规则来定义组。其目的旨在发现空间实体的属性间的函数关系,挖掘的知识用以属性名为变量的数学方程来表示。聚类方法包括统计方法、机器学习方法、神经网络方法和面向数据库的方法。基于聚类分析方法的空间数据挖掘算法包括均值近似算法、CLARANS、BIRCH、DBSCAN 等算法。目前,对空间数据聚类分析方法的研究是一个热点。

对于空间数据,利用聚类分析方法,可以根据地理位置以及障碍物的存在情况自动地进行区域划分。例如,根据分布在不同地理位置的 ATM 机的情况将居民进行区域划分,根据这一信息,可以有效地进行 ATM 机的设置规划,避免浪费,同时也避免失掉每一个商机。

10.3.6 基于空间统计学的空间数据挖掘

基于空间统计学的空间数据挖掘指利用空间对象的有限信息或不确定性信息进行统计分析,进而评估、预测空间对象属性的特征、统计规律等知识的方法。它主要运用空间自协方差结构、变异函数或与其相关的自协变量或局部变量值的相似程度实现包含不确定性的空间数据挖掘。

本章小节

空间数据挖掘是一个非常年轻而又富有前景的领域,有很多研究问题需要深入探讨,这也是该领域的研究和发展方向。本章第一部分简述了空间数据挖掘的产生及兴起,研究了空间数据挖掘的内涵、特征、可发现的知识,剖析了传统数据挖掘与空间数据挖掘的差别,构建了空间数据挖掘的流程;第二部分介绍了空间数据及特征,分析了空间数据结构和空间数据模型,最后讨论了空间数据仓库;第三部分介绍了空间数据挖掘可用的理论方法,主要包括基于概念格、归纳学习、粗集、聚类知识、空间统计学等方法。

习 题

1. 什么是空间数据挖掘的概念及空间数据挖掘的流程？
2. 怎样进行数据清理？
3. 面向对象数据模型的基本思想是什么？

第 11 章

数据挖掘的语言与工具

学习目标

- · 了解数据挖掘语言及其标准化
- · 了解数据挖掘工具及其选择
- · 了解常见数据可视化工具
- · 了解常用数据挖掘网站

本章关键词

数据挖掘语言(Data Mining Language)

数据挖掘工具(Data Mining Tools)

可视化数据挖掘(Visual Data Mining)

　　经过多年发展,数据挖掘技术的研究与应用已取得了很大的成果,出现了大量的数据挖掘工具,但同时也面临数据挖掘工具的选择问题。本章首先介绍了数据挖掘语言分类及其标准化的问题,然后对三种数据挖掘语言进行分析与评价,指出了各自的优缺点,最后介绍了常见的数据挖掘工具及其评价指标、可视化数据挖掘、常见数据挖掘网站、开源数据挖掘工具等问题。

11.1　数据挖掘语言及其标准化

　　在进行数据挖掘时,让挖掘系统自动挖掘整个大型数据库或数据仓库中隐藏的所有有价值的知识往往是不切实际的,总是需要在用户的指导下进行有目的的挖掘。这就需要为用户提供一组与数据挖掘系统通信的语言,可以把这组语言称为数据挖掘语言。这组语言用于说明用户感兴趣的数据集、要挖掘的知识类型、用于指导挖掘过程的背景知识、模式评估兴趣度量以及如何显示所发现的知识,等等。这组语言使得用户可以在数据挖掘的过程中与数据挖掘系统进行交互,从不同的角度和深度检查发现结果。

　　从关系数据库系统的发展历史可以看出设计一个好的数据挖掘语言非常重要。在数据库市场上,关系数据库系统占支配地位已有数十年了。关系查询语言的标准化,发生在关系数据库开发的早期阶段,关系数据库领域的成功广泛地依赖于关系数据库查询语言的标准化。尽管每个商业的关系数据库系统都有各自的图形用户接口 GUI,但每个接口的根本核心仍然是标准化的关系数据库查询语言。关系查询语言的标准化为关系数据库的开发和发展提供了基础。它使得信息交换更加容易,同时提升了关系数据库技术的商业性和被广泛接受的程度。因此,有一个好的数据挖掘语言可以有助于数据挖掘系统平台的标准化开发,甚至可以像 HTML 推动Internet的发展一样,推动数据挖掘行业的发展。

　　设计全面的数据挖掘语言是一个巨大的挑战,因为数据挖掘覆盖了宽广的任务,从数据特征化到挖掘关联规则,数据分类预测,聚类和偏差检测,等等,每个任务都有不同的需求。设计一个有效的数据挖掘语言需要对各种不同的数据挖掘任务的能力、限制以及运行机制都有深入的理解。

11.1.1　数据挖掘语言的分类

数据挖掘语言的研究经历了两个阶段,第一个阶段是研究单位和公司自行研究和开发阶段;第二阶段是研究单位和公司组成联盟,研制和开发数据挖掘语言标准化的阶段。这两个阶段趋势界限是很明显的。第一个阶段成果包括 Jiawei Han 等研制的 DMQL;Imielinski 和 Virmani 提出的 MSQL;Meo、Psaila 和 Ceri 提出的 MINE RULE 操作器,等等。第二阶段主要包括数据挖掘组织协会(DMG)提出的预言模型标记语言 PMML,以及微软公司提出的 OLE DB for Data Mining 规范。

对于上述数据挖掘语言,根据功能和侧重点不同,我们将其分为三种类型:数据挖掘查询语言、数据挖掘建模语言和通用数据挖掘语言。第一阶段的数据挖掘语言一般属于查询语言;第二阶段的 PMML 属于建模语言,OLE DB for DM 属于通用数据挖掘语言。下面我们分别介绍其特点和功能。

11.1.1.1　数据挖掘查询语言

数据挖掘系统应该有能力支持特殊的和交互的数据挖掘(Ad-hoc and Interactive Data Mining),目的是为了寻求灵活和有效的知识发现。数据挖掘查询语言即是设计用来支持这个特点的。我们首先以加拿大 Simon Franser 大学 Jiawei Han 等开发的数据挖掘系统 DBMiner 中数据挖掘查询语言 DMQL(Data Mining Query Language)来介绍查询语言的特点,接着简单介绍其他研究工作。

数据挖掘查询语言 DMQL 由数据挖掘原语组成,数据挖掘原语用来定义一个数据挖掘任务。用户使用数据挖掘原语与数据挖掘系统通信,使得知识发现更有效。这些原语有以下几个种类:

● 数据库一部分的规范以及用户感兴趣的数据集(包括感兴趣的数据库属性或数据仓库的维度);

● 挖掘知识的种类;

● 在指导挖掘过程中有用的背景知识;

● 模式估值的兴趣度测量;

● 挖掘知识的可视化表示。

数据挖掘原语允许用户在挖掘过程中从不同的角度或深度与数据挖掘系统进行交互式的通信。

数据挖掘查询的基本单位是数据挖掘任务,通过数据挖掘查询语言,数据挖掘任务可以通过查询的形式输入到数据挖掘系统中。数据挖掘查询由5种基本的数据挖掘原语定义。

(1) 任务相关数据原语

这是被挖掘的数据库的一部分。挖掘的数据不是整个数据库,只是和具体商业问题相关,或者用户感兴趣的数据集,即是数据库中一部分表,以及表中感兴趣的属性。该原语包括以下具体的内容:

- 数据库或数据仓库的名称;
- 数据库表或数据仓库的立方体;
- 数据选择的条件;
- 相关的属性或维;
- 数据分组定义。

(2) 被挖掘的知识的种类原语

该原语指定被执行的数据挖掘的功能,在 DMQL 中将挖掘知识分为5种类型,即5种知识的表达:

- 特征规则;
- 辨别规则;
- 关联规则;
- 分类/预言;
- 聚类规则。

(3) 背景知识原语

用户能够指定背景知识,或者关于被挖掘的领域知识。这些知识对于引导知识发现过程和评估发现的模式都是非常有用的。背景知识原语包括:

- 概念层次(Concept Hierarchy);
- 对数据关系的用户信任度(User Beliefs about Relationships in the Data)。

(4) 兴趣度测量原语

这个功能是将不感兴趣的模式从知识中排除出去。兴趣度测量能够用来引导数据挖掘过程,或者在发现后评估被发现的模式。不同种类的知识有不同种类的兴趣度测量方法。例如对关联规则来说,兴趣度测量包括支持度(Support)和可信度(Confidence)。低于用户指定的支持度和可信度阈值的规则被认为是不感兴趣的。兴趣度测量原语包括:

- 简单性(Simplicity);

- 确定性(Certainty,比如:可信度);
- 效用(Utility,比如:支持度);
- 新颖性(Novelty)。

(5) 被发现模式的表示和可视化原语

这个原语定义被发现的模式显示的方式,用户能够选择不同的知识表示形式。该原语包括:

- 规则、表格、报告、图表、图形、决策树和立方体;
- 向下钻入和向上累积(Drill-down and Roll-up)。

DMQL 正是基于这些原语设计的数据挖掘查询语言。它允许从关系数据库和数据仓库中多个抽象层次上特殊地(Ad-hoc)和交互地(Interactive)挖掘多种种类的知识。DMQL 采用类似 SQL 语言的语法,因此它能够很容易地和关系查询语言 SQL 集成。

除了 DMQL 以外,我们简单介绍其他一些数据挖掘查询语言的研究工作。MSQL 是一个数据挖掘查询语言,它由 Imielinski 和 Virmani 提出。这个语言使用了类似 SQL 的语法和 SQL 原语(包括排序、分组和其他原语)。既然在数据挖掘中可能产生大量的规则,MSQL 提供了一个称作 GetRule 和 SelectRule 的原语,用于规则产生和规则选择。它统一地对待数据和规则,因此,能够在执行数据选择,以及基于查询的规则产生时进行优化工作,同时也能在操纵或者查询产生规则的集合时进行优化。其他在数据挖掘语言设计方面的研究工作包括 Meo、Psaila 和 Ceri 提出的 MINE RULE 操作器。它同样遵循类似 SQL 的语法,是为挖掘关联规则设计的规则产生查询语言。

11.1.1.2　数据挖掘建模语言

数据挖掘建模语言是对数据挖掘模型进行描述和定义的语言。如果我们设计一种标准的数据挖掘建模语言,使得数据挖掘系统在模型定义和描述方面有标准可以遵循,那么各系统之间可以共享模型,既可以解决目前各数据挖掘系统之间封闭性的问题,又可以在其他应用系统中间嵌入数据挖掘模型,解决孤立的知识发现问题。“预言模型标记语言”(Predictive Model Markup Language,PMML)正是这样一种数据挖掘建模语言。

PMML 被一个称作数据挖掘协会(The Data Mining Group ,http://www.dmg.org/,DMG)的组织开发。该组织由 Angoss,Magnify,NCR、SPSS、芝加哥 Illinois 大学等企业和单位组成,它的目的是开发预言模型开放标准,策略是将此标准推荐给 W3C 工作组,使 PMML 成为 W3C 的正式

推荐物。目前 DMG 宣布了定义预言模型开放标准的第一个版本 PMML
1.0。PMML 主要目的是允许应用程序和联机分析处理(OLAP)工具能从
数据挖掘系统获得模型,而不用独自开发数据挖掘模块。另一个目的是能
够收集使用大量潜在的模型,并且统一管理各种模型的集合。这些能力在
商业应用领域是有效地配置分析模型的基础。

PMML 是一种基于 XML 的语言,用来定义预言模型。它为各个公司
定义预言模型和在不同的应用程序之间共享模型提供了一种快速并且简单
的方式。通过使用标准的 XML 解析器对 PMML 进行解析,应用程序能够
决定模型输入和输出的数据类型,模型详细的格式,并且按照标准的数据挖
掘术语来解释模型的结果。

PMML 提供了一个灵活机制来定义预言模型的模式,同时支持涉及多
个预言模型的模型选择和模型平衡(Model Averaging)。对于那些需要全
部学习、部分学习和分布式学习(Ensemble Learning, Partitioned Learn-
ing, and Distributed Learning)的应用程序,这种语言被证明是非常有用
的。另外,它使得在不同的应用程序和系统之间移动预言模型变得容易、方
便。特别地,PMML 非常适合部分学习、元学习、分布式学习以及相关
领域。

使用 PMML 进行模型定义由以下几部分组成:

- 头文件(A Header);
- 数据模式(A Data Schema);
- 数据挖掘模式(A Data Mining Schema);
- 预言模型模式(A Predictive Model Schema);
- 预言模型定义(Definitions for Predictive Models);
- 全体模型定义(Definitions for Ensembles of Models);
- 选择和联合模型和全体模型的规则(Rules for Selecting and Combi-
ning Models and Ensembles of Models);
- 异常处理的规则(Rules for Exception Handling)。

其中第 5 项组件是必不可少的。另外预言模型的模式必须被定义,这
能够利用一个或多个模式(组件 3,4,5)来定义。其他几项组件是可选的。

PMML1.0 标准版提供了一个小的 DTD(文档类型定义,XML 术语)
集合,DTD 详细说明了决策树和多项式回归模型的实体和属性。DTD1.0
遵循着一个通用模式,该模式将一个数据字典和一个或多个模型的定义相
结合,数据字典能够立即应用于模式。数据字典的元素是非常简单的。

DMG 当前正在制订 PMML 版本 1.1,该版本提供独立于应用程序定

义模型的方法,使得版权问题和不兼容问题不再成为应用程序之间交换模型的障碍。

11.1.1.3　通用数据挖掘语言

通用数据挖掘语言合并了上述两种语言的特点,既具有定义模型的功能,又能作为查询语言与数据挖掘系统通信,进行交互和特殊的挖掘。通用数据挖掘语言的标准化是解决目前数据挖掘行业出现问题的最优的解决方案。2000 年 3 月,微软公司推出了一个数据挖掘语言,称作 OLE DB for Data Mining(DM)。这是向数据挖掘语言原语标准化方面最显著的努力。我们将 OLE DB for DM 归类成通用数据挖掘语言。

OLE DB for DM 的规范包括创建原语以及许多重要数据挖掘模型的定义和使用(包括预言模型和聚集)。它是一个基于 SQL 预言的协议,为软件商和应用开发人员提供了一个开放的接口,该接口将数据挖掘工具和能力更有效地和商业以及电子商务应用集成。同时,OLE DB for DM 已经与 DMG 发布的 PMML 标准结合。通过与 PMML 标准结合,微软将数据挖掘分析应用带入了一个更加强大的开放规范。这意味着大量的组织或公司现在都可以由一种简单的并且易实现的方式将数据挖掘模型与他们自己构建的应用相结合,增强了应用系统的分析能力,却没有增加复杂性。

OLE DB for DM 扩充了 SQL 语言语法,使得商业分析和开发人员只是调用单一确定的 API(应用程序接口)函数即可实现数据挖掘功能,而不需要特殊的数据挖掘技能。它与关系数据库自然的集成能够加快数据挖掘进入高利润的电子商务应用领域,例如站点个性化设计和购物篮分析。

微软的目的是为数据挖掘提供行业标准,以至于任何数据挖掘软件的算法,只要符合这个标准,都能容易地嵌入应用程序中。OLE DB for DM 支持多种流行的数据挖掘算法。使用 OLE DB for DM,数据挖掘应用能够通过 OLE DB 生产者接进任何表格式的数据源。数据挖掘分析现在能够依赖一个关系数据库直接进行。

为了更容易访问,OLE DB for DM 没有增加任何新的 OLE DB 接口;相反,这个规格定义了一个简单的查询语言,它的语法非常类似于 SQL 语言,它专门研究了模式的行集合(Rowset),经过 OLE DB 或者 ADO,消费者应用程序能够使用行集合与数据挖掘生产者进行通信。

为了填补传统的数据挖掘技术和目前流行的关系数据库管理系统之间的缝隙,OLE DB for DM 定义了重要的新的概念和特点,包括如下几点:

(1) 数据挖掘模型(Data Mining Model,DMM)

DMM 类似一个关系表,但是它包含了一些特殊的列,这些列被数据挖掘中的数据训练和预言制订使用。DMM 既可以用来创建预言模型,又可以产生预言。不像标准的关系表存储原始数据,DMM 存储被数据挖掘算法发现的模式。对于从事基于 Web 数据挖掘项目的开发人员,DMM 所有的结构和内容都可以用 XML 字符串表示。

(2) 预言联接操作(Predication Join Operation)

这是一个简单的操作,类似于 SQL 语法中的联接操作,它在一个训练好的数据挖掘模型和设计的输入数据源之间映射一个联接查询,开发人员能够容易地产生确切符合商业需求的度身定制的预言结果。这个预言结果通过 OLE DB 的行集合或者 ADO 记录集(Recordset)发送到消费者的应用程序内。

(3) OLE DB for DM 模式行集合(Schema Rowsets)

这些特殊目的的模式行集合允许消费者应用发现临界的信息,例如可以利用挖掘服务、挖掘模型、挖掘列和模型内容。数据挖掘生产者在模型创建和训练阶段组装模式行集合。

11.1.2　数据挖掘语言的评价

数据挖掘查询语言能与数据挖掘系统通信,进行交互和特殊的挖掘。它提供了独立于应用的操作原语,简明精确的问题描述方法。但是,由于各查询语言是研究机构和公司为自己的数据挖掘系统开发,没有形成标准,它并没有实质性地解决各个数据挖掘系统彼此互相孤立,难于嵌入大型应用的问题。

PMML 为处理和交换预言模型提供了一个简单、开放的构架,使得各公司能够更加迅速地使用他们从在线和传统的数据中挖掘出的信息。这种标准使得公司在 IT 基础构架中更加容易构建商业智能。PMML 允许用户在一个软件商的应用程序内开发模型,而使用其他软件商的应用程序对模型可视化、分析、估值或者以别的方式使用该模型。它使得在不同应用程序之间能够无缝地交换模型变为可能,解决了数据挖掘系统彼此孤立,难于嵌入大型应用的问题。

然而,PMML 是预言模型标记语言,数据挖掘模型包括预言模型和描述模型,因此 PMML 并不是全面的数据挖掘模型定义语言。同时,PMML1.0 不是一个全面的集合,我们期望 PMML 最终将发展成一个全面的、具有丰富建模能力的模型定义语言。我们预见并且盼望这个标准接下来的版本能够介绍优化,比如种类字段(Categorical Fields)的位向量扩充(Bit Vector Expansions)或者连续字段(Continuous Fields)的 log 变换。PMML,或者类似于 PMML 的事物,随着商业系统对统计和数据挖掘工具与技术需求的日益增加,对它的要求显得特别迫切。

OLE DB for DM 规范的发布在预言和描述分析模型被商业应用广泛使用的道路上是一个重大的里程碑。它同时具备了数据挖掘查询和建模语言的优点,它的推广必将推动数据挖掘行业的发展。但是,对于一些数据挖掘模型,比如:概念描述(特征和辨别规则)和关联规则,还有数据仓库模型,OLAP 的创建和使用,在目前的版本中仍然没有涉及。我们期望微软公司将继续动态地扩充和丰富它的内容。

11.2　数据挖掘工具的选择

目前数据挖掘工具如雨后春笋般涌现出来,既有统计软件厂商提供的解决方案(如 SAS/Enterprise Miner,SPSS/Clementine),也有数据库软件厂商解决方案(如 MS/SQL Server /SSAS,IBM /DB2/Intelligent Miner,Oracle /Darwin),还有各类科研机构的产品(如 Simon Fraser 大学的 DB-Miner、复旦大学的 ARMiner),更有如火如荼的免费开源解决方案(如:WEKA、R、Tanagra,YALE,KNIME,Orange,GGob),各类软件多达上百种,工具的选择就很关键。但数据挖掘工具主要分为两类:专用数据挖掘工具和通用数据挖掘工具。

专用数据挖掘工具针对某个特定领域的问题提供解决方案。在设计算法的时候,充分考虑到数据、需求的特殊性,并作了优化。对任何领域,都可以开发专用数据挖掘工具。例如,IBM 公司的 Advanced Scout 系统针对 NBA 的数据,帮助教练优化战术组合;加州理工学院喷气推进实验室与天文科学家合作开发的 SKICAT 系统,帮助天文学家发现遥远的类星体;芬兰赫尔辛基大学计算机科学系开发的 TASA,帮助预测网络通信中的警报。专用数据挖掘工具针对性比较强,只能用于一种应用;也正因为针对性强,往往采用特殊的算法,可以处理特殊的数据,实现特殊的目的,发现的知识可靠度也比较高。

通用数据挖掘工具不区分具体数据的含义,采用通用的挖掘算法,处理常见的数据类型,一般提供多种模式。例如,上面提到的 Enterprise Miner,Intelligent Miner,DBMiner 等很多软件都是通用数据挖掘工具。通用的数据挖掘工具可以做多种模式的挖掘,挖掘什么、用什么来挖掘都由用户根据自己的应用来选择。

11.2.1　常见数据挖掘产品与工具

下面简单介绍几种常见数据挖掘产品与工具。

11.2.1.1　SAS Enterprise Miner

SAS Enterprise Miner 是在数据挖掘市场上令人敬畏的竞争者。它支持 SAS 统计模块,使之具有杰出的力量和影响;它还通过大量数据挖掘算法增强了那些模块。它是在我国的企业中得到采用的数据挖掘工具,比较典型的包括上海宝钢配矿系统应用和铁路部门在春运客运研究中的应用。SAS Enterprise Miner 是一种通用的数据挖掘工具,按照"Sample(抽样)—Explore(探索)—Modify(修整)—Model(建模)—Assess(评估)"方法进行数据挖掘,提供一个能支持包括关联、聚类、决策树、神经元网络和统计回归在内的广阔范围的模型数据挖掘工具。可以与 SAS 数据仓库和 OLAP 集成,实现从提出数据、抓住数据到得到解答的"端到端"知识发现。

SAS Enterprise Miner 设计被初学者和有经验的用户使用。它的 GUI 界面是数据流驱动的,且它易于理解和使用。它允许一个分析者通过构造一个使用链接连接数据节点和处理节点的可视数据流图建造一个模型。另外,此界面允许把处理节点直接插入到数据流中。由于支持多种模型,所以 Enterprise Miner 允许用户比较评估不同模型并利用评估节点选择最适合的模型。另外,Enterprise Miner 提供了一个能产生被任何 SAS 应用程序所访问的评分模型的评分节点。

SAS Enterprise Miner 支持关联、聚类、决策树、神经元网络和经典的统计回归技术。

• 关联:此算法允许关联规则勘测(例如市场划分分析)和顺序模式勘测。

• 聚类:无监督学习技术用作初始知识勘测和数据可视化。

• 决策树:支持几种决策树技术,如 CHAID,C4.5 等。

• 神经网络:支持几种神经元网络,包括多层感知器(MLP)和基于半径的函数(RBF)。

• 回归分析:Enterprise Miner 支持多种在标准 SAS 上已被实现的回归技术。

由于它在统计分析软件上的丰富经验，所以 SAS 开发出了一个全功能、易于使用、可靠和易于管理的系统。模型选项和算法所覆盖的广阔范围、设计良好的用户界面、现存数据商店的能力和在统计分析市场所占的巨大份额（允许一个公司获得一个增加的 SAS 部件而不是一个新的工具）都可能使 SAS 在数据挖掘市场上取得领先位置。Enterprise Miner 在可伸缩性、预测准确性和处理时间上都表现得很好。总的来说，此工具适合于企业在数据挖掘方面的应用以及 CRM 的决策支持应用。

11.2.1.2　SPSS Clementine

SPSS Clementine 是一个开放式的数据挖掘工具，曾两次获得英国政府 SMART 创新奖，它不但支持整个数据挖掘流程，从数据获取、转化、建模、评估到最终部署的全部过程，还支持数据挖掘的行业标准——CRISP-DM。Clementine 的可视化数据挖掘使得"思路"分析成为可能，即集中精力在要解决的问题本身，而不是局限于完成一些技术性工作（比如编写代码）。提供了多种图形化技术，有助理解数据间的关键性联系，指导用户以最便捷的途径找到问题的最终解决办法。

Clementine 所使用的图形表现是在屏幕上拖动、按下和连接功能节点。节点的类型分为数据访问节点、数据操纵节点、数据可视化节点、机器学习节点和模型分析节点。模型产生过程由从托盘中选择正确的节点、把它们放到屏幕上和连接节点组成。

Clementine 提供了丰富的数据访问能力，其中包括对展开文件和关系数据库（通过 ODBC）的访问。Clementine 具有通过把建模结果写回一个与 ODBC 兼容的 DBMS 而使它们保持一致的能力。输入数据操纵包括合并匹配字段和派生新字段的能力。能导入分隔的文本文件、用逗号分隔值的文件和定长记录的文件（ASCII）。别的数据源可通过支持的 ODBC 接口使用。主要的关系数据库系统包括 Oracle，Sybase 等都可通过 ODBC 访问。

Clementine 支持顾客剖析、时序分析、市场购物篮分析和欺诈行为侦测。

Clementine 的数据可视化能力包括分布图、线性图和网络分析。

Clementine 是一个强大的产品。以公布的用户基推测试来看，它在可伸缩性、预测准确率和处理的时间方面都表现得很好。总的来说，Clementine 对小规模和大规模的分析实现都很合适。

11.2.1.3 IBM Intelligent Miner

由美国 IBM 公司开发的数据挖掘软件 Intelligent Miner 是一种分别面向数据库和文本信息进行数据挖掘的软件系列,它包括 Intelligent Miner for Data 和 Intelligent Miner for Text。Intelligent Miner for Data 可以挖掘包含在数据库、数据仓库和数据中心中的隐含信息,帮助用户利用传统数据库或普通文件中的结构化数据进行数据挖掘。它已经成功应用于市场分析、诈骗行为监测及客户联系管理等。Intelligent Miner for Text 允许企业从文本信息进行数据挖掘,文本数据源可以是文本文件、Web 页面、电子邮件、Lotus Notes 数据库,等等。

在这里讨论的产品是取 Intelligent Miner for Data。

IBM 的 Intenligent Miner 占竞争数据挖掘工具市场的领导地位,它提供了以下功能:

- 最广泛的数据挖掘技术和算法集之一。
- 在数据规模和计算性能方面具有非常高的可伸缩性。
- 具有大量能被用来开发用户化数据挖掘应用程序的应用程序编程接口。

Intelligent Miner 支持分类、预测、关联规则产生、聚类、顺序模式侦测和时间序列分析的算法。Intelligent Miner 通过使用复杂的数据可视化技术和一个健壮的基于 Java 的用户界面(主要面向有经验的用户)来增强它的可用性。Intelligent Miner 支持 DB2 关系数据库管理系统,并集成了大量复杂的数据操纵函数。

Intelligent Miner 是一个客户/服务器系统,客户机用于控制用户界面和数据可视化函数,而数据挖掘和数据操纵引擎是在服务器上的。

数据访问、操纵和预处理:Intelligent Miner 支持展开文件,并提供对 DB2 的直接访问。后者允许用户直接从关系表构造出勘测和预测模型。DB2 服务器被用来向产品传递数据操纵和转换能力,并可充当通向其他关系数据源的途径。如果二进制文件被使用,DB2 的数据操纵功能不可用,并且要预处理和变形数据的话需要额外的设施或开发努力。

然而,所有的模型结果都被存储在二进制文件中,加以 Intelligent Miner 是使用一个叫 Mining Base 的文件结构。Mining Base 实质上是一个定义了被产品所使用的所有文件格式的元数据文件。

Intelligent Miner 支持包括 Kohonen 特征图的神经元网络、时间序列模式、决策树、聚类、关联规则、顺序模式和基于半径的函数。大多数算法是由 IBM 研究所研发出的，是 IBM 的专有技术，并只存在于 Intelligent Miner 中。

总的来说，Intelligent Miner for Data 是市场上最强大和最有可伸缩性的工具之一。公布的对用户进行调查得到的基准测试显示，工具总的性能良好并且在不同的应用环境下一些算法比别的算法运行得好。IBM 已投入大量财力以把此工具定位在为企业规模的数据挖掘提供一个主要解决方案。

11.2.1.4　ORACLE Darwin

Darwin 被认为是主要的数据挖掘工具之一，这与它的名声相称。最近 Oracle 从 Thinking Machine 公司获得了 Darwin 以增强它的产品提供的功能——特别是在数据挖掘起关键作用的 CRM 方面。

Darwin 数据挖掘工具集被设计作为一个包含三个数据挖掘工具的复杂产品：神经元网、决策树和 K 近邻。Darwin 为初学者和有经验的人提供了相对较强的用户界面。虽然那个界面看起来更适合一个有经验的用户。

Darwin 能从二进制文件和通过 ODBC 从关系数据库中导入定长和分隔数据。在内部，数据是以一种在多处理系统中能被有效安排的特殊形式存在的。Darwin 的数据操纵能力包括以下这些方面：

- 对分散数据集的合并功能；
- 从数据集中删除变量；
- 定义变量类型（如类别的、排序的）；
- 把序列数据集转变为并行数据集；
- 数据取样和分割。

Darwin 的优点是支持多种算法。它可在多种主从式架构上执行，服务器端可以是单处理器、同步多处理器或大量平行处理器。在多处理器服务器上，Darwin 可以取得硬件及大范围能力的优势，Darwin 证明了强大的效能及大范围的能力。整体而言，Darwin 定位在中、大范围的执行。

11.2.1.5　MS SQL Server SSAS

作为数据挖掘方面的后起之秀，Microsoft SQL Server 提供了一个全面的商业智能（BI）解决方案，它为数据仓储、分析和生成报表提供了一个扩展的数据平台，并提供了终端用户可以用来访问和分析商业信息的强大的直觉工具。Microsoft SQL Server 商业智能"提供给终端"的核心是 Microsoft SQL Server，它是一个全面的数据服务平台，使你能够：

- 统一企业中所有数据的存储和访问。
- 建立和管理复杂的商业智能解决方案。
- 扩大你的商业智能解决方案的范围,使其可以用于所有雇员。

其中在 SQL Server 分析服务(SSAS)部分,微软针对数据挖掘提供了 9 种常见的数据挖掘算法,包括:决策树、聚类分析、Naive Bayes、关联规则、顺序分析、时序、神经网络、逻辑回归、线性回归等,数据挖掘的功能大大加强,特别是配合微软的其他数据库、BI 工具及开发工具,使整体解决方案有了突飞猛进的发展。

最新版本 SQL Server 2008 形成了所提供的这个强大的商业智能的基础。它的特有技术组成部分如表 11.1 所示。

表 11.1 SQL Server 2008 系统组成

组成	描述
SQL Server 数据库引擎(SSDB)	为大型数据提供了一个可扩展的高性能的数据存储引擎。这为将企业的商业数据合并到一个用于分析和生成报表的中央数据仓库中提供了理想的选择
SQL Server 集成服务(SSIS)	是一个用于提取、转换和加载(ETL)操作的全面的平台,使得能够对你的数据仓库进行操作和与其同步,数据仓库里的数据是从你的企业中的商业应用所使用的孤立数据源获得的
SQL Server 分析服务(SSAS)	提供了用于联机分析处理(OLAP)的分析引擎,包括在多维度的商业量值聚集和关键绩效指标(KPI),和使用特定的算法来辨别模式、趋势和与商业数据的关联的数据挖掘(DM)解决方案
SQL Server 报表服务(SSRS)	是一个广泛的报表解决方案,使得很容易在企业内外创建、发布和发送详细的商业报表

11.2.1.6 DBMiner

DBMiner 是加拿大 Simon Fraser 大学开发的一个多任务数据挖掘系统,它的前身是 DBLearn。该系统设计的目的是把关系数据库和数据开采集成在一起,以面向属性的多级概念为基础发现各种知识。DBMiner 系统具有如下特色:

- 能完成多种知识的发现:泛化规则、特性规则、关联规则、分类规则、演化知识、偏离知识等。
- 综合了多种数据开采技术:面向属性的归纳、统计分析、逐级深化发现多级规则、元规则引导发现等方法。

- 提出了一种交互式的类 SQL 语言——数据开采查询语言 DMQL。
- 能与关系数据库平滑集成。
- 实现了基于客户/服务器体系结构的 Unix 和 PC(Windows/NT)版本的系统。

11.2.1.7　WEKA

Weka 的全名是怀卡托智能分析环境(Waikato Environment for Knowledge Analysis),是一个开放源码的数据挖掘软件。Weka 也是新西兰独有的一种鸟名,而 Weka 的主要开发者来自新西兰的 Waikato 大学。数据挖掘用户可通过 Weka 集成的大量算法,使用 Weka 执行数据预处理、分类、回归、聚类、关联规则、数据可视化等任务。而开发者则可使用 Java 语言,利用 Weka 的架构开发出更多的数据挖掘算法。使用 Weka 可以轻松地进行数据挖掘,可以在数据集上运用数据挖掘算法和进行数据预处理。

其他常用的数据挖掘工具还有 LEVEL5 Quest,MineSet(SGI),Partek,SE-Learn,Snob,SuperQuery,WINROSA,XmdvTool,等等,数量众多,这里就不一一列举了。

11.2.2　数据挖掘工具的选择与评价

如何选择满足自己需要的数据挖掘工具呢? 数据挖掘是一个过程,只有将数据挖掘工具提供的技术和实施经验与企业的业务逻辑和需求紧密结合,并在实施的过程中不断地磨合,才能取得成功。因此我们在选择数据挖掘工具的时候,要全面考虑多方面的因素,主要包括以下几点:

(1) 数据挖掘工具的功能性

数据挖掘工具的功能性即是否可以完成各种数据挖掘的任务,如:关联分析、分类分析、序列分析、回归分析、聚类分析、自动预测等。我们知道数据挖掘的过程一般包括数据抽样、数据描述和预处理、数据变换、模型的建立、模型评估和发布等,因此一个好的数据挖掘工具应该能够为每个步骤提供相应的功能集。数据挖掘工具还应该能够方便地导出挖掘的模型,从而在以后的应用中使用该模型。

(2) 数据挖掘工具的可伸缩性

数据挖掘工具的可伸缩性也就是说解决复杂问题的能力。一个好的数据挖掘工具应该可以处理尽可能大的数据量,可以处理尽可能多的数据类型,可以尽可能高的提高处理效率,尽可能使处理的结果有效。如果在数据量和挖掘维数增加的情况下,挖掘的时间呈线性增长,那么可以认为该挖掘工具的伸缩性较好。

(3) 数据挖掘工具的易操作性

易操作性是一个重要的因素。一个好的数据挖掘工具应该为用户提供友好的可视化操作界面和图形化报表工具,在进行数据挖掘的过程中应该尽可能提高自动化运行程度。总之是面向广大用户的而不是熟练的专业人员。

(4) 数据挖掘工具的可视化

数据挖掘工具的可视化包括源数据的可视化、挖掘模型的可视化、挖掘过程的可视化及挖掘结果的可视化。可视化的程度、质量和交互的灵活性都将严重影响到数据挖掘系统的使用和解释能力。毕竟人们接受外界信息的 80% 是通过视觉获得的,那么自然数据挖掘工具的可视化能力就相当重要。

(5) 数据挖掘工具的开放性

数据挖掘工具的开放性即数据挖掘工具与数据库的结合能力。好的数据挖掘工具应该可以连接尽可能多的数据库管理系统和其他的数据资源,应尽可能的与其他工具进行集成。尽管数据挖掘并不要求一定要在数据库或数据仓库之上进行,但数据挖掘的数据采集、数据清洗、数据变换等将耗费巨大的时间和资源,因此数据挖掘工具必须要与数据库紧密结合,减少数据转换的时间,充分利用整个的数据和数据仓库的处理能力,在数据仓库内直接进行数据挖掘,而且开发模型、测试模型和部署模型都要充分利用数据仓库的处理能力。另外,多个数据挖掘项目可以同时进行。

当然,上述只是一些通用的参考指标,具体选择挖掘工具时还需要从实际情况出发具体分析。因为数据挖掘工具需要考虑的因素很多,很难按照原则给工具排一个优劣次序。最重要的还是用户的需要,根据特定的需求加以选择。所以我们呼吁每个企业都必须结合自己的实际情况,充分考虑本企业在数据挖掘领域的实施经验,避免踏进仅仅是"选择工具"的陷阱,从而获得一个完善的数据挖掘解决方案,真正把数据挖掘融入到企业的经营决策中。

11.3 数据可视化工具的选择

数据挖掘技术的发展,是为了帮助用户发现数据中存在的关系和规则,从而根据现有的数据预测未来的发展趋势,使得数据库中隐藏的丰富知识得到充分的发掘和利用。由于数据挖掘技术本身的复杂性,一般用户很难掌握,得到的结果也很难解释。由于人们对图形和图像表现方式,更加容易理解和接受,可视化数据挖掘技术(VDM)正在兴起,呈现出广阔的应用前景。

　　数据可视化和数据挖掘是两种技术,常被用来创建和部署成功的商业智能解决方案。通过应用可视化和数据挖掘技术,业务人员能够充分探索业务数据,从而发现潜在的、以前未知的趋势、行为和异常。可视化是帮助业务人员和数据分析人员从业务数据集中发现新的模式和趋势的关键。它能够将大量复杂的模式简化成二维或三维数据集的图片或数据挖掘模型。可视化数据挖掘可认为是从数据到可视化形式再到人的感知系统的可调节的映射。可视化数据挖掘指的是采用可视化的方式检查、理解交互数据挖掘算法。有效地利用数据可视化和可视化数据挖掘,商业的盈利和投资回报率(ROI)就会得到保障。

　　目前有许多可视化软件工具,例如 Oracle,Microsoft Excel,SGI Mine-Set 和 SPSS Clementine。利用这些工具能方便地从事数据预处理、数据可视化和数据挖掘。随着商业 VDM 产品的不断成熟,将可视化技术运用到分析的各个阶段将会更加可行和有效可视化的类型将会越来越多,除了上述的可视化方法外还可以利用基于像素、基于图形技术、基于图标的技术等。同时可视化的形式将从静态图表转化为动态交互方式。动态可视化允许用户对数据可视化进行旋转、缩放、筛选等操作,使可视化的数据更多和更复杂,同时也将采用一些新的技术和业界标准,如利用 XML 的预言模型标记语言(PMML)和 Java 标准(JSR073),可以很方便地对一个复杂的模型或者一组数据转换进行描述,从而为可视化提供更多的变化和不同软件包交换模型的能力。

　　可视化数据挖掘是一种新颖而且有效的大数据集挖掘方法。随着数据量的递增和数据信息的复杂化和多元化,对于用户来说挖掘出的结果信息复杂而难以理解。如果将挖掘出的中间结果或最终结果以人们容易理解的图形、图表、图像等直观的表现方式来表示,就能大大加深用户对挖掘结果的理解。

11.4　常用数据挖掘网站介绍

本节给出国内外常见的一些数据挖掘参考网站,有些网站地址可能会变更或失效,读者可以使用搜索引擎自己查找确定。

11.4.1　国外参考网站

(1) kdnuggets 数据挖掘社区

　　http://www.kdnuggets.com/

(2) 康涅狄格中央州立大学数据挖掘研究所

　　http://web.ccsu.edu/datamining/resources.html

(3) DFKI 人工智能研究所

　　http://www.dfki.uni-kl.de/

(4) 奥地利人工智能研究所机器学习和数据挖掘小组

　　http://www.oefai.at/oefai/mlmldm

(5) 加拿大渥太华大学知识获取与智能化学习研究小组

　　http://www.site.uottawa.ca/tanka/kaml.html

(6) 美国麻省理工大学生物与计算学习研究中心

　　http://cbcl.mit.edu/

(7) 知识型企业研究中心

　　http://business.queensu.ca

(8) 英国谢菲尔德大学自然语言处理研究组

　　http://nlp.shef.ac.uk

(9) PC AI

　　http://www.pcai.com/

(10) 美国橡树岭国家实验室图像处理和机器视觉研究小组

　　http://www.ornl.gov/sciismv

(11) 德国乌尔姆大学人工神经网络小组

　　http://www.informatik.uni-ulm.de/ni/forschung/ann.html

(12) 优秀知识发现网络

　　http://www.kdnet.org/

(13) 奥地利维也纳医科大学脑研究中心医学控制和人工智能学院

http://www.ai.univie.ac.at/

(14) 美国伍斯特工学院人工智能研究小组

http://www.cs.wpi.edu/Researchairg

(15) 微软研究——机器学习和应用统计研究小组

http://research.microsoft.com/research/mlas

(16) 英国爱丁堡大学信息学校人工智能应用学院

http://www.aiai.ed.ac.uk

(17) 加州大学伊荣/尔湾分校机器学习小组

http://www.ics.uci.edu/~mlearn/Machine-Learning.html

(18) DMI:数据挖掘学院

http://www.cs.wisc.edu/dmi/

(19) 数据挖掘:原理,算法及应用

http://www.cs.unc.edu/Courses/comp290-90-f04/

(20) 国家数据挖掘中心

http://www.ncdm.uic.edu/

(21) IBM 智能情报系统研究中心

http://www.almaden.ibm.com/software/disciplines/iis/

(22) 数据挖掘和数据仓库

http://www.crm2day.com/data_mining/

(23) 数据挖掘的连接

http://www.galaxy.gmu.edu/stats/syllabi/DMLIST.html

(24) 人工智能研究实验室

http://www.cs.iastate.edu/~honavar/aigroup.html

(25) 美国人工智能协会

http://www.aaai.org/home.html

(26) 知识媒体学会

http://kmi.open.ac.uk/index.cfm

(27) WEB 数据挖掘实验室

http://www.wdmlab.cn/

(28) Java 资源网——Java 数据挖掘 2006-11-16

http://www.javaresource.org/data-mi...-mining-73.html

(29) 国际数据挖掘技术研究中心

http://59.77.6.145/dmlab/DesktopDefault.aspx

(30) 互联网数据挖掘服务中心

http://idm. yatio. com/index. html

(31) 机器学习研究室

http://www. cald. cs. cmu. edu/

(32) 数据挖掘工程小组

http://www. chem-eng. utoronto. ca/~datamining/

(33) 查尔斯顿学院的信息发现

http://di. cofc. edu

(34) 2006 年数据挖掘论坛

http://www. data-mining-forum. de/

(35) 数据挖掘

http://www. ccsu. edu/datamining

(36) 数据挖掘技能

http://www. statsoft. com/textbook/stdatmin. html

(37) 数据挖掘课堂笔记

http://infolab. stanford. edu/~ullman/mining/mining. html

(38) 智能科学网站

http://www. intsci. ac. cn/

(39) 数据挖掘词汇表

http://www. twocrows. com/glossary. htm

(40) SIGIR2006 会议网站

http://www. sigir2006. org/

(41) 数字经济研究中心

http://w4. stern. nyu. edu/ceder/

(42) 原文挖掘和基于网页的信息检索参考书目

http://filebox. vt. edu/userswfantext_mining. html

(43) 数据挖掘爱好者

http://datamining. diy. myrice. com/

(44) 数据挖掘资源

http://www. opendata365. com/datamini...200506/235. html

(45) 第七次国际数据仓库存储与知识发现会议

http://www. dwway. com/newcontent. php... 5userid = corpid＝

(46) 数据挖掘：文本挖掘，数据挖掘和社会传媒

http://datamining. typepad. com/data_mining/

(47) 与统计相关的数据挖掘课件

http://www.autonlab.org/tutorials/

(48) 诊断试验评价与数据挖掘

http://statdtedm.6to23.com/

(49) 统计分析与数据挖掘实验室

http://www.bistudy.com/

(50) 数据挖掘技术简介

http://www.itcomputer.com.cn/Databa...0601/78529.html

(51) 数据挖掘技术简介(PPT)

http://eb.zzei.net/ebSimple/dss.ppt

(52) 数据挖掘教程

http://www.sobooks.com/product_info...oducts_id/14953

(53) 数据挖掘

http://www.the-data-mine.com/

(54) 数据挖掘:实用机器学习工具和技术(第二版)

http://www.cs.waikato.ac.nz/~mlwekabook.html

(55) Lotus 知识发现服务器

http://www.chinakm.com/share/list.asp? id=2579

(56) 知识发现新进展与成果概述

http://202.113.96.26/tjcbe/xueshubaogao/yangbingru.ppt

(57) 第四届知识发现与数据挖掘国际学术大会

http://www2.ccw.com.cn/1998/37/170858.shtml

(58) 数据挖掘研究院网摘

http://www.dmresearch.net/rss/

(59) 数据挖掘

http://databases.about.com/od/datamining/

(60) UCI 数据库知识发现

http://kdd.ics.uci.edu/

(61) 关于应用解析的新闻以及商业资源

http://www.secondmoment.org/

11.4.2 国内参考网站

(1) 数据挖掘研究院

http：//www. dmresearch. net/

(2) 数据仓库之路

http：//www. dwway. com

(3) IT 之源

http：//www. iturls. com/

(4) 数据挖掘讨论组

http：//www. dmgroup. org. cn/

(5) SPSS 俱乐部

http：//www. spssclub. com

(6) ORCALC 数据挖掘

http：//www. oracle. comlangcn/solutions/business_intelligence/

data-mining. html

(7) 数据挖掘学习交流论坛

http：//www. businessanalysis. cn/

(8) 数据管理前言技术国际研讨会

http：//www. iipl. fudan. edu. cnDM06

(9) 媒体计算与 WEB 智能实验室（复旦大学）

http：//www. cs. fudan. edu. cn/mcwil/irnlp/

(10) 北京大学计算语言学研究所

http：//www. icl. pku. edu. cn/

(11) 哈尔滨工业大学智能技术与自然语言处理实验室

http：//www. insun. hit. edu. cn/default_cn. asp.

(12) 清华大学知识工程研究室

http：//keg. cs. tsinghua. edu. cn/

(13) 数据挖掘课程

http：//cs. nju. edu. cn/zhouzh/zhouzh. files/course/dm. htm

(14) 中国科大博纳数据挖掘中心

http：//bona. ustc. edu. cn

(15) 西南财经大学商务数据挖掘中心

http：//riem. swufe. edu. cn/dataminingcenter/

(16) 中科院数据技术与知识经济研究中心

http：//www. dtke. ac. cn/

(17) DPS 统计软件

http：//www. chinadps. net/

(18) 哈工大 AlphaMiner

    http://www.alphaminer.org

11.4.3 开源数据挖掘网站

开源数据挖掘网站全球最著名的开源软件集散地 SOURCE FORGE (http://www.sourceforge.net),在 SOURCE FORGE 上有关数据挖掘、商务智能及数据仓库方面的软件非常之多,相关的分类涉及:Business Intelligence (470),Data Warehousing (427),OLAP(126),等等。

下面给出几个常见开源数据挖掘软件的网址。

(1) R

    http://www.r-project.org

(2) Tanagra

    http://eric.univ-lyon2.fr/wricco/tanagra/

(3) Weka

    http://www.cs.waikato.ac.nz/ml/weka

(4) RapidMiner

    http://rapid-i.com

(5) KNIME

    http://www.knime.org

(6) Orange

    http://www.ailab.si/orange

(7) GGobi

    http://www.ggobi.org

本章小结

本章介绍了数据挖掘语言分类及其标准化的问题,并对三种数据挖掘语言进行分析与评价,指出了各自的优缺点,最后介绍了常见的数据挖掘工具及其评价标准、可视化数据挖掘、常见的数据挖掘网站、开源数据挖掘工具等。国外的许多行业如通信、信用卡公司、银行和股票交易所、保险公司、广告公司、商店等已经大量利用数据挖掘工具来协助其业务活动、国内在这方面的应用还处于起步阶段。对数据挖掘技术和工具的研究人员以及开发商来说,我国是一个有巨大潜力的市场。

习 题

1. 如何选择数据挖掘工具,由哪些因素需要考虑?
2. DMQL 跟 SQL 有何区别?
3. 规模、行业不同的各类企业如何选择数据挖掘工具?
4. 下载开源数据挖掘工具 WEKA,简述 WEKA 提供了哪些数据挖掘技术和算法?
5. 熟练使用一种数据挖掘工具,简述描述数据挖掘工具的各阶段任务。
6. 上网查阅最新数据挖掘的进展情况。

第 12 章

数据仓库与数据挖掘的综合应用

学习目标

· 了解数据仓库在信息管理中的实际应用
· 了解数据挖掘在金融、零售、电信等行业的应用概貌
· 了解数据仓库的应用和发展
· 了解数据挖掘的应用和发展

本章关键词

企业资源计划（Enterprise Resource Planning）
客户关系管理（Customer Relation Management）
供应链管理（Supply Chain Management）
金融业（Finance Industry）
零售业（Retailer Industry）
保险业（Insurance Industry）
电信业（Telecommunication Industry）

　　近年来,数据仓库技术不断发展,并在实际应用中发挥了巨大的作用。20 世纪 90 年代初对仓库项目的调查表明:进行数据库项目开发的公司在平均 2.73 年的时间内获得了平均为 321% 的投资回报率。使用数据仓库所产生的巨大效益同时又刺激了对数据仓库技术的需求,数据仓库研究开发和应用的大潮正席卷而来。同时,作为在数据仓库基础上的深层次数据分析应用,数据挖掘技术俨然成了攫取数据金矿的强大工具,在金融、零售、电信等行业的应用研究正如火如荼地进行着。

　　在考察数据仓库与数据挖掘的具体应用之前,首先我们要明确应用的划分维度问题。我们既可以按照行业维度来划分应用,如数据仓库与数据挖掘常见的应用行业有金融、零售、电信,等等;我们也可以按照管理职能维度来划分,即按照数据仓库与数据挖掘对市场营销、客户服务、生产管理、财务管理、人力资源管理等专项管理职能的支持来划分类别;我们还可以按照信息管理领域所侧重的现代管理思想方法来分类,即按照数据仓库/数据挖掘对企业资源计划(ERP)、客户关系管理(CRM)、供应链管理(SCM)等现代管理系统的支持来划分维度。这其实是通过对传统的管理职能应用现代管理思想方法加之 IT 信息技术的重新整合、交融而诞生的一系列管理系统。所以,综合以上我们提炼出来的划分方法,对具体的应用进行划分时,才能做到思路清晰、科学合理。图 12.1 是应用纬度划分的示意图。

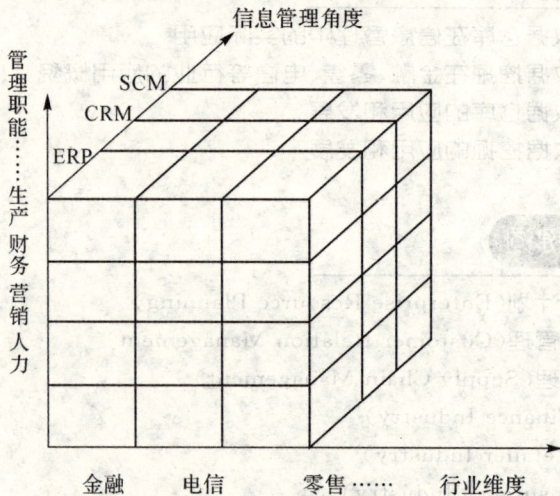

图 12.1　数据仓库与数据挖掘的应用纬度划分

　　在本章中,我们将分为两个部分,分别讨论数据仓库在信息管理中的实际应用和数据挖掘的行业应用。之所以这样讨论,是想通过应用的不同侧面,比较全面地反映数据仓库和数据挖掘的应用情况,使读者对数据仓库和数据挖掘技术有更深刻的认识和把握。

12.1　数据仓库在信息管理中的实际应用

通常,数据仓库是建立在比较全面和完善的信息应用基础之上的。因此,在讨论数据仓库的实际应用或者开发策略时,企业首先应该对现有的信息基础设施现状进行分析,切忌不考虑企业的实际情况,盲目上马。

我们知道,数据仓库主要用于支持高层决策分析。随着决策水平的不断提高,对信息处理的要求也越来越复杂。管理者通过使用业务相关数据进行商务分析,从而发现有价值的信息或知识,用于辅助决策。但是,管理决策所遇到的问题是不同的,数据仓库的应用也各有特色,数据仓库的开发应用应该根据具体的实际情况采用正确的对策。

数据仓库可以加强企业对信息的管理能力,改善企业的经营管理,使企业的决策制订过程更加科学化和快速,给企业带来巨大的收益,建立广泛的竞争优势。数据仓库技术在企业信息管理中的作用主要表现在以下几个方面。

(1) 提高企业信息管理能力

传统的操作型数据库一直都是企业信息管理的基础,但是随着行业竞争加剧和用户需求趋于多样化、个性化,企业必须改变经营管理理念,根据市场需求进行产品的生产和销售。而这需要对大量的数据和信息进行分析,这些数据有的是高度综合的,有的则是细节的,有的是几年前,甚至几十年前的,而传统数据库中一般只保留当前的细节数据。所以传统的数据库无法胜任此任务,必须使用数据仓库存储这些数据。

(2) 有助于企业建立良好的客户关系

客户关系管理在企业的经营管理中变得越来越重要,企业必须从“以产品为中心”向“以客户为中心”的经验理念转变,才能吸引新客户、保留老客户,提高现有客户的盈利能力。但是,对客户关系的管理,仅靠手工是难以完成的。通过对数据仓库中的客户、产品种类、地区和销售渠道等数据进行综合分析,可以对市场(客户)进行细分,对不同的目标客户提供有针对性的个性化服务,提高这些客户的满意度;同时提高企业自身的经营管理水平,实现企业和客户的双赢。

(3) 提高企业决策水平

数据仓库系统是面向决策分析的,具有很强的数据综合能力和复杂数据的分析能力,能够提供及时、准确的数据和信息,帮助决策人员快速地做出正确的决策,使他们对市场发展做出准确的评价,从而提高企业的竞争力。

(4) 促使企业重构业务过程

企业内部结构松散,各部门各自为政是长期困扰企业的主要问题之一,它严重地影响了企业自身的发展。建设数据仓库不仅仅是建一个信息系统,而且还需要进行部门的合并、整合、重新划分职能等,需要对企业的业务流程进行重新规划,这样才能发挥数据仓库的作用。

下面将分别介绍数据仓库对企业资源计划(ERP)、客户关系管理(CRM)、供应链管理(SCM)、企业决策、业务流程重组等方面的支持与应用。

12.1.1 应用数据仓库弥补 ERP 的不足

G 公司是一家典型的制造型企业,公司自主开发了一套 ERP 系统,系统涉及的部门很多,也比较复杂,包括生产计划管理系统、采购计划管理系统、物料需求计划管理系统、车间作业与调度管理系统、财务管理系统、成本管理系统、库存管理系统、销售管理系统等,这些系统分布于不同的网络节点上,分别实现一定的功能,又相互协作。但这种面向事务处理的企业业务处理系统各个功能模块分别位于企业不同的组织和部门中,因而 ERP 系统中存储的数据均是分布于不同网络节点上的业务细节数据,且由于存储容量的限制,系统中不能保存大量的历史数据。而面对市场的决策往往是涉及整个企业范畴的数据和信息,决策者使用 ERP 系统需要同时查询多个节点上的多个数据库表,并进行汇总、分析来获得决策信息。这个过程既费时又费力,且不能查询历史数据,不能进行纵向比较分析,无法满足企业管理人员进行高效、快速的分析和决策。

为了把 ERP 系统各模块中的数据整合在一起,公司采用了数据仓库解决方案,通过建立一个综合的、便于查询和分析的数据仓库,能更好地满足管理层用户的决策分析,提高企业的管理水平和经济效益。

使用数据仓库技术可以把这些系统中的数据按主题进行集成,生成支持管理决策分析的信息。图 12.2 是一个基于 Internet 的分布式应用系统的数据仓库体系结构。

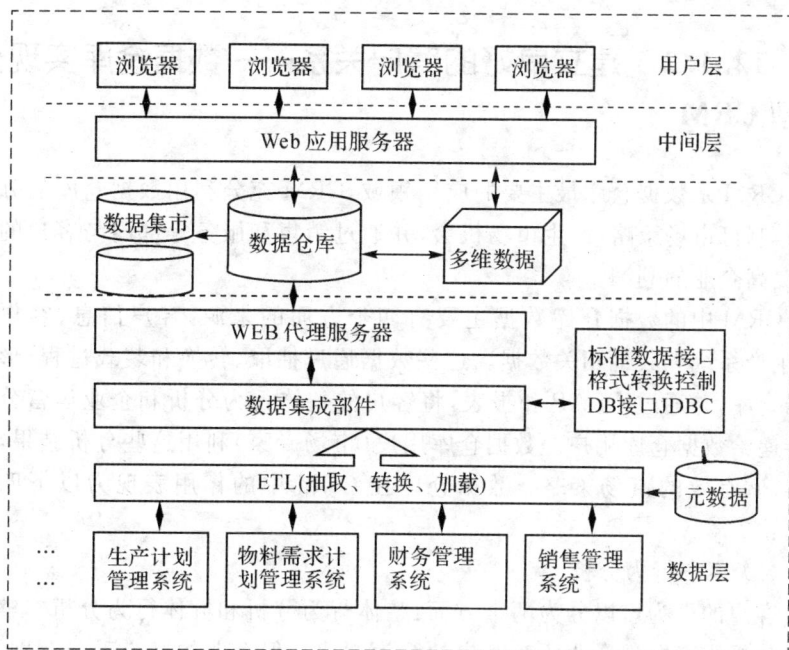

图 12.2 ERP 系统数据仓库系统结构

该公司通过建立基于 ERP 的数据仓库,弥补了 ERP 的分析缺陷,体系结构采用基于 Web 构建的 B/S/S 三层结构模式。数据源中数据的抽取、转换在本地进行,在转换器中完成对细节数据的汇总。

这种设计的优点是:网络传输的是聚合数据,而不是细节数据,从而避免了在网络带宽有限的条件下,传送大量细节数据而造成的网络拥塞,因此提高了系统性能。同时为了能满足企业各部门、各级管理人员分析决策的需求,系统使用了基于 Web 的应用程序服务器,通过使用 JDBC 或 Java 小程序来执行用户桌面上的功能。Web 应用服务器的使用将为基于 Web 的数据仓库访问工具带来真正的交互性,使用户端不必安装任何应用程序,就可以具有数据仓库的全部功能。用户通过 Web 浏览器并借助于 HTML 格式,把查询、分析请求发送到基于 Web 的应用服务器,在这里 HTML 语言被转换成 SQL 语句提交给数据仓库。Web 应用服务器接收到查询结果,再把数据转换成 HTML 页面返回给用户。

12.1.2　建立良好的客户关系——数据仓库实现分析型 CRM

CRM 是数据仓库最主要的应用领域，CRM 充分利用数据仓库的分析结果，制订市场策略，产生市场机会，并通过销售和服务等部门与客户的交流，提高企业的利润。

CRM 中的数据仓库数据主要有四个方面的来源：客户信息、客户行为、生产系统和其他相关数据。这些数据通过抽取、转换和装载过程，形成数据仓库，并通过 OLAP 和报表，将客户的整体行为分析和企业运营分析等传递给数据仓库用户。数据仓库用户（市场专家）利用这些分析结果，制订准确、有效的市场策略。数据仓库在 CRM 中的作用表现为以下四个方面：

（1）客户行为分析

客户的行为可以分为两个方面：整体行为分析和群体行为分析。整体行为分析用来发现企业所有客户的行为规律。但企业的客户千差万别，众多的客户在行为上可以划分为不同的群体，各个群体有着明显的行为特征。行为分组就是按照客户的不同种类的行为，将客户划分成不同的群体。通过行为分组，企业可以更好地理解客户，发现群体客户的行为规律。通过对客户的理解和客户行为规律的发现，企业可以制订相应的市场策略。同时，通过对不同客户群组之间的交叉分析，可以使企业发现客户群体间的变化规律。因此，在行为分组完成以后，还要进行客户理解、客户行为规律发现和客户组之间的交叉分析。

（2）客户保持

在开放的市场上，公司面临的最大挑战之一就是客户的流失。在市场竞争中，客户的流失是必然发生的，但是必须了解哪些客户的流失是正常的、哪些是必须避免的。通过对客户的细分，发现重点高价值的客户和潜在的客户是客户关系管理的难点。基于数据仓库的数据挖掘可以在客户细分、客户价值发现方面做出贡献，帮助我们找到哪些客户最有可能流失，他们具有什么样的特征，从而采取相应的对策，及早防范那些不应该流失的客户。要知道保留一个客户比吸引一个客户付出的成本要低得多，但是他们带来的收益往往比老客户更多一些，所以针对客户流失制订客户忠诚计划对于一个企业很重要。

（3）数据库营销

在数据仓库系统实施以后，决策者可以了解大量的信息，同时发现隐藏在数据中的潜在趋势，以便实现一对一的营销概念。

利用数据仓库可以掌握大量的客户信息，数据仓库集中了客户的所有数据——包括历史信息和 Web 网页信息，构成了一个统一的客户信息管理系统。在数据仓库中还包含了大量的经营信息。统一的数据仓库可将客户服务系统和 CRM 进行有机集成，为客户提供多层次、个性化和多样化的服务；针对客户的消费心理、价值取向与消费行为，实现对客户关系与资源的挖掘、分析与管理，实现营销的个性化服务与企业利益的最大化。

此外，通过数据仓库中大量的历史交易数据的分析不仅能发现潜在客户，还能进行交叉销售、增量销售等。

（4）效果评估

根据客户行为分析，企业可以准确地制订市场策略和市场活动。然而，这些市场活动是否能够达到预定的目标，是改进市场策略和评价客户行为分组性能的重要依据。同样，重点客户的发现过程，也需要对其效果进行分析，在此基础上修改重点客户的发现过程。这些都是建立在客户对市场反馈的基础上。通过数据仓库的数据清洁与集中过程，可以将客户对市场的反馈自动输入到数据仓库中。

12.1.3　数据仓库提高供应链管理的效率

一条完整的供应链大致可以分为三部分：企业内部生产供应链和企业之间物流供应链和信息供应链。生产供应链在企业内部，相对稳定，可以通过 ERP 解决方案来优化配置企业资源；企业之间物流供应链目前还有很多工作要做，关键是按照供应链的思想进行整合；信息供应链一般采用基于 Internet 技术的电子商务远程交易模式。

但是信息供应链并没有完全发挥指导物流供应链运作的作用。电子商务虽然是解决信息流、商流、资金流的有效途径，但它不能将基本的业务数据转换成知识、处理业务规则中的决策。由此，大量杂乱的数据堆积到供应链成员内部，而传统的 OLTP 系统也只擅长处理面向事务层的操作型数据。可见，目前的信息供应链仅实现了数据传输功能，而信息供应链中积累的大量历史数据并未被充分利用和开发。

信息供应链与物流供应链脱节不是技术上的问题，而是缺乏一种解决方案。针对如何将大量的业务数据用于预测、决策中的问题，数据仓库技术提供了一种很好的解决方案,即建立数据仓库供应链。供应链数据仓库能解决传统信息处理系统难以解决的许多问题。

(1) 信息共享

供应链数据仓库将物流企业和电子商务公司建立在共同的数据基础之上,通过数据交换和数据集成技术,依据确定的业务准则,有效地解决供应链成员之间多数据源和数据的不一致性问题。建立数据仓库利于双方(或多方)的沟通、协调与合作,达到跨行业的信息共享。

(2) 预测分析

供应链数据仓库将数据建立在同一个平台上,并借助于数据挖掘技术建立适合各个成员的数据立方体或数据集市。供应链数据仓库处理数据是高效的,当数据仓库接受到最新市场(或原始)数据后,立刻结合已经集成的、汇总的历史数据,并采用多种预测方法对零售商供需进行预测分析;然后数据仓库将所有市场数据、零售商预测数据和分销商的历史数据相结合,进行分销商的供需预测分析;依次类推(见图 12.3)。可见,即使在对远离顾客的供应商进行预测分析时,市场数据也是完整的,而且,这种处理方式几乎是并发的。也就是说,供应商几乎和零售商同时获得预测信息。这样预测的准确率和效率会大大提高。

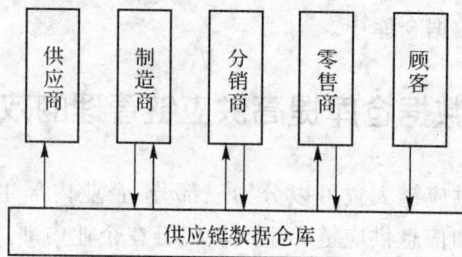

图 12.3 供应链数据仓库

(3) 辅助决策

基于数据仓库技术的决策支持系统能全局地辅助多种经济或管理决策,决策范围很广。例如供应链物流配送方案选择决策,利用数据仓库能提出更优的配送路线。通常配送区域是由配送半径刻画的,即每个配送中心负责它自己的配送区域,这有一定的盲目性。若数据仓库技术能成功应用于物流供应链中的配送环节,则配送决策是以配送业务为核心的。即基于数据仓库技术的决策支持系统能通过集成所有配送中心数据(地点、货种、可支配的配送力量、配送时段……)、客户数据(配送时间、地点、订货记录、满意度……)、商品数据、地理位置信息、交通路况信息等,将某时段整笔配送业务划分成一个个小的业务单元,每个业务单元由一个速递员负责。

以配送业务为核心的配送决策是面向全局的,它的优点是:更合理地配置人力资源;更灵活地均衡各地库存;更有效地利用流动资金;更有利于员工的绩效考评等。

12.1.4　用数据仓库支持企业决策

在 1993 年到 1995 年这段时期内,哈里斯半导体公司的集成电路产品销路非常好。该公司所有的生产工厂都满负荷生产,产品供不应求,工厂的生产能力成为制约利润增长的主要因素。为了提高工厂的生产效率,该公司开发了一个集成的产出管理系统(Integrated Yield Management,IYM)。IYM 由两部分组成,一部分是一个数据仓库,用于存储有关产出的信息。另一部分是一个报警系统,用于迅速确定影响产出的事件,并分析哪些是有利的,哪些是不利的。IYM 系统的主要目标是提供决策支持信息,而这些信息是目前在该公司的操作型数据库中所不能提供的。决策支持信息要维护 10 年的历史数据,把决策支持功能从操作型数据库中挪出来,提高操作型数据库的效率,自动识别企业内部发生的重大变化,为决策的制订提供一个统一协调的信息源,提供一套方便实用的分析工具。

IYM 的数据组织是面向主题的,哈里斯公司在全球范围内拥有多家集成电路生产厂,每个生产厂通常只关注该厂内部的生产活动,而该公司的许多产品要依次在多个生产厂中进行加工。每个生产厂都有关于这个厂的操作型数据库,记录了这个生产厂内的生产信息。这些生产信息按生产环节和产品来组织。对于哈里斯公司的整体管理决策者来说,他们需要汇总的产量数据,这些数据要按生产厂、时间段、产品和进度来组织。IYM 系统按产量、产品等主题进行数据组织,周期性地从各个生产厂的操作型数据库中抽取、计算和维护产量的历史数据,维护整个企业范围内的产量和产品汇总信息。在 IYM 中,从多个操作型的数据源中把数据集成到用于决策支持的数据仓库中。为了达到数据集成的目的,需要针对不同的数据源,选用或开发适当的数据抽取工具,把数据抽取到 IYM 系统中来。在数据仓库的层次上,屏蔽各个具体数据源的物理差异,并完成数据的检验、重新组织和装载的工作。在各个生产厂的操作型数据库中,数据是按照加工环节、产品名称和生产批号来组织的,其中,生产批号是主码或主码的一个组成部分,于是,各个主要方面的信息都与生产批号相关。在数据仓库中,数据是按加工环节和时间段来组织的,加工时间是主码的一个组成部分。因此,数据仓库中的每个记录都反映了生产厂在某个时点上的汇总的视图。在对历史数据的保留上,操作型数据库负责保留最近 6 个月的详细数据,而数据仓库则维护过去 10 年的汇总历史数据。IYM 系统内的数据是相对稳定的,在生产厂的操作型数据库中,由于可能存在数据录入的错误,或受到对产品批次测试结果的影响,使得经常需要进行更新、插入和删除数据记录的操作,这些操作都是以逐个记录的方式来进行的。

在 IYM 的数据仓库中,由于产量信息是汇总的信息,所以只有两个主要的操作,即数据装载和数据查询访问。数据仓库中的每个记录都精确反映了一个生产厂或整个公司在过去某一段时间内的状态,对于历史事实信息,不允许修改。IYM 中设计开发了一个图形用户界面,对哈里斯公司内部任意的生产厂、生产流程或产品在用户指定的某个时段内的产量和标准指标矩阵进行分析,对哈里斯公司内任何的操作型数据进行查询和统计分析,查阅报警系统的统计信息、配置信息和历史信息,查阅产品规范的信息。用户进行以上操作时,并不需要了解他们所查阅的数据在哪个生产厂,在哪个数据库中,数据的物理细节都是对用户透明的。

因为工厂的生产能力是有限的,经营策略和生产过程都要求预防和及时控制某些意外的变化,所以,一旦发生不良的趋势,要尽快采取措施加以制止。IYM 系统能够迅速识别操作型数据库和数据仓库中某些关键数据的变化。某些用户被指定为关键用户,由他们指定报警系统要监测的数据指标。还可以指定哪些指标的变化应通知哪些人员,并由谁负责维护该指标的设置。当 IYM 装载数据时,就检查要装载的数据是否与要监测的项目相关。如果相关的话,就要把相应的数据分别在操作型数据库和数据仓库的待处理表中登记。有一个专门的报警服务器定期检查各个数据库中是否有待处理的与报警相关的数据,如果有的话,则加以处理。一般来说,一个报警项目可能与多个数据库中的多项数据有关,也可能与历史数据有关,这些复杂的处理都交由报警服务器来完成。用户接到报警通知后,可以使用多种数据分析工具,对引起报警的数据进行详细分析

与各独立 DSS 维护费用总和相比,一个中等复杂的数据仓库的成本相对要低得多。由于硬件、软件和存储费用不断下降,使大型数据仓库的维护费用得以降低。由于白领工人的工资较高,数据仓库可以大量减少白领工人,从而使企业节约开支。另外,数据仓库中既有细节数据,又有汇总数据,使企业能同时进行宏观和微观管理。

12.1.5 数据仓库促使企业重构业务过程

某集装箱码头有限公司 S 现拥有三个国际集装箱专用码头,为了进一步优化作业系统,提高工作效率和分析作业系统存在问题的能力,该公司自行开发了公司码头营运系统(TOPS 系统)。它通过降低成本、完善作业流程,加强了信息流通和企业管理,使得 S 公司的管理水平始终居于国内港口的领先地位。

随着生产吞吐量的不断上升,S 公司 2000 年吞吐量达到 295 万标准箱,比上年增长 13.7%。S 公司计划在原有的作业系统,诸如桥吊、泊位等设施上提高使用效率和资源利用的经济效益,所以,S 公司目前策略目标是建立基于数据仓库技术的决策支持系统,使公司的决策层能够及时、全面地了解每个码头的业务情况,并通过对业务数据的分析获取有意义的信息,深入挖掘潜在的资源优势,使作业流程更加合理化,公司的自动化管理水平进一步提高并最终实现公司的远景发展目标。

通过对 S 公司经营业务的深入分析,认为其最主要的业务问题集中在吞吐量、船停时的泊位占用率、桥吊效率、桥吊待时、集疏运、堆场运用、道口流量、堆场集卡数等方面。只有通过对这些主要具体业务数据的掌握分析,才可以及时发现原来业务作业系统存在的弊端,调整流程,并实现最终的目标。

S 公司下属有几个码头,拥有不同航线的货物装卸业务,而且每个码头的计算机应用环境也不完全相同。所以,最终的数据来自于不同的地理位置,不同的数据库和操作系统平台,也使数据结构十分复杂,数量也很庞大。于是,S 公司制订的产品选择标准为:要基于 OLAP(联机分析处理),能保护现有的技术储备;产品开放、结构伸缩性好;基于友好、亲切的 Internet/Intranet/Client 界面。经过认真的比较和筛选,S 公司采用了全球著名数据仓库解决方案提供商 CA 公司的数据仓库产品。

S 公司充分利用现有的各种数据源,对所有生产业务数据进行收集、抽取、变换等工作,将其转移到数据仓库中,然后对它们进行面向决策的数据重组,在该数据仓库的基础上建立面向最终用户的基于决策支持的统计分析应用系统。

该方案的优势是一体化数据仓库解决方案贯穿于构造数据仓库的整个过程中,从数据仓库模型的设计,到构造数据仓库(包括数据抽取、映射和转换;数据仓库的前端展现),到最后实现数据仓库的元数据管理的全线产品和咨询服务。

在可伸缩数据仓库结构基层上,S公司数据仓库系统具有以下的突出优势:

(1) 从任何数据源获取数据

InfoPump工具帮助客户完成对多数据源各种类型数据的抽取、精练、加工,并按照数据仓库的结构进行数据的转移。

(2) 灵活的数据仓库访问方式

在S公司数据仓库的使用过程中,终端用户可使用通用的工具(如:InfoBeacon Client,Excel,Develop 2k,VB等)直接针对数据仓库进行查询、分析;使用CA公司的商务智能工具对Forest & Trees和InfoBeacon数据仓库进行交互式数据分析和报表生成。使用CA的ROLAP(Relational OLAP:一种基于关系型数据库的OLAP,简称ROLAP。它利用传统的关系型数据库来存储多维数据,代表产品有Informix Metacube,Microsoft SQL Server)工具InfoBeacon,构造对数据仓库的分析模型,实现数据的多维分析;也可用通用的Web Browser访问InfoBeacon,支持基于Internet/Intranet的数据分析。

(3) 数据仓库开放、分布式

数据仓库解决方案采用开放式的数据仓库解决方案,即用户可以任意选择数据库系统作为数据仓库中的数据载体。

(4) 方便的扩展和变化能力

在S公司的发展过程中,随时会有一些新的操作层应用,追加新RO-LAP主题。

通过采取合理化建议,S公司已经明显提高了工作效率,并且降低了人员的劳动强度,在经济效益呈现递增的同时让公司的投资物有所值。同时,开放式的数据仓库解决方案能够支持用户随意地扩展数据仓库的数据规模,满足数据源的结果变化,提供基于业务规则变化的决策支持,可以充分满足S公司今后的业务发展和调整工作,并最终成为公司的决策支持系统。

12.2 金融业中的数据挖掘

金融行业是数据挖掘应用最广泛也是最有前途的领域,因为金融数据通常比较完整、可靠,这对系统化的数据分析和数据挖掘相当有利。数据挖掘在银行、证券、保险业中的应用有许多相似之处,但也有具体业务方面的区别。多数金融机构都提供丰富多样的储蓄、信用、投资、保险等服务。随着混业经营的逐步放开,各类金融机构的业务将向更综合的方向发展。

那什么是金融业的数据挖掘呢? 简单来讲,就是从金融行业积累的大量数据信息中,通过知识发现技术,发掘有兴趣的模式或知识,来满足银行、证券、保险等金融企业和金融监管部门的应用要求,如下图 12.4 所示。

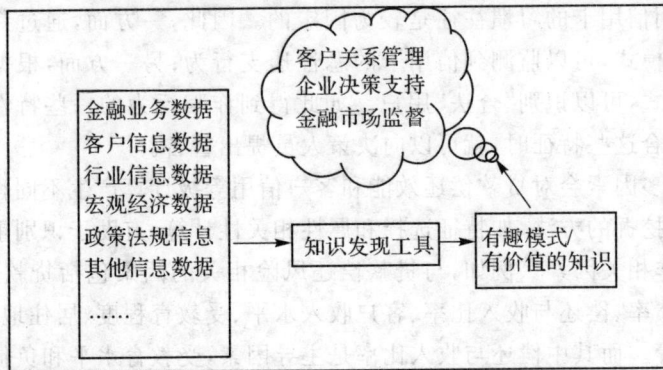

图 12.4　证券行业的数据挖掘

下面将分别讨论数据挖掘在银行、证券和保险行业的应用。

12.2.1　数据挖掘在银行领域的应用

12.2.1.1　银行客户关系管理

随着竞争的加剧,全球商业银行的经营观念正发生着巨大变化——由传统的注重交易转变为注重客户关系和客户价值,从而产生了"关系银行"的概念。

美国 Bank One 银行在对自己的客户进行调查时发现,20％的客户创造银行利润,其他 80％的客户并没有给银行创造利润。针对这种情况,Bank One 银行用各种数据集中起来建立数据仓库,从所建立的数据仓库中挖掘出为银行创造利润的这部分客户,从复杂的客户信息中建立模型,对客户记录信息进行动态跟踪和监测,计算客户价值,锁定特定客户群,分析潜在客户群,制订不同市场需求、不同客户群的市场战略,根据客户的价值选定服务产品配置,从而与创造利润的优良客户建立长期关系。这些模式大大帮助提高了客户忠诚度。

12.2.1.2　银行风险管理

数据挖掘还可以解决银行经常面临的诈骗行为,如信用卡的恶性透支、可疑的信用卡交易,等等。通过数据挖掘,人们可以得到这样的判断:"什么样的人使用信用卡属于什么样的模式"。而且,一个人在相当长的一段时间内,其使用信用卡的习惯往往是较为固定的。因此,一方面,通过判别信用卡的使用模式,可以监测到信用卡的恶性透支行为;另一方面,根据信用卡的使用模式,可以识别"合法"用户。如此得到诈骗行为的一些特性。当某项业务符合这些特征时,就可以向决策人员提出警告。

有很多因素会对贷款偿还效能和客户信用等级计算产生不同程度的影响。数据挖掘的方法,如特征选择和属性相关性计算,有助于识别重要的因素,剔除非相关因素。例如,与贷款偿还风险相关的因素包括贷款率、贷款期限、负债率、偿还与收入比率、客户收入水平、受教育程度、居住地区、信用历史,等等。而其中偿还与收入比率是主导因素,受教育水平和负债率则不是。银行可以据此调整贷款发放政策,以便将贷款发放给那些以前曾被拒绝,但根据关键因素分析,其基本信息显示是相对低风险的申请。

12.2.1.3　银行信用等级评估

金融业风险与效益并存,分析账户的信用等级对于降低风险、增加收益是非常重要的。利用数据挖掘工具进行信用评估的最终目的是:从已有的数据中分析得到信用评估的规则或标准,即得到"满足什么样条件的账户属于哪一类信用等级",并将得到的规则或评估标准应用到对新的账户的信用评估上,这是一个客户信誉分析。目前,各大银行都非常重视这一块,已经成功地开发出多种信用评估的商业模型。

12.2.1.4　银行服务分析和预测

Mellon 银行使用 Intelligent Agent 数据挖掘软件来提高销售量和定价金融产品,如家庭普通贷款。零售信贷客户主要有两类,一类很少使用信贷限额(低循环者),另一类能够保持较高的未清余额(高循环者)。低循环者表示缺省和支出注销费用的危险性较低,但只会带来极少的净收入或负收入,因为他们的服务费用几乎与高循环者相同。针对他们的特点,银行可以经常为他们提供项目,鼓励他们更多地使用信贷限额或寻找交叉销售高利润产品机会。高循环者由高危险分段和中危险分段构成。高危险分段具有支付缺省和注销费用的潜力。对于中等危险分段,销售项目的重点是留住可获利的客户,并争取能带来相同利润的新客户。Mellon 银行认为,根据市场的某一部分进行定制,能够发现最终用户并将市场定位于这些用户。数据挖掘工具为 Mellon 银行提供了获取此类信息的途径。Mellon 银行销售部在先期数据挖掘项目上使用 Intelligent Agent 软件寻找信息,对那些有较强倾向购买银行产品、服务产品和服务的客户进行有目的的推销。

美国 Firstar 银行使用 Marksman 数据挖掘工具,根据客户的消费模式预测何时为客户提供何种产品。Firstar 银行市场调查和数据库营销部经理发现:公共数据库中存储着关于每位消费者的大量信息,关键是要透彻分析消费者投入到新产品中的原因,在数据库中找到一种模式,从而能够为每种新产品找到合适的消费者。Marksman 能读取 800 到 1000 个变量并且给它们赋值,根据消费者是否有家庭财产贷款、赊账卡、存款证或其他储蓄、投资产品,将他们分成若干组,然后使用数据挖掘工具预测何时向每位消费者提供哪种产品。当银行对业务数据进行挖掘后,发现一个银行账户持有者突然要求申请双人联合账户,并且确认该消费者是第一次申请联合账户,银行会推断该用户可能要结婚了,它就会向该用户定向推销用于购买房屋、支付子女学费等长期投资业务,银行甚至可能将信息卖给专营婚庆商品和服务的公司。另外,预测准客户的需要是美国商业银行的竞争优势。

12.2.2　数据挖掘在证券领域的应用

证券市场是我国国民经济的重要组成部分。随着我国经济的不断发展,证券市场在国民经济中的地位将更加重要。证券市场也将更加繁荣、壮大、规范。数据挖掘作为一种知识发现技术,在证券行业的应用涉及面很广泛,很有研究意义。围绕证券市场主体的不同需求,可以开发出多个有兴趣的数据挖掘主题。这里我们将它总结为三个方面的应用:证券公司的客户关系管理、证券投资分析和证券市场监管。

图 12.5 反映的是数据在证券数据挖掘的具体应用领域和主题。

12.2.2.1　证券公司客户关系管理

证券公司的客户关系管理是指通过先进的数据仓库和 OLAP 技术,对证券行业的客户和业务数据进行多角度、多层次的分析,了解和掌握证券行业的客户特征和业务特点,从而实现科学的客户关系管理系统、高效的业务分析系统、合理的决策支持系统,使证券公司能够在适当的时间,通过最佳的渠道,为保持和获取客户,做出正确的选择,从而获得最大化的利润。

```
            证券行业数据挖掘
   客户关系管理    证券投资分析     证券市场监督
      客户价值      市场分析        交易违规
      客户获取      股票分析        利润操纵
      客户保持      公司分析        交易异常
      客户细分      投资分析        股价异常
```

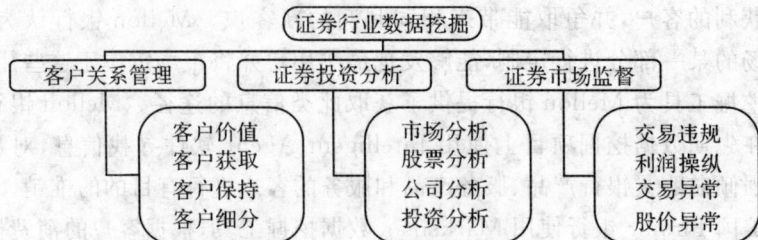

图 12.5　证券行业的数据挖掘主题

目前,CRM 是数据挖掘在证券行业应用的主要方面。市场上出现了不少 CRM 软件产品提供商,功能主要有:客户细分,客户忠诚度分析,客户服务分析,客户潜力分析,业绩分析和营销活动分析。目前证券公司中 ERP 的使用率达到 10%,而 CRM 的使用率为 5%。

按照 CRM 的理论,可以应用的主题很多:

• 客户价值:建立客户价值模型 CVM,客户价值模型主要是分析客户的价值的构成及影响因子。

• 客户盈利能力:分析客户给公司带来的价值,客户贡献和客户贡献率以及客户未来对于公司的盈利能力。

• 客户获取:研究如何改进服务和产品,提高客户吸引力

• 客户保持:防止顾客流失,做出客户流失预测模型,在流失前采取对策挽留住客户,减少损失。

• 客户细分:按照不同的维度,细分客户,找出重点客户。

• 客户行为分析:可以采用基于概念聚类的客户交易行为分析,得出客户偏好,提出合理投资组合建议。

• 交叉营销:在客户行为分析的基础上,扩大服务的范围,连带提供其他产品和服务。

这里强调一点:在作证券公司客户关系管理的研究时,特别要注意的是客户隐私的保护和相关的法律问题,比如客户行为分析、客户偏好。因为本身证券公司也是投资者,他和客户之间有一个博弈的过程,所以做相关领域的研究是困难的。

12.2.2.2　证券投资分析应用

证券投资分析指通过各种专业化的分析方法和分析手段对影响证券价格的各种信息进行综合分析,来判断其对证券价格影响的方向和力度。

证券投资分析是证券领域的基础工作,是证券、金融制订政策的依据,

是证券投资的依据。证券投资分析一般是指技术分析和基本面分析。

目前的主要应用领域有:

(1) 通过横向(财务指标)聚类提炼出可以有效反映上市公司经营状况的指标,确立反映企业盈利、偿债、营运能力的"浓缩指标"。通过纵向(上市公司)聚类,从中将上市公司按风险——收益配比特性划分类型,以利于投资者根据自己的资产状况和投资风格确定投资方向和目标,并增大对投资的安全性预期。

(2) 利用历史交易数据和时间序列方法,结合各时期企业重要决策及宏观社会经济状况,分析各种类别股票或个股的价格对各类信息的影响变动敏感度,衡量股票波动风险特性。寻找可以比较准确地预示股票价格走势的技术分析指标集合或指标组合以及有效的技术形态归纳。

(3) 从历史各时间间隔的股票价格涨跌、交易量变动的交叉信息中,分析出大众的投资心理和投资倾向,从而在与大众的博弈中获利。

(4) 利用关联规则分析方法对行业景气关联进行考察,确定各行业板块股票价格变化的关联特性,从而确定有效的投资组合。一般而言,要将资金分散投资于具有相反变动走势的各类行业股票中,从而实现组合投资以有效降低投资风险。

总结了国内外的研究进展,我们认为在以下方面,数据挖掘都有可能涉及。比较热门的挖掘主题研究主要有以下几个方面:

• 证券市场关联分析:证券市场与汇率、利率、国民经济发展的关联分析;单一证券和整个证券市场的关联分析;市场指数设计是否合理,哪些指数更符合市场规律。

• 信息效率市场:证券价格能否反映所有的信息,验证中国证券市场的效率。

• 技术指标分析:证券市场各种技术指标的合理性和有效性。对各指标进行排序、分类,研究其对股票操作的重要程度。

• 在线多维分析:基于 OLAP 技术,在线成交量分析、板块分析,预测结果验证,等等。

• 股票技术分析:基于序列模式方法,研究股价的变化规律,未来行情走势,以辅助投资者决策。

• 股票定价:分析未来股票发行和上市价格的合理定位,确定金融衍生品的价格。

• 股票关联分析:探讨股票价格之间的关联度,不同板块、行业的股票关联分析,同一板块之间的股票关联分析。

- 个股选择分析:对股票做聚类研究,合理分类
- 上市公司价值、上市公司细分和上市公司信用评级。
- 投资组合:探讨不同投资组合的效果,对股票做聚类、关联研究,提出合理的投资组合。
- 投资评价:对不同的投资组合做出收益和风险的评价。

虽然目前的挖掘主题很多,但是如何建立有效的挖掘模型,如何评估挖掘结果,等等,都值得研究。另外,如何利用神经网络、灰色系统理论等传统统计技术,再结合数据挖掘技术,也是目前国内一些学者已经尝试和正在研究的一个值得探讨的问题。

12.2.2.3　证券市场监管

证券市场监管主要是指证券交易所、证券监管部门对证券市场的管理监督。

目前还没有见到实际的应用,不过深圳证券交易所正在与高校联合建立博士后流动战研究"数学建模与数据挖掘在证券交易所中的应用"。

证券市场监管部门感兴趣的挖掘主题和模型主要有:投资者交易异常、交易违规、利润操纵及股价异常波动。这些对于证券市场监管很有意义,因此将是今后的研究热点。

虽然这个方向的研究很有意义,但是数学模型的建立是证券数据挖掘的基础。因此必须加强数学模型的建立。

数据挖掘技术在证券行业应用广泛,而且有巨大的价值。数据挖掘主题繁多,但是要抓住有研究意义的重点。与传统统计技术相比,数据挖掘技术的优势在于证券分析的智能化。在客户关系管理方面,数据挖掘将通过辅助券商决策,全面提升证券公司的竞争力,同时为客户创造价值。

今后的研究将向证券数据的深层次挖掘、建模和商业价值的识别领域扩展。同时基于数据挖掘的证券投资分析系统、基于数据仓库的证券公司决策支持系统将在中国进一步得到实际应用。

12.2.3　数据挖掘在保险领域的应用

12.2.3.1　保险金的确定

保险公司成功的一个关键因素是在设置具有竞争力的保费和覆盖风险之间选择一种平衡。保险市场竞争激烈,设置过高的保费意味着会失去市

场,而保费过低又会影响公司的盈利。保费通常是通过对一些主要的因素,进行多种分析和经验判断来确定。由于投资组合的数量很大,分析方法常常是粗略的。而数据挖掘提供了进行保险投资组合数据库分析的环境。在保单客户信息和索赔信息数据库的基础上,通过数据挖掘,根据各种综合因素等进行保单风险分析,对不同行业的人、不同年龄段的人、处于不同社会层次的人,制订个性化费率和条款,从而利用数据挖掘技术支持保险费率和保险条款的制订。在此过程中,可能需要考虑与保险精算技术相结合。

12.2.3.2 保险产品设计

从保险产品设计及开发的角度出发,分析对于保险条款、费率具有重大影响的产品结构、技术结构、所有者结构等因素,满足市场需要。保险产品在研制开发中,保险人必然充分注意适应这些因素的变化,积极开发各种保险产品;通过分析购买了某种保险的人是否同时购买另一种保险,从而可以推进保险产品的创新,进行交叉销售和增量销售,提高客户满意度。未来的保险市场必将是保险产品不断创新的市场。

12.2.3.3 风险评估

保险公司的一个重要工作就是要进行风险评估,即对不同的风险领域进行鉴定和分析。保单和保费的设计需要有较详细的风险分析。利用数据挖掘技术从过去的保单及索赔信息出发,寻找保单中风险较大的领域,从而得出一些实用的风险规则,能对保险公司的工作起到指导作用。

通过总结正常行为和欺诈及异常行为之间的关系,得到非正常行为的特性模式,一旦某项业务符合这些特征时,就可以向决策人员提出警告。通过数据挖掘技术(如回归、决策树、神经元网络等)进行欺诈的预测和识别,将有用的预测合并加入到历史数据库中并用来帮助寻找相近而未被发现的案例。随着数据库中知识的积累,预测系统的质量和可信度都会大大增强。

12.2.3.4 营销方式创新

通过对客户信息的挖掘,来支持目标市场的细分和目标客户群的定位,制订有针对性的营销措施,包括保险公司的专职人员、代理人员传统渠道,以及经纪人、电话、计算机网络和银行等辅助渠道,提高客户响应率,降低营销成本。

随着我国加入WTO,我国银行、证券、保险等领域将逐步对外开放,这就意味着许多企业将面临来自国际大型跨国公司的巨大竞争压力。国外发达国家的企业采用数据挖掘技术的水平已经远远超过了我国。在激烈的竞争中,拥有先进的数据挖掘技术必将赢得更多的商业机会,更好地防范金融风险。我国金融领域的机构应加快引进、开发新技术的步伐,努力赶超世界先进水平。

12.3 零售业中的数据挖掘

随着条形码技术、编码系统、销售管理系统、POS机等在零售业的应用普及,大量的商品销售数据、库存数据、客户资料、店铺资料信息得以容易获取;加之数据库、数据仓库技术,使得这些数据能够被存储,以帮助决策者进行分析和决策管理,从而促进商品的销售,发现未知的商机,以获取更多的利益。

20世纪60年代,人们利用计算机对数据进行简单加和,回答这样的问题:"过去一年中总销售额为多少?"80年代出现了结构化查询语言(SQL)、关系数据库(RDBMS),回答这样的问题:"在××地方的××分店今年前两个月的销售额为多少?"90年代联机分析处理(OLAP),数据仓库的出现使我们可以知道:"在××地方的××分店今年前两个月的销售额为多少,总公司对此可得出什么结论?"也即利用OLAP,SQL及数据仓库,我们可以描述某零售店的销售情况、顾客情况、供应商情况,等等。然而,我们并不满足于此,因为我们的顾客变得越来越理性,越来越注重商品的品牌、形象和使用,及购买的方便性、零售店的服务质量,等等。

在当今市场激烈竞争的环境中,不了解顾客,不了解自己则意味着失败,因此,必须解决这样一些问题:怎样才能吸引住更多的顾客?哪些是我的主要客户群,他们呈现怎样的特征及购买趋势?怎样才能让顾客更满意我们的产品、销售服务?等等,数据挖掘技术正是为回答这些问题而出现的。

在我国,大多数零售企业一般都是从自己的角度出发来选择自己的经营门类和方式。然而,随着商品经济的发展,许多商家也逐步认识到顾客和服务的重要性,从而慢慢地走向成熟和理智,经营观念也慢慢发生了改变。以前是"我有这种商品,设法让顾客适应、接受"。而现在则变为"我想为哪些人提供商品,如何才能吸引他们"。因此,分析顾客特征、商品分组布局,以及经营趋势预测等就变得非常重要。

在零售业领域中,运用数据挖掘技术可以解决以下一些问题。

(1)客户购买模式识别

首先,运用聚类分析,从客户档案库中发现不同的客户群,并且用购买模式来刻画不同的客户群的特征。由于聚类所生成的簇是由一组数据对象的组合,这些对象与同一个簇中的对象很相似,与其他簇中的对象相异。将聚类分析运用到零售业中,可以方便地得到商家的主客户群,以便决策者根据主客户群的特征作相应的订货、销售、服务等决策。

然后,运用关联规则挖掘,找出哪些商品同时被顾客购买,从而得到顾客习惯,及时了解顾客心理及对服务的要求,据此可做出相应的订货、商品摆放及销售决策。

Safeway 是英国的第三大连锁超市,年销售额超过 100 亿美元,提供的服务种类达 34 种。该超市 CIO 迈克·温曲指出,该公司在两年前就体会到必须要采用不同的方式来取得竞争上的优势。"运用传统的方法——降低价位、扩充店面以及增加商品种类,若想在竞争中取胜已经越来越困难了,"温曲先生说,"大部分的竞争对手在价格以及产品范围方面都能和我们相匹敌。"如何能在竞争中立于不败之地? 温曲先生的说法是:"必须以客户为导向,而非以产品和商家为导向。这意味着我们必须更了解每一位客户的需求。为了达成这个目标,我们必须了解六百万客户所做的每一笔交易以及这些交易彼此之间的关联性。"换句话说,Safeway 想要知道哪些类型的客户买了哪些类型的产品以及购买的频率,用来建立"以个人为导向的市场"。

Safeway 首先根据客户的相关资料,将客户分为 150 类,再用关联(Association)的技术来比较这些资料集合(包括交易资料以及产品资料),然后将列出产品相关度的清单(例如,"在购买烤肉炭的客户中,75％的人也会购买打火机燃料")。

接下来,Safeway 还需要对商品的利润进行细分。例如,Safeway 发现某一种乳酪产品虽然销售额排名第 209 位,可是消费额最高的客户中有25％都常常买这种乳酪,这些客户是 Safeway 最不想得罪的客户。如果使用传统的分析方法,这种产品很快就不会被出售了。可是事实上,这种产品是相当重要的。同时,Safeway 也发现,在 28 种品牌的橘子汁中,有 8 种特别受消费者欢迎。因此,该公司重新安排货架的摆设,使橘子汁的销量能够大幅增加。"我可以举出数百种与客户购买行为有关的例子,"温曲先生指出,"这些信息实在是无价之宝。"

更进一步来说,Safeway 知道客户每次采购时会买哪些产品以后,就可以利用数据挖掘中的 Sequence Discovery 功能,找出长期的经常性购买行为；再将这些资料与主数据库的人口统计资料结合在一起，Safeway 的营销部门就可以根据每个家庭的"弱点"，也就是在哪个季节倾向于购买哪些产品的特性发出邮件。"根据这些信息，"温曲先生指出，"我们在去年发了一千两百万封完全根据个别状况设计的邮件，这在我们销售量的成长方面扮演了很重要的角色。"

（2）设置商品布局

对某一商品的交易事务数据库运用关联规则挖掘，可能会产生大量的强规则出现。

例如：$a \Rightarrow b, c \Rightarrow d, a \Rightarrow d, d \Rightarrow c, \cdots$（$a$、$b$、$c$、$d$、$\cdots$均为商品）

从上可以看出，某些商品之间存在着复杂的关联关系，即：买 a 商品时会同时买 b 商品，也同时会买 d 商品；买 d 商品时会来买 c 商品；买 c 商品时会同时买 b 商品。这样，我们可以根据这些关联关系对商品进行合理摆放，辅助商品布局决策的制订，设置最佳行走路线，从而提高销售服务，使顾客满意。

全球最大的零售企业 Wal-Mart 对商品进行购物篮分析（Marketing Basket Analysis），即分析哪些商品顾客最有希望一起购买。Wal-Mart 数据仓库里集中了各个商店一年多详细的原始交易数据。在这些原始交易数据的基础上，Wal-Mart 利用自动数据挖掘工具（模式识别软件）对这些数据进行分析和挖掘。一个意外的发现就是：跟尿布一起购买最多的商品竟是啤酒！按常规思维，尿布与啤酒风马牛不相及，若不是借助于数据仓库系统，商家绝不可能发现隐藏在背后的事实：原来美国的太太们常叮嘱她们的丈夫下班后为小孩买尿布，而丈夫们在买尿布后又随手带回了两瓶啤酒。既然尿布与啤酒一起购买的机会最多，Wal-Mart 就在它的一个个商店里将它们并排摆放在一起，结果是尿布与啤酒的销售量双双增长。由于这个故事的传奇和出人意料，所以一直被业界和商界所传诵。

再看一个最佳购物环境设计的例子。

某超市，需要设计一个吸引客人购买商品的最佳环境。通过对客人的采购路线和消费记录的挖掘发现：美国女性的视线高度是 150cm 左右，而男性是 163cm 左右，最适宜的视线角度是视线高度以下 15 度。因此，最好的货品摆设位置是在 130～135 厘米之间。所以按照数据挖掘找出的特别信息，该超市里的主打产品，总是摆在最容易发现的高度区内。

（3）降低库存成本

加快资金周转、降低库存成本是所有零售商面临的一个重要问题。Wal-Mart 通过数据仓库系统，将成千上万种商品的销售数据和库存数据集中起来,通过数据挖掘分析,以决定对各个商店各色货物进行增减,确保正确的库存。数十年来,Wal-Mart 的经营哲学是"代销"供应商的商品,也就是说,在顾客付款之前,供应商是不会拿到它的货款的。数据仓库强大的决策支持系统每周要处理 25000 个复杂查询,其中很大一部分来自供应商。库存信息和商品销售预测信息通过电子数据交换(EDI)直接送到供应商那里。

(4)趋势分析

利用数据仓库对商品品种和库存的趋势进行分析,以选定需要补充的商品,研究顾客购买趋势,分析季节性购买模式,确定降价商品,并对其数量和运作做出反应。为了能够预测出季节性销售量,它要检索数据仓库拥有10万种商品一年多来的销售数据,并在此基础上作分析和知识挖掘。

(5)顾客保持

我们可以用聚类(分类)和关联分析,发现有价值、易流失的客户群,有价值、稳定的客户群,低价值、不稳定的客户群和低价值、稳定的客户群,从而采取不同的服务、推销和价格策略来稳定有价值的顾客,转化低价值的顾客及消除没有价值的顾客。

12.4 电信业中的数据挖掘

电信业也是典型的数据密集行业,随着电信体制改革的深化,电信业的竞争也日趋激烈。电信行业拥有比较丰富的用户数据,谁能正确地分析这些数据所得到的有用知识,谁就能更好地向用户提供服务,能够发现更多的商机,从而在竞争中获胜。电信企业必须保存用户的呼叫数据以便计费,监视网络运行状况以便网络规划,电信企业也要对这些数据进行分析以发现有用的规律以优化网络。因此,数据挖掘和数据仓库在电信业中有重要的应用价值。

电信企业的业务活动主要有以下几个方面:创造新业务并取得相关的许可证,网络规划、建设与维护,市场营销,用户注册与放号,计费,用户服务等。在这些业务活动中产生了大量的数据并形成了各自的事务型数据库,如用户信息数据库、呼叫数据库、账单数据库等。从这些数据中获取有用的知识并将其用于相关的业务活动是电信企业在竞争中取得优势的重要手段。数据挖掘和数据仓库在电信业中的应用有以下几个步骤:

• 由事务型数据库作为源系统,组成数据仓库与数据集市;

- 根据业务需要确定数据挖掘目标,并由此采取相应的数据挖掘方法对数据仓库与数据集市中的数据分析以得到知识,并由此构成知识库;
- 将获取的知识应用于客户服务、新业务推广、市场营销和网络优化业务中;
- 评价应用结果并反馈到数据挖掘过程中以改进方法。

数据挖掘在电信业中可用于以下几方面。

(1)客户流失分析

根据已有的客户流失数据,建立客户属性、服务属性、客户消费情况等数据与客户流失概率相关联的数学模型,找出这些数据之间的关系,并给出明确的数学公式。然后根据此模型来监控客户流失的可能性,如果客户流失的可能性过高,则通过促销等手段来提高客户忠诚度,防止客户流失的发生。这就彻底改变了以往电信运营商在成功获得客户以后无法监控客户流失及无法有效实现客户关怀的状况。

下面看一个有关电信行业客户流失分析的具体数据挖掘流程。

1)业务问题定义

针对客户流失的不同种类分别定义业务问题,进而区别处理。在客户流失分析中有两个核心变量:财务原因/非财务原因、主动流失/被动流失。客户流失可以相应分为四种类型,其中非财务原因主动流失的客户往往是高价值的客户,他们会正常支付服务费用,并容易对市场活动有所响应。这种客户是我们真正需要保住的客户。此外在分析客户流失时必须区分集团/个人客户,以及不同消费水平的客户,并有针对性地制订不同的流失标准。例如,平均月消费额 2000 元的客户连续几个月消费额降低到 500 元以下,就可以认为客户流失发生了,而这个流失标准不适用于原来平均月消费额 500 元的客户。国外成熟的应用中通常根据相对指标来判别客户流失,例如大众的个人通信费用约占总收入的 1%～3%,当客户的个人通信费用远低于此比例时,就认为发生了客户流失。

2)数据选择

数据选择包括目标变量的选择、输入变量的选择和建模数据的选择。

- 目标变量的选择。客户流失分析的目标变量通常为客户流失状态。根据业务问题的定义,可以选择一个已知量或多个已知量的组合作为目标变量。实际的客户流失形式有两种:因账户取消发生的流失和因账户休眠发生的流失。对于因账户取消发生的流失,目标变量可以直接选取客户的账户状态(取消或正常);对于因账户休眠发生的流失,可以认为持续休眠超过一定时间长度的客户发生了流失。这时需要对相关的具体问题加以考虑:持续休眠的时间长度定义为多少? 每月通话金额低于多少即认为处于休眠状态,或者是综合考虑通话金额、通话时长和通话次数来划定休眠标准? 选择目标变量时面临的这些问题需要业务人员给予明确的回答。

● 输入变量的选择。输入变量是模型中的自变量,在建模过程中需要寻找自变量与目标变量的关联。输入变量分为静态数据和动态数据。静态数据指不常变化的数据,包括服务合同属性(如服务类型、服务时间、交费类型)和客户的基本资料(如性别、年龄、收入、婚姻状况、学历、职业、居住地区);动态数据指频繁或定期改变的数据(如月消费金额、交费记录、消费特征)。业务人员在实际业务活动中可能会感觉到输入变量与目标变量的内在联系,只是无法量化表示出来,这就给数据挖掘留下了发挥空间。如果一时无法确定某种数据是否与客户流失概率有关联,应该暂时将其选入模型,并在后续步骤考察各变量分布情况和相关性时再行取舍。

● 建模数据的选择。客户流失的方式有两种:第一种是客户的自然消亡,例如身故、破产、迁徙、移民而导致客户不再存在,或者由于客户服务的升级(如拨号接入升级为 ADSL 接入)造成特定服务的目标客户消失;第二种是客户的转移流失,通常指客户转移到竞争对手,并使用其服务。第二种流失的客户才是运营商真正关心的、具有挽留价值的客户。因此在选择建模数据时必须选择第二种流失客户数据参与建模,才能建立有效的模型。

3) 数据清洗和预处理

数据清洗和预处理是建模前的数据准备工作,一方面保证建模数据的正确性和有效性,另一方面通过对数据格式和内容的调整,使数据更符合建模的需要。数据整理的主要工作包括对数据的转换和整合、抽样、随机化、缺失值处理,等等。例如按比例抽取未流失客户和已流失客户,将这两类数据合并,构成建模的数据源。此外,模型在建立之后需要大量的数据来进行检验,因此通常把样本数据分为两部分,2/3 的数据用于建模,1/3 的数据用于模型的检验和修正。

4) 模型选择与预建立

在模型建立之前,可以利用数据挖掘工具的相关性比较功能,找出每一个输入变量和客户流失概率的相关性,删除相关性较小的变量,从而可以缩短建模时间,降低模型复杂度,有时还能使模型更精确。现有的数据挖掘工具提供了决策树、神经网络、近邻学习、回归、关联、聚类、贝叶斯判别等多种建模方法,可以分别使用其中的多种方法预建立多个模型,然后对这些模型进行优劣比较,从而挑选出最适合客户流失分析的建模方法。此外数据挖掘工具还提供了选择建模方法的功能,系统可自动判别最优模型,供使用者参考。

5）模型建立与调整

模型建立与调整是数据挖掘过程中的核心部分,通常由数据分析专家完成。需要指出的是,不同的商业问题和不同的数据分布属性会影响模型建立与调整的策略,而且在建模过程中还会使用多种近似算法来简化模型的优化过程。因此还需要业务专家参与调整策略的制订,以避免不适当的优化造成业务信息丢失。

6）模型的评估与检验

应该利用未参与建模的数据进行模型的评估,才能得到准确的结果。检验的方法是使用模型对已知客户状态的数据进行预测,将预测值与实际客户状态作比较,预测正确率最高的模型就是最优模型。

7）模型解释与应用

业务人员应该针对最优模型进行合理的解释。如发现开户时长与客户流失概率的相关度较高,利用业务知识可以解释为:客户在使用一定年限后需要换领新 SIM 卡,而这一手续的烦琐导致客户宁愿申请新号码,从而造成客户流失。通过对模型做出合理的业务解释,可以找出一些潜在的规律,用于指导业务行为。反过来,通过业务解释也能证明数学模型的合理性和有效性。

在模型应用过程中,可以先选择一个试点实施应用,试点期间随时注意模型应用的收益情况。一旦发生异常偏差,则立即停止应用,并对模型进行修正。试点结束后,若模型被证明应用良好,则可以考虑大范围推广。推广时应注意,由于地区差异,模型不能完全照搬。可以先由集团总部建立一个通用模型,各省分公司在此基础上利用本地数据进行修正,从而得到适用于本省的精确模型。在模型应用一段时期,或经济环境发生重大变化后,模型的偏差可能会增大,这时应该考虑重新建立一个适用性更强的模型。

(2)用户消费模式分析

通过分析不同用户对电信服务的使用模式以针对不同类型的用户采取不同的营销策略。

例如通过链路分析找出在家里使用传真机的用户,这些用户一般是在家中办公的人员,可针对这一类顾客给出特殊的服务和资费;如用户用一条线路进行传真和通话,可向他们推销专用传真线路。再如通过聚集分析可得到两类移动电话用户,一类用户的通话时间长,但通话次数和通话对象少;另一类用户的通话时间短,但通话次数和通话对象多。对后一类用户而言,因其通话对象多,他们如更改电话号码就很麻烦,也就不会轻易换到另一家移动电话公司;而前一类用户则相对而言更易于改变移动电话公司,因此应将改善服务的重点放在前一类用户。

(3)客户欠费分析和动态防欺诈

中国电信市场发展迅速,随着市场不断扩大,电信行业中的欺诈现象与日俱增,如盗打电话、拖欠或拒交话费、伪造身份注册及网上商业诈骗等行为层出不穷,造成电信运营商巨额的损失。每年因盗用通信设施和用户欠费造成通信部门损失超过 200 亿元人民币,严重影响了电信企业正常经营和发展。

电信运营商除了采取行政防范之外,更积极的做法是技术防范。通过数据挖掘、客户行为分析与预测,进行欺诈行为的侦测与防范。电信运营商可以事先侦测到欺诈行为模式,在欺诈发生前即予以防范。这样一来,现行的预存制度也可以取消,大幅改善运营商的客户关系,造就更具竞争力的企业。

例如通过神经网络或粗糙集方法预测哪些用户会使用某种电信服务和使用时间长度,哪些用户会恶意拖欠资费。其中预测可能拖欠资费的用户具有较强的经济意义,具体方法是取得已知拖欠资费用户和按期缴费用户的年龄、职业、通话时间、通话模式等数据组成训练集,然后通过数据挖掘得到决定用户是否会欠费的规则。

通过数据挖掘,总结各种骗费、欠费行为的内在规律,并建立一套欺诈和欠费行为的规则库。当客户的话费行为与该库中规则吻合时,系统可以提示运营商相关部门采取措施,从而降低运营商的损失风险。

(4)分层服务

随着运营商业务的种类、品牌的不断多样化,不同品牌和业务的用户对服务的取向也出现多样化的趋势,千篇一律的服务流程已经不能满足服务的需求。通过客户群细分,可以定义个性化客户体验模型,提高客服体验,简化客户交互流程,减少操作复杂度。

这就要求客户数据库建立客户分类模型和客户价值模型,在与客户交互的过程中,基于客户的分类和价值,提供个性化区分服务,即针对某一个用户特殊情况的服务,优化客户服务体验。电信企业的客户数量是非常大的,这种服务只能通过自动化的数据挖掘技术来实现。

(5)分析呼叫数据来规划和优化网络

客服中心保存着大量源于客户的真实数据,但缺少对海量数据的分析工具。以数据挖掘技术为基础,围绕客服中心的话务和业务数据,建立数据中心和业务分析模型,进而提高客户服务中心的分析和挖掘能力,有助于提高企业经营决策的质量和速度。可以通过分析通话时间、长度和路由,考察各个地区话务量同人口变化、经济发展等因素的关系,来规划和优化网络。这方面主要使用神经网络、遗传算法等方法。

本章小结

　　数据仓库和数据挖掘的应用目前在国内甚至国外都还处于探索阶段,并不是很成熟,还需要扎扎实实地做大量基础工作,根据实际情况分别对待。本章所介绍的应用,涉及数据仓库在 ERP,CRM,SCM,BPM 等信息管理领域的实际应用。同时,我们还按行业分类,介绍了数据挖掘技术在金融、零售及电信业的应用情况。

习　题

1. 对于 12.1.4 节中的哈里斯半导体公司的集成产出管理系统(IYM)中的数据仓库,其体系结构应该具备什么特点?

2. 个人理财业务是银行、证券、保险等金融机构重点发展的增值业务,也是各金融企业未来的盈利重点。查阅相关资料,分析数据挖掘在发展个人理财业务方面有何作为? 可能遇到哪些方面的问题?

参考文献

1. Adriaans P, Zantinge D. Data Mining. Addison-Wesley Longman, 1996.

2. Agosta Lou. The Essential Guide to Data Warehousing. Prentice-Hall, 2000.

3. Alex Berson, et al. Building Data Mining Applications for CRM. McGraw-Hill, Companies, 2000.

4. Berson A, Smith J. Data Warehousing, Data Mining and OLAP. McGraw-Hill, 1997.

5. Berthold M, Hand DJ. Intelligent Data Analysis: An Introduction. Springer-Verlag, 1999.

6. Bischoff J, Alexander T 著, 成栋等译. 数据仓库技术. 电子工业出版社, 1998.

7. 陈京民等. 数据仓库与数据挖掘技术. 北京: 电子工业出版社, 2002.

8. 陈京民. 数据析取技术在市场营销中的作用. 商业研究, 2000, (3).

9. 陈京民. 数据仓库开发的规划研究. 计算机网络, 2000, (5).

10. 陈国良等. 遗传算法及其应用. 北京: 人民邮电出版社, 1996.

11. 陈文伟等. 经验公式发现系统 KDD. 小型微型计算机系统, 1999, 20(6).

12. 陈文伟等. 数据挖掘技术. 北京: 北京工业大学出版社, 2002.

13. 陈文伟等. 数据开采技术研究. 清华大学学报(自然科学版), 1998, 38(s2): 69—72.

14. 陈文伟, 黄金才. 数据仓库与数据挖掘. 北京: 人民邮电出版社, 2004.

15. David Hand 著, 张银奎等译. 数据挖掘原理. 北京: 机械工业出版社, 中信出版社, 2003.

16. Dayal D C. An Overview of Data Warehousing and OLAP Technology. ACM SIGMOD Record, 1997.

17. 段云峰等. 数据仓库及其在电信领域中的应用. 北京: 电子工业出

版社,2003.

18. 飞思科技产品研发中心编著. Oracle 数据仓库构建技术. 北京：电子工业出版社,2003.

19. Fayyad U M, et al. Advances in Knowledge Discovery and Data Mining. Cambridge：MA：AAAI/MIT Press,1996.

20. Groth R. Data Mining：Building Competitive Advantage. Prentice-Hall,1997.

21. Giovinazzo W A. Object-Oriented Data Warehouse Design. 2000.

22. Jiawei Han, Yongjian Fu, Wei Wang, Krzysztof Koperski, Osmar Zaiane. "DMQL：A Data Mining Query Language for Relational Database". VLDB'96.

23. Jiawei Han, Micheline Kamber. "Data Mining：Concepts and Techniques" 97—116. Morgan Kaufmann Publishers, August 2000.

24. Hanstie T, et al. 著, 范明等译. 统计学习基础——数据挖掘、推理与预测. 北京:电子工业出版社,2004.

25. 胡侃,夏绍伟. 基于大型数据仓库的数据开采. 软件学报,1998,(1).

26. 胡圣武,李鲲鹏. 空间数据挖掘的方法进展及其问题分析. 地球科学与环境学报,2008,(3).

27. 黄梯云. 管理信息系统. 北京:高等教育出版社,1999.

28. 黄益民. 经常性周期关联规则的研究. 计算机科学,2000,27(4).

29. http://www. sres-whu-edu. cn/garden/courseware/gis/ch2/6Index. htm

30. http://blog. csdn. net/chl033/archive/2008/10/23/3131409. aspx

31. Inmon W H,王天佑等译. 数据仓库管理. 北京:电子工业出版社,2000.

32. Inmon W H,王志海等译. 数据仓库. 北京:机械工业出版社,2003.

33. 姜海. 浅谈数据仓库在供应链中的应用. 铁道物资科学管理,2001,(6).

34. Jiawei Han & Micheline Kamber,范明等译. 数据挖掘概念与技术. 北京:机械工业出版社,2001.

35. Kimball R. The Data Warehouse Toolkit. John Wiley & Sons,1996.

36. Kimball R,谭明金译. 数据仓库工具箱——维度建模的完全指南

（第二版）.北京：电子工业出版社，2003.

37. 康晓东等.基于数据仓库的数据挖掘技术.北京：机械工业出版社，2004.

38. 李德毅.从数据库中发现知识的策略与方法.计算机世界，1995，(3).

39. 李纪华，王珊.OLAP的两种支持技术.计算机世界，1996，(7).

40. 李纪华，王珊.决策支持技术的新进展.计算机世界，1996，(7).

41. 李德仁，王树良，李德毅.空间数据挖掘理论与应用.北京：科学出版社，2006.

42. 李春梅，范全润.空间数据挖掘及其在地理信息系统中的应用.2005，(3).

43. 梁银等.基于ERP系统的数据仓库应用研究.现代计算机，2001，(7).

44. 林杰斌等.数据挖掘与OLAP理论与实务.北京：清华大学出版社，2003.

45. 刘同明等.数据挖掘技术及其应用.北京：国防工业出版社，2001.

46. 罗运模等.SQL Server 2000数据仓库应用与开发.北京：人民邮电出版社，2001.

47. 龙志勇.数据挖掘和数据仓库在电信业中的应用.重庆邮电学院学报，2000，(12).

48. 毛国君等.数据挖掘原理与算法.北京：清华大学出版社，2005.

49. Mchmed Kantardzic著，闪四清等译.数据挖掘 ——概念、模型、方法和算法.北京：清华大学出版社，2003.

50. Michael S L，et al著，沈钧毅等译.Web数据挖掘—将客户数据转化为客户价值.北京：电子工业出版社，2004.

51. Michalaski R S，et al. Machine Learning and Data Mining：Methods and Applications. John Wiley & Sons，1998.

52. Michalewicz Z. Genetic Algorithms＋Data Structures＝Evolution Programs. Springer-Verlag，1992.

53. Microsoft Corporation. "OLE DB for Data Mining Specification" Version 1. 0. July 2000.

54. 欧阳为民等，在数据库中发现具有时态约束的关联规则，软件学报，1999，10(5).

55. Robert Grossman，Stuart Bailey，Ashok Ramu，Balinder Malhi，

Michael Cornelison, Philip Hallstrom, and Xiao Qin. "The Management and Mining of Multiple Predictive Models Using the Predictive Modeling Markup Language (PMML)". AFCEA'99.

56. 秦昆,李振宇. 基于概念分析的空间数据挖掘研究进展. 地理信息科学学报,2009,(1).

57. 萨师煊,王珊. 数据库系统概论(第二版). 北京:高等教育出版社,1991.

58. 赛英等. 从数据库中发现知识的方向研究与应用. 管理科学学报,1999,2(9).

59. 邵峰晶,于忠清. 数据挖掘原理与算法. 北京:中国水利水电出版社,2003.

60. Soukup T, Davidson I 著,朱建秋等译. 可视化数据挖掘——数据可视化和数据挖掘的技术与工具. 北京:电子工业出版社,2004.

61. 史忠植. 知识发现. 北京:清华大学出版社,2002.

62. 施平安等. 关联规则时间适用性及其发现方法. 计算机应用研究,2001,18(6).

63. Sheikholeslami G, Chatterjee S, Zhang A. Wave-Cluster:A multi-resolution clustering approach for very large spatiall databases. In:Proceedings of the 24th International Conference on Very Large Databases. New York,1998.

64. Thomsen T. OLAP Solutions:Building Multidimensional Information Systems. John Wiley & Sons,1997.

65. 王海起,王劲峰. 空间数据挖掘技术研究进展. 地理与地理信息科学,2005,(4).

66. 王珊,罗立. 从数据库到数据仓库. 计算机世界,1996,(7).

67. 王珊,刘方. 创建数据仓库的方法、模型与步骤. 计算机世界,1996,(7).

68. 王珊等. 数据仓库技术与联机分析处理. 北京:科学出版社,1999.

69. 王树良. 空间数据挖掘进展. 地理信息世界,2009,(2).

70. 王英等. 数据挖掘技术在零售业中的应用. 价值工程,2003,(6).

71. Weiss S M, et al. Predictive Data Mining. Morgan Kaufmann,1998.

72. 徐丽娟. 数据挖掘与数据仓库在 CRM 中的应用. 绍兴文理学院学报,2002,(12).

73. 闫永惠,胡伍生.空间数据挖掘中的数据预处理技术研究.2009,(14).

74. 张朝晖等.利用神经网络发现规则.计算机学报,1999,22(1).

75. 张玲等.M-P神经元的几何意义及其应用.软件学报,1998,9(5).

76. 张维明.数据仓库原理与应用.北京:电子工业出版社,2002.

77. 张娴.数据挖掘技术及其在金融领域的应用.金融数学与研究,2003,(4).

78. 张云涛,龚玲.数据挖掘原理与技术.北京:电子工业出版社,2004.

79. 赵振宇等.模糊理论和神经网络的基础与应用.北京:清华大学出版社,1996.

80. 赵新昱等.基于遗传算法的数据开采算法.南京大学学报,2000,32(11).

81. 赵新昱等.基于遗传算法的公式发现研究.计算机工程与科学,2000,22(5).

82. 周胜,王珊.论数据仓库系统中工具的重要性.计算机世界,1996,(7).

83. 邹雯,陈文伟.数据开采中遗传算法.计算机世界,1997,(6).

84. 朱爱群.客户关系管理与数据挖掘.北京:中国财政经济出版社,2001.

85. 朱廷劭,王军.数据挖掘应用.计算机世界,1998,(9).

86. 朱明.数据挖掘.北京:中国科学技术大学出版社,2002.

87. 左金柱等.数据仓库在企业信息管理中的应用.现代管理科学,2003,(11).